普通高等教育电气信息类系列教材

S7-200 系列 PLC 应用教程

第 2 版

赵全利　主编

张　军　周　毅　李会萍　副主编

机械工业出版社

本书以教学和工程应用为出发点，在第 1 版的基础上进行提炼、调整和技术扩充，系统地阐述了 S7-200 系列 PLC 的性能特点、硬件结构和配置、工作原理、编程资源、指令系统、模拟量采集及 PID 控制回路、程序设计方法及应用，以更加适应当前高等院校各类相关专业的教学需要。

本书通过大量由简入深的编程应用实例，对 PLC 控制系统的编程环境、网络通信、计算机组态监控及其系统设计思想、设计步骤、方法和调试进行了详尽的讲述。以工程为导向，以实践为核心，内容循序渐进、由浅入深，便于推行基于项目设计案例的教学方法和学习方法。每章均配有实验、思考与练习，以引导读者逐步认识、熟悉、掌握及应用 PLC。

本书可作为高等院校电气、电子工程、自动化、机电、测控及计算机等专业 PLC 控制技术的教学用书，同时也可作为 S7-200 系列 PLC 技术人员的参考用书。

本书配套授课电子课件，需要的教师可登录 www.cmpedu.com 免费注册，审核通过后下载，或联系编辑索取（QQ：308596956，电话：010-88379753）。

图书在版编目（CIP）数据

S7-200 系列 PLC 应用教程 / 赵全利主编 . —2 版 . —北京：机械工业出版社，2020.4（2023.8 重印）
普通高等教育电气信息类系列教材
ISBN 978-7-111-64697-6

Ⅰ. ①S… Ⅱ. ①赵… Ⅲ. ①PLC 技术-高等学校-教材 Ⅳ. ①TM571.61

中国版本图书馆 CIP 数据核字（2020）第 028380 号

机械工业出版社（北京市百万庄大街 22 号 邮政编码 100037）
策划编辑：汤 枫 责任编辑：汤 枫
责任校对：张艳霞 责任印制：郜 敏

北京富资园科技发展有限公司印刷

2023 年 8 月第 2 版·第 6 次印刷
184mm×260mm·22.5 印张·555 千字
标准书号：ISBN 978-7-111-64697-6
定价：69.80 元

电话服务 网络服务
客服电话：010-88361066 机 工 官 网：www.cmpbook.com
010-88379833 机 工 官 博：weibo.com/cmp1952
010-68326294 金 书 网：www.golden-book.com
封底无防伪标均为盗版 机工教育服务网：www.cmpedu.com

前　言

党的二十大报告提出，要加快建设制造强国。实现制造强国，智能制造是必经之路。在新一轮产业变革中，可编程序控制器（PLC）作为自动化技术与新兴信息技术深度融合的关键技术，在工业自动化领域中的地位愈发重要。PLC 是以微处理器为基础，综合计算机技术、自动控制技术和通信技术发展而来的一种新型工业控制装置，在我国及一些发展中国家，中小型控制系统应用特别广泛。S7-200 系列 PLC 由于使用灵活、价格低廉、满足控制系统功能要求，仍然占有很大的市场保有量。西门子公司为了满足中国用户的习惯，中国的生产线继续生产 S7-200 CN 产品，同时也推出性能优良的 S7-200 的替代（兼容）产品 S7-200 SMART PLC。因此，很多学校或企业在学习或应用中仍然以 S7-200 系列 PLC 为主。

为了更加适应学习 S7-200 系列 PLC 的需要，作者从实践育人和工程应用为出发，在本书第 1 版的基础上进行提炼、调整和技术扩充，更加细化、完善地描述了 S7-200 系列 PLC 的重要知识点及程序代码，增设了 S7-200 SMART PLC 软硬件资源，扩充了 PID 指令向导等内容，以更加适应当前高等院校各类相关专业的教学需要。

本书作者都是长期工作在高等院校相关专业的一线教师，本书融入了作者多年高校"可编程序控制器"课程的教学改革经验和成果。

全书主要特点如下。

（1）工程导向

以工程实例为引导，既注重通过 PLC 应用实例映射 PLC 的一般工作原理及其应用特点，又注重 PLC 教学的可阅读性和实践性，更注重 PLC 工程应用的可操作性和实用性。

（2）实例丰富

本书以丰富的应用实例，将每一个知识点贯穿其中，引导读者逐步认识、熟悉、掌握及应用 PLC。

（3）项目实践

各章均设有系统设计（案例）作为项目实践，由浅入深，内容翔实，便于操作和引用。

（4）便于自学

本书主要知识点提供了内容翔实的描述和实际操作过程，循序渐进，通俗易懂，条理清楚，便于自学。对从事 PLC 应用和高等学校相关专业的师生均能提供强劲的技术支持。

（5）实践育人

本书在取材和编排上，以项目为载体，便于构建以实践育人教学模式来学习和掌握 PLC 应用技术。

本书共 10 章，第 1 章简要介绍了 PLC 基本知识及应用特点；第 2 章详细介绍了 S7-200 系列 PLC 的基本结构、工作原理、技术指标、硬件配置、外部接线、编程软元件、数据类型及其寻址方式等，以及 S7-200 SMART PLC 的系统配置及特点；第 3 章～第 5 章详细介绍了 S7-200 系列 PLC 的指令系统及应用，以实例为主介绍了梯形图程序设计及顺序控制设计的方法；第 6 章介绍了 S7-200 系列 PLC 模拟量采集及闭环 PID 回路应用技术；第 7 章主要介绍了 S7-200 系列 PLC 的网络通信实现及通信指令的应用实例等；第 8 章重点介绍了 PLC 控制系统的总体规划和系统的软硬件设计，以几个典型工程控制系统为例，详细介绍了 PLC 在工业控制系统中的设计过程和操作步骤；第 9 章介绍了 STEP 7-Micro/WIN 编程工具的使用方法，以及 STEP 7- Micro/WIN SMART 界面和应用特点；第 10 章介绍了计算机组态软件 MCGS 的使用方法和基于 PLC 的计算机组态监控实例。

本书各章节中所列举的 PLC 设计实例，都经由 STEP 7-Micro/WIN 编程工具编译通过，一般情况可直接使用或稍作修改用于相关系统的设计。

本书由赵全利教授主编，张军、周毅、李会萍副主编。其中赵全利编写第 1、2、6、8 章，张军编写第 3、7 章，田小泷编写第 4 章，周毅编写第 5 章，李会萍编写第 9 章，第 10 章及各章习题、程序上机调试、附录、图表制作、文字录入及电子课件由刘瑞新、刘克纯、徐云林、骆秋容编写和完成。全书由赵全利教授统稿，刘瑞新教授主审定稿。

本书是机械工业出版社组织出版的电气信息类规划教材之一，可作为高等院校自动化、电气工程、机电、电子、测控及计算机等专业 PLC 控制技术的教学用书，也可作为相关专业技术人员的参考用书。

为了方便教师、学生和自学者使用学习，本书配以全程课件、应用实例以及课后习题的源程序代码，读者可登录 www.cmpedu.com 网站下载。

本书在编写过程中参考和引用了许多文献，在此对文献的作者表示真诚的感谢。由于编者水平有限，书中难免存在错误和不妥之处，敬请广大读者批评指正。

编　者

目 录

第1章 PLC 基础及系统结构

传统的电气控制系统常用的控制元件主要是由继电器及其触点组成的逻辑电路。随着电子技术、自动控制技术及计算机科学技术的迅速发展，计算机控制系统得到了广泛的应用，可编程序控制器已成为实现工业电气自动化控制系统的主要控制装置。

可编程序控制器（Programmable Logic Controller）简称 PLC，是电气控制技术和计算机科学技术相结合的产物。PLC 以微处理器为核心，以存储程序控制的方式执行逻辑运算、定时、计数、模拟信号处理及 PID 运算等功能，是一种新型工业自动化控制装置。

本章阐述了现代工业从电器控制发展到 PLC 控制的过程，详细介绍了 PLC 的硬件结构、工作原理、软件组成、编程语言及 PLC 简单应用示例的开发过程。

1.1 继电接触控制电路

可编程序控制器已经广泛应用在各种控制领域中，但是控制对象信号的采集及控制系统的驱动输出仍然需要由电气元器件电路完成，传统的继电接触控制仍然是掌握现代电气控制技术的基础。

1.1.1 继电接触式控制系统的结构

所谓继电接触式控制，主要是通过各种电气开关、按钮、继电器及接触器等来组成控制系统，从而实现对电动机及其他电气设备的控制功能，以满足控制系统的需求。

在 PLC 出现之前，继电接触式控制是工业电气控制的主要形式。尽管现代计算机控制系统已经广泛应用在工业电气控制领域中，但其信息采集输入及输出到主电路控制部分仍然需要由电气元器件来完成。对于一些要求不高的小规模的控制，由于继电接触式控制简单、方便、价廉而仍然在使用。因此，继电接触式控制仍然是现代电气控制系统的基础。

一个继电接触式控制系统，由主电路（被控对象）和控制电路组成，控制电路主要由输入部分、输出部分和控制部分组成，如图 1-1 所示。

图 1-1 继电接触式控制系统的组成

在图 1-1 中，输入部分是由各种输入设备，如按钮、位置开关及传感器等组成；控制部分是按照控制要求，由若干继电器、触点及硬接线组成；输出部分是由各种输出设备，如接触器、电磁阀及指示灯等执行部件组成。

继电接触式控制系统根据操作指令及被控对象发出的信号，由控制电路按规定的动作要求决定执行什么动作或动作顺序，然后驱动输出设备实现各种操作功能。

继电接触式控制系统的缺点：接线复杂、灵活性差、工作频率低、可靠性差及触点易损坏。

1.1.2　继电接触控制基本控制电路

下面仅介绍继电接触控制常用的电动机自锁单向起动控制和电动机正、反转控制电路。

1．三相异步电动机自锁单向起动控制电路

异步电动机是一种将电能转换成机械能的动力机械，其结构简单，使用方便，可靠性高，易于维护，不受使用场所限制，广泛应用于厂矿企业、科研生产、交通运输及娱乐生活等各个领域。根据生产过程和工艺需求及本节所介绍的项目实例功能要求如下。

1）对三相电动机进行起动、停止及自锁保护控制。

2）电动机实施过载保护、失电保护及短路保护等方面的控制。

实现以上功能的三相异步电动机自锁单向起动控制电路如图 1-2 所示，这也是电气控制系统中的典型电路之一。

图 1-2　电动机自锁单向起动控制电路

a) 原理图　b) 电路实物接线图

（1）电动机自锁起动控制电路构成

电动机自锁起动控制系统由主电路和控制电路组成。

1）主电路。主电路由三相电源、电动机 M、热继电器 FR、接触器（控制电路的输出部分）KM 的主常开触点、三极低压断路器 QF1 及熔断器 FU1 构成。

2）控制电路。继电控制电路的输入控制部分由漏电保护断路器 QF2、熔断器 FU2、常开按钮 SB1（起动控制）、常闭按钮 SB2（停止控制）及热继电器常闭触点 FR（串联电路）保护组成；输出控制部分由接触器 KM 辅助常开触点及它的线圈组成（注意：本例控制电路工作电压为两相电压 AC 380V），接触器 KM 的主常开触点实现对主电路的控制。

（2）电动机自锁起动控制电路工作原理

电动机自锁起动控制电路工作原理如下。

1）控制电路起动时，合上 QF1，主电路引入三相电源 L1-L2-L3。

2）合上 QF2，控制电路引入 L1-L3 相电源，当按下起动按钮 SB1 时，接触器 KM 线圈通电，其主常开触点闭合，电动机接通电源开始全起动，同时接触器 KM 的辅助常开触点闭合，这样当松开起动按钮 SB1 后，接触器 KM 线圈仍能通过其辅助触点通电并保持吸合状态。这种依靠接触器本身辅助触点使其线圈保持通电的现象称为自锁，起自锁作用的触点称为自锁触点。

3）按下停止按钮 SB2，接触器 KM 线圈失电，则其主触点断开，切断电动机三相电源，电动机 M 自动停止，同时接触器 KM 自锁触点也断开，控制回路解除自锁，KM 断电。松开停止按钮 SB2，控制电路又回到起动前的状态。

（3）电动机自锁起动控制电路保护环节

由于在生产运行中会有很多无法预测的情况出现，因此为了工业生产能够安全、顺利地进行，减少生产事故造成的损失，有必要在电路中设置相应的保护环节。

电动机自锁起动控制电路的保护环节及功能如下。

1）短路保护。低压断路器 QF1（或熔断器 FU1）和 QF2（或熔断器 FU2）分别对主电路和控制电路实现短路保护，当电路发生短路故障时，低压断路器立即切断电路，停止对电路的供电。

2）过载保护。热继电器 FR 对电动机实现过载保护，当通过电动机电流超过一定范围且一定时间后，FR 触点动作，切断电动机供电回路。

3）漏电保护。在控制电路发生漏电故障时，如果漏电保护断路器 QF2 工作十分可靠，则控制电路通过漏电保护断路器切断电路，实施保护。

4）欠电压、失电压保护。交流接触器 KM 还具有欠电压、失电压保护功能，即当电源电压过低或电源断电时，KM 自动复位，电动机停止工作。在 KM 复位后，即便电源电压恢复正常状态，电路也不能自恢复起动，必须重新按下起动按钮电动机才能重新起动。

2．电动机正、反转控制电路

在工业控制中，各种生产机械常常要求具有上、下、左、右、前、后等相反方向的可逆运行，如车床刀具的前进、后退，钻床的上升、下降，皮带轮的左右传送等，这些都要求电动机能够实现正、反转运行。由电动机原理可知，实现电动机的正、反转切换，只需要将三相电源进线中的任意两相对调。因此，可逆运行的实质就是两个方向相反的单向运行电路，但必须保证对调过程中不发生相间短路。

（1）电动机正、反转控制电路组成

如图 1-3 所示电路为电动机正、反转控制的典型电路之一。

（2）电动机正、反转运行控制电路工作原理

电动机正、反转运行控制电路工作原理如下。

按下电动机正转起动按钮 SB2，接触器 KM1 线圈通电，其主常开触点闭合，电动机

接通电源开始全起动，同时接触器 KM 的辅助常开触点闭合自锁；按下停止按钮 SB1，KM1 断电，电动机停止工作；按下反转起动按钮 SB3，接触器 KM2 通电自锁，电动机反转起动。

图 1-3　电动机正、反转运行控制电路

（3）电动机正、反转运行控制电路保护环节

正、反转运行控制电路除了具有短路保护、电动机过载保护、欠电压及失电压保护外，为了防止由于误操作而引起相间短路，还要在控制电路中加入接触器触点 KM1、KM2 互锁及按钮 SB2、SB3 互锁保护环节。

1.1.3　继电控制电路电气元件选择原则

电路原理图设计完成后，依照设计电路选择所需电气元件，一般情况下的选择原则如下。

1）自动开关的选择。自动开关的额定电压和额定电流应不小于电路的正常工作电压和电流；热脱扣器的整定电流应与所控制电动机的额定电流或负载额定电流一致；电磁脱扣器的瞬时脱扣整定电流应大于负载电路正常工作时的尖峰电流。

2）熔断器的选择。其类型应根据电路要求、使用场合和安装条件选择；额定电压应大于或等于电路的工作电压；熔体的额定电流应为负载工作电流的 2～3 倍。

3）接触器的选择。根据接触器所控制的负载性质来选择接触器的类型；额定电压应大于或等于负载回路的电压；额定电流应大于或等于被控回路的额定电流；吸引线圈的额定电压与所接控制电路的电压一致；触点数量和种类应满足主电路和控制电路的要求。

4）时间继电器的选择。根据控制电路的要求来选择延时方式，即通电延时型或断电延时型；根据延时准确度要求和延时长短要求来选择；根据使用场合、工作环境选择合适的时间继电器。

5）热继电器的选择。热继电器的选择应根据电动机的工作环境、起动情况及负载性质等因素来考虑。

1.2 PLC 概述

通俗地说，PLC 就是专用的、便于扩充的计算机控制装置。

1987 年，国际电工委员会（International Electrical Committee，IEC）颁布的 PLC 标准草案中对 PLC 做了如下定义："可编程序控制器是一种数字运算操作系统，专为工业环境下应用而设计。它采用了可编程序的存储器，用来在其内部存储执行逻辑运算、顺序控制、定时、计数和算术运算等操作的指令，并通过数字式或模拟式的输入和输出，控制各种类型的生产机械和生产过程。可编程序控制器及其有关外围设备，都按易于与工业系统连成一个整体、易于扩充其功能的原理设计。"

1.2.1 PLC 的产生

PLC 问世以前，人们主要利用继电接触式控制系统控制工业生产过程。

20 世纪 60 年代，随着工业自动化程度的提高和计算机科学技术的飞速发展，对工业控制器的要求也越来越高。1968 年，美国通用汽车公司（GM）为了适应生产工艺不断更新的需要，提出了把计算机的完备功能以及灵活性好、通用性强等优点与继电接触式控制系统的简单易懂、操作便捷及价格低廉等特性结合起来，做成一种能适应工业环境的通用控制装置，并简化编程方法及程序输入方法，使不熟悉计算机的人员也能很快掌握。

1969 年，美国数字设备公司（DEC 公司）根据 GM 要求研制出了第一台 PLC（PDP-14），在美国通用汽车公司的生产线上试用成功，并取得了令人满意的效果，PLC 自此诞生。

早期的可编程序控制器是为取代继电器控制电路、存储程序指令并完成顺序控制而设计的，主要用于逻辑运算、定时、计数和顺序控制，这些都属于开关量逻辑控制，所以通常称其为可编程序逻辑控制器（Programmable Logic Controller，PLC）。

20 世纪 70 年代，随着微电子技术的发展，出现了微处理器和微型计算机。微型技术被应用到 PLC 中，计算机的功能得到了充分发挥，不仅用逻辑编程取代继电器和数字电路逻辑功能，还增加了运算、数据传送和处理等功能，使其真正成为一种工业控制计算机设备。1980 年，美国电器制造协会正式将其命名为可编程序控制器（Programmable Controller，PC），但由于容易与个人计算机 PC（Personal Computer）相混淆，人们还是习惯地用 PLC 作为可编程序控制器的缩写，以示区别。

进入 20 世纪 80 年代，随着大规模和超大规模集成电路等微电子技术的快速发展，以 16 位和 32 位微处理器构成的微机化 PLC 得到了迅猛发展，使 PLC 在各个方面都有了新的突破，不仅功能增强，体积、功耗减小，成本下降，可靠性提高，而且在远程控制、网络通信以及数据图像处理等方面也得到了长足的发展。目前，世界各国的一些著名的电气工厂几乎都在生产 PLC 装置。PLC 已作为一个独立的工业设备被列入生产中，成为当代电气控制及自动化装置的主导。

PLC 在我国的研制、生产和应用也获得了迅猛发展。进入 20 世纪 80 年代以来，随着 PLC 装置的引进，PLC 的应用在我国得到长足的发展。在改造传统设备、设计新的控制设备产品及生产过程工控系统中，PLC 的应用逐年增多，并取得了显著的经济效益。

目前，PLC 已发展到现在的以 16 位和 32 位微处理器构成的微机化 PC，而且实现了多处理器的多通道处理。PLC 技术已非常成熟，不仅控制功能增强，功耗和体积减小，成本下降，可靠性提高，编程和故障检测更为灵活方便，而且随着远程 I/O、通信网络及图像显示的多技术融合，PLC 在连续生产过程控制领域的应用更加广泛，PLC 已经成为实现工业生产自动化的主要控制装置。

1.2.2 PLC 的应用特点

PLC 作为一种新型、专用的工业控制装置，其自身有着其他控制设备不可替代的特点。

1. 编程方法简单、易学

PLC 是面向用户的设备，它采用梯形图和面向工业控制的简单指令语句编写程序。梯形图是最常用的可编程序控制器的编程语言，其编程符号和表达方式与继电器电路原理图相似。

梯形图语言形象直观，易学易懂，熟悉继电器电路图的工程技术人员只需花少量时间就可熟练掌握梯形图编程语言。梯形图语言实际上是一种面向用户的高级语言，可编程序控制器在执行梯形图程序时，用编译程序将它"翻译"成机器语言后再去执行。

2. 功能强、性价比高

一台小型 PLC 内有成百上千个可供用户使用的编程元件，可以实现非常复杂的控制功能。此外，PLC 还可以通过通信联网，实现分散控制和集中管理。与相同功能的继电器系统相比，PLC 具有很高的性价比。

3. 硬件配套齐全、电路连接方便及适应性强

PLC 及外围模块品种配备种类多、功能全且接线方便，它们可以灵活方便地组合成各种大小和不同功能要求的控制系统。在 PLC 构成的控制系统中，只需在 PLC 的端子上接入相应的输入/输出（I/O）信号线，不需要诸如继电器之类的物理电子器件和大量繁杂的硬接线电路。

PLC 的输入端口可以通过输入开关信号直接与 DC 24V 的电信号相连接，根据功能选择还可以直接输入工业标准模拟量（电压、电流）信号及工业温控热电阻、热电偶，以供 PLC 采集。

PLC 的输出端口可以根据负载需要直接控制 AC 220V 或 DC 24V 电源与其相连接，并具有较强的带负载能力；可以直接驱动一般的电磁阀和交流接触器的控制线圈；根据功能选择还可以直接输出工业标准模拟量（电压、电流）控制信号。

4. 可靠性高、抗干扰能力强

可靠性高、抗干扰能力强是 PLC 最突出的特点之一，主要表现在如下几个方面。

1）传统的继电器控制系统中使用了大量的中间继电器和时间继电器。由于触点接触不良，容易出现故障。而 PLC 用软元件代替大量的中间继电器和时间继电器，仅剩下与输入和输出有关的少量硬件，接线可减少到继电器控制系统的 1/10～1/100，因触点接触不良造成的故障大为减少。

2）I/O 通道均采用光电隔离，使工业现场的外电路与 PLC 内部电路之间在电气上隔离，有效地抑制了外部干扰源对 PLC 的影响；对供电电源及电路采用多种形式的滤波，以消除或抑制高频干扰；对 CPU 等重要部件采用优良的导电、导磁材料进行屏蔽，以减少空间电磁干扰。

3）PLC 由于采用现代大规模集成电路技术，采用严格的生产工艺制造，内部电路采取了先进的抗干扰技术，具有很高的可靠性。

4）PLC 采用扫描工作方式，减少了由于外界环境干扰引起的故障。在 PLC 系统程序中设有故障检测和自诊断程序，这些程序能对系统硬件电路等故障实现检测和判断。当外界干扰引起故障时，能立即将当前重要信息加以封存，禁止任何不稳定的读写操作，一旦外界环境正常后，又可恢复到故障发生前的状态，继续原来的工作。

另外，在结构上对耐热、防潮、防尘及抗振等也都有周密的考虑。

因此，PLC 与其他一般控制系统比较，具有更高的可靠性和很强的抗干扰能力，可以直接用于具有强烈干扰的工业现场，并能持续正常工作。

PLC 平均无故障时间可达数万小时，使用寿命可达 10 年以上。

5．通信方便、便于实现组态监控

PLC 控制系统通过通信接口可以实现与现场设备及计算机之间的信息交换，可以方便地与上位机实现计算机组态监视与控制，为实现分布式控制系统（DCS）并进一步深化自动化技术的应用奠定基础。

6．体积小、功耗低

PLC 体积小，质量轻，便于安装，对于复杂控制系统，应用可编程控制器后，可大大缩小控制系统的体积。在控制系统中采用 PLC，便于植入各种机械设备内部，实现机电一体化。

在控制系统中采用 PLC，减少了各种时间继电器和中间继电器的数量，可以降低能耗。

7．系统的设计、安装及调试工作量小

PLC 用软件功能取代了继电接触式控制系统中大量的继电器、计数器等器件，大大减少了控制柜的设计、安装及接线工作。

PLC 的梯形图编程方法规律性强，容易掌握。对于复杂控制系统，设计梯形图所需的时间比设计继电器系统电路所需时间要少得多。

PLC 的用户程序可模拟调试，输入信号用小开关代替，输出信号的状态可通过 PLC 上的发光二极管表示，调试好后再将 PLC 安装到现场统一调试。调试过程中发现的问题一般通过修改程序就可以解决，所需调试时间比继电器系统少得多。

由于 PLC 及其模块内部包含了各类通用接口电路，由 PLC 组成的控制系统外部接线简单、方便，设计周期短，可操作性强。

8．维护方便工作量小

PLC 的故障率非常低，并且有完善的自诊断和显示功能。当 PLC 本身、外部的输入装置或执行机构发生故障时，可以根据 PLC 上的发光二极管或编程器提供的信息迅速查明故障的原因，如果是 PLC 自身故障，则可用更换模块的方法迅速排除。

1.2.3 PLC 的分类

PLC 的形式有多种，功能也不尽相同，PLC 一般按照以下原则分类。

1．按硬件结构形式分类

根据硬件结构形式的不同，可大致将 PLC 分为整体式和模块式。

（1）整体式 PLC

整体式 PLC 是将 CPU、I/O 接口以及电源等部件集中装在一个机箱内，具有结构紧凑、体积小、价格低及安装方便的特点。整体式 PLC 提供多种不同 I/O 点数的基本单元和扩展单元供用户选择。基本单元包含 CPU、I/O 接口、与 I/O 扩展单元相连的扩展口以及与编程器或 EPROM 写入器相连的接口等。扩展单元内只有 I/O 接口和电源等，没有 CPU。基本单元和扩展单元之间一般用扁平电缆连接，各单元的输入点和输出点的比例一般也是固定的。整体式 PLC 还配备多种特殊功能单元，如模拟量 I/O 单元、位置控制单元及数据输入/输出单元等，使 PLC 的功能得到了进一步的扩展。

小型 PLC 一般采用整体式结构，如西门子 S7-200 系列（包括 S7-200 SMART）。

（2）模块式 PLC

模块式 PLC 由机架和具有各种不同功能的模块组成。各模块可直接挂接在机架上，模块之间则通过背板总线连接起来。各模块功能独立，外形尺寸统一，插入什么模块可根据需要灵活配置。厂家一般都备有不同槽数的机架供用户选用，如果一个机架容纳不下所选用的模块，则可以增设一个或多个扩展机架，各机架之间用接口模块和电缆相连。

大、中型 PLC 多采用这种结构形式，如西门子 S7-300 系列、S7-400 系列。

整体式 PLC 的每个 I/O 点的平均价格比模块式 PLC 的价格便宜，在小型控制系统中一般采用整体式结构。但模块式 PLC 的硬件组态方便灵活，I/O 点数的多少、I/O 点数的比例以及 I/O 模块的使用等方面的选择余地都比整体式 PLC 大得多，维修时更换模块、判断故障范围也很方便，因此较复杂的、要求较高的系统一般选用模块式 PLC。

2. 按功能和 I/O 点数分类

根据 PLC 的功能强弱不同，可将 PLC 分为小型、中型和大型三类。

（1）小型 PLC

小型 PLC 的 I/O 点数在 256 点以下，其中，I/O 点数小于 64 点的为超小型或微型 PLC。

小型 PLC 除具有逻辑运算、定时、计数、移位、算术运算、数据传送、比较、通信、自诊断及监控等基本功能外，还具有进行少量模拟量输入/输出、PID 控制回路及中断控制等功能。小型 PLC 主要用于逻辑控制、顺序控制或少量模拟量控制的单机控制系统，也可以组成小规模的通信控制系统。例如，西门子 S7-200 系列 PLC，以及 S7-200 系列 PLC 的替代产品 S7-200 SMART PLC、S7-1200 PLC。

小型 PLC 能够满足当前绝大多数控制系统的需求。

（2）中型 PLC

中型 PLC 的 I/O 点数在 256～2048 点之间。

中型 PLC 除具有小型 PLC 的功能外，还具有较强的模拟量输入/输出、算术运算、数据传送和比较、数制转换、远程 I/O、子程序以及通信联网等功能。有些还可增加中断控制和 PID（Proportional Integral Derivative）控制容量等功能，适用于复杂控制系统。例如，西门子 S7-300 系列 PLC。

（3）大型 PLC

大型 PLC 的 I/O 点数在 2048 点以上。其中，I/O 点数超过 8192 点的为超大型 PLC。

大型 PLC 除具有中型 PLC 的功能外，还增加了带符号算术运算、矩阵运算、位逻辑运算、平方根运算以及其他特殊功能函数的运算、制表及表格传送等功能。大型 PLC 具有更强的通信联网功能，可用于大规模过程控制或构成分布式网络控制系统，更利于实现工厂自动化。例如，西门子 S7-400 系列 PLC。

在实际中，一般 PLC 功能的强弱与其 I/O 点数的多少是相互关联的，PLC 的功能越强，其可配置的 I/O 点数越多。

目前，国外的 S7-200 PLC 生产线基本上已经停产，但在我国及一些发展中国家，中小型控制系统应用特别广泛，S7-200 CN 系列 PLC 由于价格便宜仍然占有很大的市场保有量。因此西门子公司为了满足中国用户的习惯，中国的生产线继续生产 S7-200 CN 产品，同时也推出性能优良的 S7-200 的替代（兼容）产品 S7-200 SMART。当前，由于西门子其他产品推出时间不长，学习资源缺乏，而 S7-200 PLC 学习资源非常丰富，也便于读者学习和掌握 PLC 基本知识及应用，为逐步过渡学习和应用西门子高端产品打下坚实的基础。因此，很多学校或企业在学习或应用中仍然以 S7-200 系列 PLC 为主。

1.2.4　PLC 的应用领域

随着微处理器芯片价格的下降，PLC 的成本也越来越低，功能也越来越强大，应用范围越来越广。PLC 不仅能替代继电器控制系统，还能用来解决模拟量闭环控制及较复杂的计算和通信问题。PLC 在工业自动化领域的应用比例越来越大，当前已处于自动化控制设备的领先地位。

1．开关量的逻辑控制

开关量的逻辑控制是 PLC 最基本、最广泛的应用领域。用它取代传统的继电器控制系统，实现逻辑控制和顺序控制。这是系统工作最基本的控制，也是离散生产过程最常用的控制。

开关量的逻辑控制可用于单机控制，也可用于多机群及自动生产线的控制等。例如，印刷机械、包装机械、组合机床、电镀流水线及电梯控制等。

顺序控制是根据有关输入开关量记忆状态，产生所要求的开关量输出，使系统能按一定顺序工作。

2．运动控制

运动控制主要指对工作对象的位置、速度及加速度所做的控制。PLC 可用于直线运动或圆周运动的控制。早期直接用开关量 I/O 模块连接位置传感器和执行机械，现在一般使用专用运动模块来实现。

3．闭环过程控制

PLC 通过模拟量的 I/O 模块实现模拟量与数字量的 A/D、D/A 转换，可实现对温度、压力、流量等连续变化模拟量的闭环 PID 控制。当过程控制中某个变量出现偏差时，PID 控制算法可根据程序设定的参数，进行数据处理，产生所要求的模拟量或开关量输出，其输出控制执行机构，使变量按照设计要求的控制规律变化恢复到设定值上。

4．数据处理

数据处理也称为信息控制，现代的 PLC 具有数学运算（包括矩阵运算、函数运算及逻辑运算）、数据传递、排序、查表以及位操作等功能，可以完成数据的采集、分析和处理。数据处理一般用在大中型控制系统中。

5．联机通信

PLC 通过通信线路可以方便地实现与 PLC、上位机及其他智能设备之间的通信，便于网络组成，实现"集中管理，分散控制"的分布式控制系统（DCS）。

1.2.5 PLC 的发展趋势

PLC 经过长期的发展，在美国、德国及日本等工业发达国家已成为重要的产业之一。世界总销售量不断上升，生产厂家不断涌现，品种不断翻新，产品价格不断下降。目前，世界上有 200 多个厂家生产 PLC，比较有名的厂家有美国的 AB、通用电气（GE）；日本的三菱（MISUBISHI）、富士（FUJI）、欧姆龙（OMRON）等；德国的西门子公司（SIEMENS）；法国的 TE、施耐德电气（Schneider Electric）；韩国的三星（SAMSUNG）、LG 公司等。

随着人类科学技术的发展，PLC 也正向着高集成度、小体积、大容量、高速度、易使用及高性能的方向发展。

1．大容量、小体积、多功能

大型 PLC 的 I/O 点数可达 14336 点，采用 32 位微处理器、多 CPU 并行处理、大容量存储器及高速化扫描，可同时进行多任务操作，特别是增强了过程控制和数据处理功能。

PLC 模块化结构的发展增加了配置的灵活性，将原来大中型 PLC 的功能部分地移植到小型 PLC 上，降低了成本，操作使用十分方便，使其成为现代电气控制系统中不可替代的控制设备。

2．标准化的编程语言

PLC 的软硬件体系结构都是封闭的，为了使各厂家 PLC 产品相互兼容，国际电工委员会（IEC）制订了可编程序逻辑控制器标准（IEC 1131），其中 IEC 1131-3 是 PLC 的语言标准。该标准中有顺序功能图（SFC）、梯形图、功能块图、指令表和结构文本共五种编程语言，允许编程者在同一程序中使用多种编程语言。

目前已有越来越多的工控产品厂商推出了符合 IEC 1131-3 标准的 PLC 指令系统或在个人计算机上运行的软件包。如西门子公司的 STEP 7-Micro/WIN V4.0 编程软件给用户提供了两套指令集，一套符合 IEC 1131-3 标准，另一套指令集（SIMAIC 指令集）中的大多数指令也符合 IEC 1131-3 标准。

3．多样化智能 I/O 模块

智能型 I/O 模块是以微处理器和存储器为基础的功能部件，它们的 CPU 和 PLC 的主 CPU 并行工作，占用主 CPU 的时间很少，有利于提高 PLC 的扫描速度。智能型 I/O 模块本身就是一个小的微型计算机系统，有很强的信息处理能力和控制功能，有的模块甚至可以自成系统，单独工作，可以完成 PLC 主 CPU 难以兼顾的功能，简化某些控制领域的系统设计和编程，提高 PLC 的适应性和可靠性。

智能型 I/O 模块主要有模拟量 I/O、高速计数输入、中断输入、机械运动控制、热电偶输入、热电阻输入、条形码阅读器、多路 BCD 码输入/输出、模糊控制器、PID 回路控制以及通信等模块。

4．软件化 PLC 功能

目前已有很多厂家推出了在工业计算机上运行的可实现 PLC 功能的软件包，基于计算机的编程软件包正逐步取代编程器。随着计算机在工业控制现场中的广泛应用，与之配套的工业控制系统的组态软件也相应产生，利用这些软件可以方便地进行工业控制流程的实时和动态监控，完成各种复杂的控制功能，同时提高系统可靠性，节约控制系统的设计时间。

5．现场总线型 PLC

使用现场总线后，自控系统的配线、安装、调试和维护等方面的费用可以节约 2/3 左右，而且，操作员可以在中央控制室实现远程控制，对现场设备进行参数调节，也可通过设备的自诊断功能寻找故障点。现场总线 I/O 与 PLC 可以组成廉价的 DCS，现场总线控制系统将 DCS 的控制站功能分散给现场控制设备，仅靠现场总线设备就可以实现自动控制的基本功能。

例如，将电动调节阀及其驱动电路、输出特性补偿、PID 控制和运算、阀门自校验和自诊断功能集成在一起，再配上温度变送器就可以组成一个闭环温度控制系统，有的传感器也可植入 PID 控制功能。

1.2.6 PLC 控制和继电接触控制的区别

前已述及，继电接触式控制系统主要由输入部分（开关等）、输出部分（接触器等）和控制部分（继电器及触点）组成。对于各种不同要求的控制功能，必须设计相应的控制电路。

PLC 控制系统主要组成也由输入、输出和控制三部分组成，如图 1-4 所示。

图 1-4 PLC 控制系统的组成

从图 1-4 中可以看出，PLC 控制系统的输入、输出部分和继电器控制系统的输入、输出部分基本相同，但其控制部分则采用了"可编程序"的 PLC，而不是实际的继电器电路。因此，在硬件电路基本不变的情况下，PLC 控制系统可以方便地通过改变用户程序，以实现各种控制功能，从根本上解决了继电器控制系统控制电路难以改变的问题。同时，PLC 控制系统不仅能实现逻辑运算，还具有数值运算及过程控制等复杂的控制功能。

PLC 控制与继电器控制的主要区别如下。

1．组成器件不同

继电器控制系统由许多真正的硬件继电器组成，而 PLC 控制系统由许多所谓的"软继电器（简称元件）"组成。这些"软继电器"实质上是存储器中的每一位触发器，可以置"0"或置"1"。

2．触点数量不同

硬件继电器的触点数量有限，用于控制的继电器的触点一般只有 4～8 对，而 PLC 中每只"软继电器"供编程使用的触点数有无数多对。

3．实施控制的方法不同

在继电器控制电路中，通过各种继电器之间的硬接线来实现某种控制，由于其控制功能已经包含在固定线路之间，因此它的功能专一、灵活性差；而 PLC 控制在输入/输出硬件装置基本不变的情况下，可以通过用户编写梯形图程序（软件功能）实现多种控制功能，使用方便、灵活多变。

继电器控制电路中，设置了许多制约关系的互锁电路，以达到提高安全性和节约继电器触点的要求；而在梯形图中，因为采用了扫描工作方式，不存在几个支路并列工作的因素，此外，软件编程也可将互锁条件编制进去，大大简化了控制电路的设计工艺。

4．工作方式不同

继电器控制系统采用硬逻辑的并行工作方式，继电器线圈通电或断电，都会使该继电器的所有常开和常闭触点立刻动作；而 PLC 采用循环扫描工作方式（串行工作方式），如果某个软继电器的线圈被接通或断开，其触点只有等到扫描到该触点时才会动作。

1.3 PLC 的工作原理

PLC 是一种工业控制计算机，通过执行反映控制要求的用户程序来实现控制。PLC 是按集中输入、集中输出以及周期性循环扫描的方式进行工作的。PLC 的 CPU 是以分时操作系统方式来处理各项任务的，每一瞬间只能做一件事情，程序的执行是以串行方式依次完成相应元件的控制动作。

1.3.1 PLC 扫描工作方式

PLC 是通过执行反映控制要求的用户程序来完成控制任务的，需要执行多种操作，但 CPU 不可能同时去执行多个操作，它只能按分时操作（串行工作）方式，每一次执行一个操作，按顺序逐个执行，这种串行工作过程称为 PLC 的扫描工作方式。由于 CPU 的运算处理速度很快，所以从宏观上来看，PLC 的输出结果似乎是同时完成的。

用扫描工作方式执行用户程序时，扫描是从程序第一条指令开始，在无中断或跳转控制的情况下，按程序存储顺序的先后，逐条执行用户程序，直到程序结束，然后再从头开始扫描执行，周而复始地重复运行。

1.3.2 PLC 工作流程图

PLC 上电初始化，主要包括硬件初始化、I/O 模块配置检查、断电保持范围设定及其他初始化处理。PLC 的扫描工作过程中除了执行用户程序外，还要完成内部处理和通信服务等工作，如图 1-5 所示。整个扫描工作过程包括内部处理、通信服务、输入采样、程序执行输出处理五个阶段。整个过程扫描执行一遍所需的时间称为扫描周期。扫描周期与 CPU 运行速度、PLC 硬件配置及用户程序长短有关，典型值为 1～100ms。

1．内部处理阶段

在内部处理阶段，PLC 进行自检，并对监视定时器（WDT）进行复位以及完成其他一些内部处理工作。

2．通信服务阶段

在通信服务阶段，PLC 与其他智能装置实现通信，响应编程器键入的命令，以及更新编程器的显示内容等。

图 1-5　扫描过程示意图

当 PLC 处于停止（STOP）状态时，只完成内部处理和通信服务工作；当 PLC 处于运行（RUN）状态时，除完成内部处理和通信服务工作外，还要完成输入采样、程序执行及输出处理工作。

3．输入采样阶段

在输入采样阶段，PLC 以扫描工作方式按顺序对所有输入端的输入状态进行采样，并存入刷新输入映像寄存器中，接着进入程序处理阶段。即使输入状态发生变化，输入映像寄存器的内容也不会改变，输入映像寄存器只有在下一个扫描周期的输入状态采样后才能被刷新。

4．程序执行阶段

在程序执行阶段，PLC 对程序按顺序进行扫描执行。若程序用梯形图来表示，则总是按先上后下，先左后右的顺序进行；当遇到程序跳转指令时，则根据跳转条件是否满足来决定程序是否跳转；当指令中涉及输入、输出状态时，PLC 从输入映像寄存器和元件映像寄存器中读出，根据用户程序进行运算，运算的结果再存入元件映像寄存器中。对于元件映像寄存器来说，其内容会随程序执行的过程而变化。

5．输出处理阶段

当所有程序执行完毕后，进入输出处理阶段。在这一阶段里，PLC 将输出映像寄存器中与输出有关的状态（输出继电器状态）转存到输出锁存器中，并通过一定方式输出，驱动外部负载。

综上所述，PLC 采用了周期循环扫描、集中输入和集中输出的工作方式，具有可靠性高、抗干扰能力强等优点，但 PLC 的串行扫描方式、输入接口的信号传递延迟及输出接口中驱动器件的延迟等原因也造成了 PLC 的响应滞后，不过对于一般的工业控制，这种滞后是完全允许的。

1.3.3　PLC 与普通计算机工作方式的区别

PLC 与普通计算机（或单片机）都是由微处理器作为核心控制芯片，其基本工作原理是完全一样的，都是基于程序存储和串行执行程序的工作过程，其不同之处主要表现在以下几个方面。

1）PLC 是专用的工业自动化控制的计算机，抗干扰能力强，工作可靠性高，工业现场控制电路连接方便、简单；而一般计算机在工控系统中，通常作为上位机，向 PLC 发布命令及与其交换数据，PLC 作为下位机，实现工业现场的自动化控制功能。

2）一般计算机在程序执行结束后 CPU 处于暂停状态（等待中断）；PLC 在程序执行到最后一条指令后立即重复程序的执行。

3）一般计算机在有效执行输入（输出）操作时，外部设备必须准备好数据（状态）。PLC 执行程序的过程是采用循环扫描方式工作的，如果某扫描周期输入信号没有准备好，由于扫描周期时间很短，则在下一扫描周期输入信号才准备好，宏观上不影响程序对输入信号的读取；如果在扫描周期内程序读取了输入信号状态后，输入信号又发生变化，则已经读取的输入信号状态在程序中保持不变。因此，PLC 在执行输入/输出操作时，不仅受到程序的控制，还要考虑扫描周期的影响。或者说，每一扫描周期都要执行一次程序中设定的输入/输出操作，每一扫描周期的输入/输出状态可能是不同的。

4）在执行中断、子程序或计数（延时）等模块程序中，一般计算机只有在该模块程序执行结束后才能执行下面程序；PLC 则不管其是否结束仍然按扫描循环方式执行下面的程序，即每一扫描周期全部程序都要执行一遍。因此，不能完全按照一般计算机中设计中断等程序模块的设计方法来设计 PLC 中断程序，如果那样往往达不到设计要求。

1.4　PLC 系统基本结构

PLC 是一种以微处理器（CPU）为核心，专门为工业环境下的电气自动化控制而设计的计算机控制装置。PLC 比普通计算机有着更强的 I/O 接口能力，更适用于工业控制要求的编程语言，具有更强的抗干扰能力。尽管 PLC 种类繁多，但和普通计算机相似，都是由硬件和软件两大部分组成。PLC 硬件是软件发挥其功能的物质基础，PLC 软件则提供了发挥硬件功能的方法和手段。

1.4.1　PLC 硬件结构

PLC 的硬件主要由中央处理器（CPU）、存储器、输入单元、输出单元、通信接口、扩展接口及电源等几部分组成。其中，CPU 是 PLC 的核心，输入单元/输出单元是 CPU 与现场输入/输出设备之间的接口电路，通信接口主要用于连接编程器和上位计算机等外部设备。

对于整体式 PLC，其组成框图如图 1-6 所示；而模块式 PLC，其组成框图如图 1-7 所示。无论是哪种结构类型的 PLC，都可根据用户需要进行配置与组合。

尽管整体式 PLC 与模块式的结构不太一样，但各部分的功能作用是相同的，下面对 PLC 主要组成部分进行简单介绍。

图 1-6　整体式 PLC 组成框图

图 1-7　模块式 PLC 组成框图

1．中央处理单元（CPU）

CPU 是 PLC 的核心，PLC 中所配置的 CPU 随机型不同而不同，常用的 CPU 有三类：通用微处理器、单片机（如 80C51、8096 等）和位片式微处理器（如 AMD29W 等）。

在实际应用中，小型 PLC 大多采用 8 位通用微处理器或单片微处理器；中型 PLC 大多采用 16 位通用微处理器或单片微处理器；而大型 PLC 大多采用高速位片式微处理器。

目前，小型 PLC 多为单 CPU 系统，而大、中型 PLC 则多为双 CPU 系统。对于双 CPU 系统，其中一个为字处理器，一般采用 8 位或 16 位处理器；另一个为位处理器，采用由各厂家设计制造的专用芯片。

字处理器为主处理器，用于实现与编程器连接、监视内部定时器和扫描时间、处理字节指令以及对系统总线和位处理器进行控制等。位处理器为从处理器，主要用于处理位操作指令和实现 PLC 编程语言向机器语言的转换。位处理器的使用，提高了 PLC 的速度，使其能够更好地满足实时控制要求。

在 PLC 中，CPU 按系统程序赋予的功能，指挥 PLC 有条不紊地进行工作，归纳起来主要有以下几个方面。

1）接收从编程器输入的用户程序和数据。

2）诊断电源以及 PLC 内部电路的工作故障和编程中的语法错误等。

3）通过"输入接口"接收现场的状态或数据，并存入输入映像寄存器或数据寄存器中。

4）从存储器逐条读取用户程序，经过解释后执行。

5）根据执行的结果，更新有关标志位的状态和输出映像寄存器的内容，通过输出单元实现输出控制。

2．存储器

PLC 中的存储器主要用来存放系统程序、用户程序以及工作数据。常用的存储器主要有可读/写操作的随机存储器（RAM）和只读存储器（ROM、PROM、EPROM 与 EEPROM）两类。系统程序是用于完成系统诊断、命令解释、功能子程序调用、逻辑运算、通信及各种参数设定等功能，以及提供 PLC 运行所需要的工作环境。系统程序由 PLC 制造厂家编写的，直接固化到只读存储器 ROM、PROM 或 EPROM 中，不允许用户进行访问和修改。系统程序和 PLC 的硬件组成有关，直接影响到 PLC 的性能。

用户程序是用户按照生产工艺的控制要求编制的应用程序，它随 PLC 的控制对象不同而不同。为了便于检查和修改，用户程序一般存于随机存储器 RAM 中。同时，为防止掉电时信息丢失，通常用锂电池作为后备电源。如果用户程序运行后一切正常，不需改变，也可将其固化在只读存储器 EPROM 中，现在有许多 PLC 直接采用 EEPROM 作为用户存储器。当PLC 提供的用户存储器容量不够用时，许多 PLC 还提供有存储器扩展功能。

工作数据是 PLC 运行过程中经常变化、经常存取的一些数据，一般将其存放在 RAM 中，以适应随机存取的要求。

3．输入/输出单元

输入/输出单元通常也称为 I/O 单元或 I/O 模块，是 PLC 与工业生产现场之间连接的部件。PLC 通过输入单元可以检测被控对象的各种数据，将这些数据作为 PLC 对控制对象进行控制的依据，同时 PLC 也可通过输出单元将处理结果送给被控对象，以实现控制的目的。

I/O 单元内部的接口电路具有电平转换的功能，由于外部输入设备和输出设备所需的信号电平多种多样，而在 PLC 内部，CPU 处理的信息只能是标准电平，这种电平的差异要由 I/O 接口来完成转换。

I/O 接口电路一般具有光电隔离和滤波功能，用来防止各种干扰信号和高电压信号的进入，以免影响设备的可靠性或造成设备的损坏。

I/O 接口电路上通常还有状态指示，使得工作状况直观展现，方便用户维护。

PLC 还提供了多种操作电平和驱动能力的 I/O 单元供用户选用。I/O 单元的主要类型有数字量（开关量）输入、数字量（开关量）输出、模拟量输入及模拟量输出等。

（1）开关量输入单元

常用的开关量输入单元按其使用的电源不同分直流输入单元、交流输入单元、交/直流输入单元和传感器输入四种类型，其内部接口电路原理及外部输入开关信号接线如图 1-8 所示。

在图 1-8 中，开关量输入单元均设有 *RC* 滤波电路，以防止输入开关触点的抖动或干扰脉冲引起的误动作。直流输入、交流输入及交/直流输入接口电路都是通过光耦合器把输入开关信号传递给 PLC 内部输入单元，从而实现输入电路与 PLC 内部电路之间的隔离。

图 1-8d 为传感器（作为开关量）的输出信号和 PLC 输入接口电路。

对于 S7-200 PLC，在接口应用中应该注意到下面几个问题。

图 1-8 开关量输入接口

a) 直流输入　b) 交流输入　c) 交/直流输入　d) 传感器输入（直流输入）

1）允许为某些数字量输入点选择一个定义时延（可在 0.2～12.8ms 间选择）的输入滤波器，可以通过编程软件 STEP 7-Micro/WIN 下的系统块设置。通过设置输入延时过滤数字量输入信号。因此，输入信号必须在时延期限内保持不变，才能被认为有效。默认滤波器时间是 6.4ms。

2）COM 端为各输入点的内部输入电路的公共端，在 S7-200 中，使用符号 1M 或 2M 表示。

3）直流输入可以采用 S7-200 PLC 内部的 DC 24V 直接供电，输入开关信号可以由普通按钮、行程开关、继电器或信号报警等触点产生。

（2）开关量输出模块

常用的开关量输出单元按输出开关器件不同有三种类型：继电器输出单元、晶体管输出单元和双向晶闸管输出单元，其内部接口电路的基本原理如图 1-9 所示。继电器输出单元可驱动交流或直流负载，但其响应速度慢，适用于动作频率低的负载；而晶体管输出单元和双向晶闸管输出单元的响应速度快，工作频率高，前者仅用于驱动直流负载，后者多用于驱动交流负载。

图 1-9 开关量输出接口

a) 继电器输出 b) 晶体管输出 c) 晶闸管输出

从图 1-9 中可以看出，每种输出电路都有隔离措施。继电器输出型是利用继电器触点与线圈将 PLC 内部电路与外部负载电路进行电气隔离；晶体管输出型是在 PLC 内部电路与输出晶体管之间实现光电隔离；双向晶闸管输出型则是在 PLC 内部电路与双向晶闸管之间采用光触发晶体管进行隔离，因此，具有很强的抗干扰作用。

PLC 的外部负载通常是接触器、电磁阀、执行器、信号灯及相关驱动电路等，外部负载应符合 PLC 输出电路对电压和电流的要求。

PLC 的 I/O 单元所能接收的输入信号个数和输出信号个数称为 PLC 输入/输出（I/O）点数。I/O 点数是选择 PLC 的重要依据之一，当系统的 I/O 点数不够时，可通过 PLC 的 I/O 扩展接口对系统进行扩展。

4．通信接口

为了实现人机交互，PLC 配有各种通信接口。PLC 通过这些通信接口可与监视器、打印机以及其他 PLC 或计算机等设备实现通信。

PLC 与打印机连接，可将过程信息或系统参数等输出打印；与监视器连接，可将控制过程图像显示出来；与其他 PLC 连接，可组成多机系统或连成网络，实现更大规模的控制。与计算机连接，可组成多级分布式控制系统，实现控制与管理相结合。

远程 I/O 系统也必须配备相应的通信接口模块。

5．智能接口模块

智能接口模块是一独立的计算机系统，它有自己的 CPU、系统程序、存储器以及与 PLC 系统总线相连的接口。作为 PLC 系统的一个模块，智能接口模块通过总线与 PLC 相连，进行数据交换，并在 PLC 的协调管理下独立地进行工作。PLC 的智能接口模块种类很多，如高速计数模块、闭环控制模块、运动控制模块及中断控制模块等。

6．编程装置

编程装置的作用是供用户编辑、调试及输入程序，也可在线监控 PLC 内部状态和参数，与 PLC 进行人机对话。编程装置是开发、应用和维护 PLC 不可缺少的工具。它可以是专用编程器，也可以是配有专用编程软件包的通用计算机系统。

专用编程器是由 PLC 厂家生产，供该厂生产的某些 PLC 产品使用。它主要由键盘、显示器和外存储器接插口等部件组成，专用编程器按结构可分为简易编程器和智能编程器两类。简易编程器体积小、价格便宜，可直接与 PLC 相连。智能型编程器又称为图形编程器，其本质是一台专用便携式计算机，既可联机编程，又可脱机编程，还具有 LCD 或 CRT 图形显示功能，可直接输入梯形图和通过屏幕对话，使用更加直观、方便，但价格较高，操作也比较复杂。

随着 PLC 产品不断更新换代，专用编程器的生命周期也十分有限，今后编程装置的发展趋势是计算机编程（即配有编程软件的个人计算机），用户只需购买 PLC 厂家提供的编程软件和相应的通信连接电缆。这样，用户只用较少的投资即可得到高性能的 PLC 程序开发系统。基于个人计算机的程序开发系统功能强大，它既可以编制、修改 PLC 的梯形图程序，又可以监视系统运行、打印文件及系统仿真等，配上相应的软件还可实现数据采集和分析等许多功能。

7．电源

PLC 配有开关电源，以供内部电路使用。与普通电源相比，PLC 电源的稳定性好、抗干扰能力强，对电网稳定度要求不高。另外，许多 PLC 电源还能够向外提供 24V 直流电压，为外部位控开关或传感器供电。

8. 其他外部设备

除了以上所述的部件和设备外，PLC 还有许多外部设备，如 EPROM 写入器、外存储器及人机接口装置等。

EPROM 写入器是用来将用户程序固化到 EPROM 存储器中的一种 PLC 外部设备。为了使调试好后的用户程序不丢失，经常用 EPROM 写入器将 PLC 内 RAM 中的用户程序保存到 EPROM 中。

一般把 PLC 内部的半导体存储器称为内存储器，而把磁带、磁盘和用半导体存储器做成的存储盒等称为外存储器。外存储器主要用来存储用户程序，它一般通过编程器或其他智能模块接口，与内存储器之间进行数据传送。

人机接口装置是用来实现人机对话。最简单、最普遍的人机接口装置由安装在控制台上的按钮、转换开关、拨码开关、指示灯、LED 显示器及声光报警器等器件构成。

1.4.2 软件组成

PLC 硬件建立了 PLC 应用的物质基础，而软件则提供了发挥 PLC 硬件功能的方法和手段，可扩大其应用范围，并能改善人机界面，方便用户使用。PLC 的软件主要分为系统软件和用户程序两大部分。系统软件是 PLC 制造商编制的，并固化在 PLC 内部 PROM 或 EPROM 中，随产品一起提供给用户，用于控制 PLC 自身的运行；用户程序是由使用者编制、用于控制被控装置运行的程序。

1. 系统软件

系统软件又分为系统管理程序、编程软件和标准程序库。

1）系统管理程序是系统软件最重要的部分，是 PLC 运行的"主管"，具有运行管理、存储空间管理、时间控制和系统自检等功能。其中，存储空间管理是指生成用户程序运行环境，规定输入/输出、内部参数的存储地址及大小等；时间控制主要是对 PLC 的输入采样、运算、输出处理、内部处理和通信等工作的时序实现扫描运行的时间管理；系统自检是对 PLC 的各部分进行状态检测，及时报错和警戒运行时钟等，确保各部分能正常有效地工作。

2）编程软件是一种用于编写应用程序的工具，具有编辑、编译、检查及修改等功能。常见的编程软件有西门子的 STEP 7-Micro/WIN、STEP 7-Micro/WIN SMART，三菱的 GX-Developer 和欧姆龙的 CX-Programmer 等。

3）标准程序库是由许多独立的程序块组成，包括输入、输出及通信等特殊运算和处理程序，如信息读写程序等，各个程序块能实现不同的功能，PLC 的各种具体工作都是由这部分程序完成的。

2. 用户程序

用户程序是指用户根据工艺生产过程的控制要求，按照使用的 PLC 所规定的编程语言或指令系统而编写的应用程序。用户程序除了 PLC 的控制逻辑程序外，对于需要操作界面的系统还包括界面应用程序。

用户程序的编制可以使用编程软件在计算机或者其他专用编程设备上进行，也可使用手持编程器。用户程序常采用梯形图、助记符等方法编写，用户程序必须经编程软件编译成目标程序后，下载到 PLC 的存储器中进行调试。

1.5 PLC 编程

1.5.1 PLC 的编程语言

PLC 为用户提供了完善的编程语言来满足编制用户程序的需求。它提供的编程语言通常有梯形图（LAD）、语句表（STL）和顺序功能图（SFC）等。

1. 梯形图（LAD）

梯形图与继电器控制系统的电路图很相似，具有直观易懂的优点，很容易被熟悉继电器控制的电气人员掌握，如图 1-10 所示。

图 1-10　传统继电器控制电路图和 PLC 梯形图

a) 继电器控制电路图　b) PLC 梯形图

图 1-10a 是传统的继电器控制电路图；图 1-10b 是相应的 PLC 梯形图程序。梯形图程序使用的是 PLC 内部继电器等，都是由软件来控制的，因此，其使用方便，修改灵活。而继电器控制电路采用的却是不易更改的硬接线方式。

I0.0、I0.1 等触点代表逻辑"输入"条件，如开关、按钮等。Q0.0、Q0.1 等线圈通常代表逻辑"输出"结果，其输出可控制负载，如信号灯、接触器及中间继电器的通电或断电等。

梯形图是最常用的 PLC 图形编程语言，其主要特点如下。

1）梯形图中使用的"继电器"或"线圈"，不是真实的物理电器，而是在软件中使用的编程元件，每一编程元件与 PLC 存储器中元件映像寄存器的一个存储单元相对应。

2）梯形图两侧的垂直公共线称为公共母线（Bus Bar）。在分析梯形图的逻辑关系时，为了借用继电器电路的分析方法，可以想象左右两侧母线之间有一个左正右负的直流电源电压，当图中的触点接通时，有一个假想的"概念电流"或"能流（Power Flow）"从左到右流动，这一方向与执行用户程序时的逻辑运算的顺序是一致的，如图 1-11 所示。

图 1-11　PLC 梯形图

3）根据梯形图中各触点的状态和逻辑关系，求出与图中各线圈对应的编程元件的状态，称为梯形图的逻辑解算。逻辑解算是按梯形图中从上到下、从左到右的顺序进行的。

4）梯形图中的线圈和其他输出指令应放在最右边。

5）梯形图中各编程元件的常开触点和常闭触点均可以无限次地使用。

梯形图适合于熟悉继电器电路的人员使用，设计复杂的触点电路时最好使用梯形图。

2. 语句表（STL）

语句表编程语言是一种与汇编语言类似的助记符编程语言，用一个或几个容易记忆的字符来代表 PLC 的某种操作功能。每个语句由地址（步序号）、操作码（指令）和操作数（数据）三部分组成。语句表可以实现某些不易用梯形图或功能块图来实现的功能。

语句表编程语言常用在没有 CRT 屏幕或液晶屏幕的简易编程器中，用一系列 PLC 操作命令组成的语句表将梯形图描述出来，再通过简易编程器输入 PLC 中。

下面的程序是用语句表语言编写的一个简单的定时程序。

```
Network 1        // I0.0 接通，定时 200×10ms=2s 后 T36 的常开触点闭合，Q0.0 输出
LD      I0.0
TON     T36, 200
Network 2        // I0.0 断开，T36 复位
LD      T36
=       Q0.0
```

使用语句表编程速度快，可以在每条语句后面加上注释，便于理解和阅读。

3. 顺序功能图（SFC）

顺序功能图是一种位于其他编程语言之上的图形语言，使用它可以对具有并发、选择等复杂结构的系统进行编程。

顺序功能图提供了一种组织程序的图形方法，在顺序功能图中允许和其他语言编制的程序嵌套。顺序功能图由步、转换和动作三种主要元件组成，如图 1-12 所示。可以用顺序功能图来描述系统的功能，根据它可以很容易地画出梯形图程序。

图 1-12 顺序功能图

1.5.2 PLC 的程序结构

广义上的 PLC 程序由用户程序、数据块和系统块三部分组成。

1. 用户程序

用户程序是必选项，在存储空间中也称为组织块，它处于最高层，可以管理其他块，可用各种语言（如 LAD、STL 等）编写用户程序。用户程序中至少应当包含一个主程序或附加若干个子程序及若干个中断程序。PLC 的一般程序结构如图 1-13 所示。

2. 数据块

数据块为可选部分，它主要存放控制程序运行所需的数据，在数据块中允许以下数据类型：布尔型，表示编程元件的状态；十进制、二进制或十六进制数；字母、数字和字符型。数据块仅允许对 V 存储区进行数据初始值或 ASCII 字符赋值。

3. 系统块

系统块存放的是 CPU 组态数据，如 PLC 通信参数设置等，用户可以根据需要在编程软

件中进行设置。如果在编程软件或者其他编程工具上未进行 CPU 的组态，则系统以默认值进行自动配置。

图 1-13   PLC 的一般程序结构

以上数据块和系统块要同编译通过的用户程序一并下载至 PLC 才能有效。

1.6   从一个简单实例看 PLC 应用开发过程

本章通过一个简单的 PLC 电动机自锁起动控制系统应用实例，让读者初步了解 PLC 的应用开发过程。

1. 控制要求

控制要求如下。

1）用 S7-200 系列 PLC 实现对电动机进行起动、停止、自锁保护和过载保护的控制。

2）按下输入控制起动按钮，电动机自锁起动，按下输入控制停止按钮，电动机停止运行。

3）利用热继电器常闭触点实现过载保护。

2. PLC 电动机自锁起动控制系统构成

根据控制要求，PLC 三相异步电动机自锁起动控制系统如图 1-14 所示。

图 1-14a 为主电路，由电动机 M、热继电器 FR、接触器（输出部分）KM 的主常开触点、熔断器 FU1 刀开关 QS 构成；图 1-14b 为控制电路，由 S7-200 PLC 控制器，起动按钮 SB1（输入部分）、停止按钮 SB2（输入部分）、接触器 KM 辅助常开触点及它的线圈组成（注意：本例控制电路接触器工作电压为 DC 24V）。

3. PLC 电动机自锁起动控制系统工作原理

图 1-14b 所示为 PLC 电动机自锁起动控制电路，其工作原理如下。

1）控制电路起动时，合上刀开关 QS，主电路引入三相电源。

2）PLC 控制电路只需要连接输入开关信号（I0.0、I0.1、I0.2）、输出开关信号（Q1.0）即可，PLC 执行相应的控制程序，即可实现对继电器 KM 的自锁控制。

3）当按下起动按钮 SB1，24V 直流电源通过 PLC 输入端口 I0.0 形成回路，置 PLC 内部的输入软继电器 I0.0 为 ON，其软常开触点 I0.0 导通；由于按钮 SB2 原状态是闭合的，故输入软继电器 I0.1 为 ON，其软常开触点 I0.1 也是导通的，因此，PLC 内部的输出继电器 Q1.0

得电为 ON，其内部触点闭合，24V 直流电源通过内部触点使接触器 KM 线圈形成通电回路，同时实现自锁功能；KM 线圈得电时，其主常开触点 KM 闭合，电动机接通电源开始全起动。

图 1-14　PLC 三相异步电动机自锁起动控制系统

a) 主电路　b) 控制电路

4）按下停止按钮 SB2，I0.1 回路断电，软继电器 I0.1 线圈失电，则其软触点断开，Q1.0 失电为 OFF，使接触器 KM 线圈断电，KM 触点断开，切断电动机三相电源，电动机 M 自动停止运行，控制电路又回到起动前的状态。

5）热继电器 FR 对电动机实现过载保护，正常工作时，热继电器常闭触点闭合，I0.2 为 ON，电路工作正常；当通过电动机电流超过一定范围时，热继电器动作，常闭触点断开，I0.2 为 OFF，切断电动机供电回路。

6）熔断器 FU1 对主电路实现短路保护，电路同时具有欠电压、失电压保护。

4. PLC 端口及接线

以 S7-200 CPU 224 PLC（集成 14 输入/10 输出，共 24 个数字量 I/O 点）模块作为控制器，PLC 电动机自锁起动控制电路外围接线如图 1-15 所示。

在图 1-15 中，开关符号连接的端口均为输入端口（如 I0.0、I0.1、I0.2）；接触器连接的输出端口为 Q1.0。

5. 编程、下载及运行

（1）程序设计

如图 1-16a 所示为传统的继电器控制电路，将其电路移植到 PLC 相应的软元件并稍作修改，得到 PLC 梯形图控制程序如图 1-16b 所示。

（2）编程、编译、下载及运行

1）在上位机运行软件 SETP 7-Micro32/WIN32，自动产生新建项目，项目名称默认为"项目 1"。

2）执行菜单命令"PLC"→"类型"，在其对话框中选择设置所使用 PLC 的 CPU 型号。

图 1-15　CPU 224 外围接线图

图 1-16　PLC 电动机自锁起动控制电路

a) 传统的继电器接触控制电路　b) 梯形图控制程序

　　3）在窗口左边的指令树栏目中单击"程序块"→"主程序"，进入梯形图编辑窗口，在"网络 1"中输入程序，如图 1-17 所示。

　　4）执行菜单命令"PLC"→"编译"或"全部编译"命令，编译程序。若发现运行错误或需要修改程序则重复上面过程，直至程序编译成功，产生目标文件。

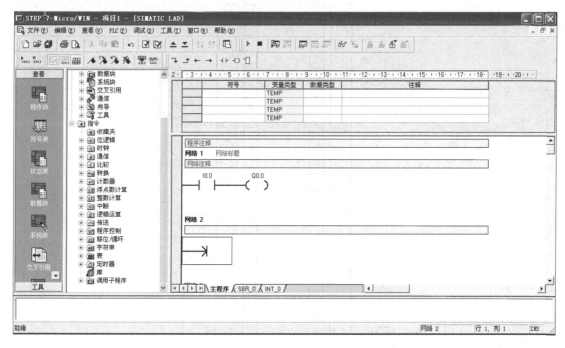

图 1-17　梯形图编辑窗口

5）建立通信。在 STEP 7-Micro/WIN 主操作界面下，单击操作栏中的"通信"图标或选择主菜单中的"查看"→"组件"→"通信"选项，然后双击"双击刷新"图标，STEP 7-Micro/WIN 将检查连接的所有 S7-200 CPU 站，并为每个站建立一个 CPU 图标，建立上位机与 PLC 通信连接，如图 1-18 所示。

图 1-18　上位机与 PLC 通信连接

6）下载程序之前，用户必须将 PLC 置于"停止"模式。单击工具条中的"停止"按钮，或选择菜单"PLC"→"停止"命令可实现。

7）单击工具条中的"下载"按钮，或选择菜单"文件"→"下载"命令，程序开始下载。

8）下载成功后，必须将 PLC 从"停止"模式转换为"运行"模式，即实现程序运行。

1.7 实验 1 PLC 简单应用示例

1. 实验目的

1）了解可编程序控制器应用领域及特点。

2）初步认识可编程序控制器简单的应用过程，建立学习、应用可编程序控制器的自信心。

2. 实验内容

1）熟悉可编程序控制器实验设备、演示课件及应用实例。

2）用 PLC 实现一个最简单的开关电路。

功能要求：当按下开关 SB1（闭合）时，指示灯亮；当松开 SB1（断开）时，指示灯灭。

3. 实验设备及元器件

1）安装有 STEP 7-Micro/WIN 编程软件的 PC。

2）S7-200 PLC 实验工作台或 S7-200 PLC 装置。

3）PC/PPI+通信电缆线。

4）开关、指示灯及导线等必备器件。

4. 实验步骤

实验操作步骤如下。

1）选择输入端口 I0.0、输出端口 Q0.0，简单开关控制 PLC 外部接线如图 1-19 所示。

图 1-19　简单开关控制 PLC 外部接线图

2）在上位机运行软件 SETP 7-Micro32/WIN32，新建项目，选择 PLC 型号，输入程序（方法见第 9 章，下同），梯形图编辑窗口如图 1-20 所示。

3）执行"编译"命令，编译程序，产生目标文件。

4）单击"通信"按钮，建立上位机与 PLC 通信连接，如图 1-21 所示。

5）下载程序，程序运行，观察实验结果如下。

程序执行过程：当 SB1 闭合时，I0.0 触点闭合，Q0.0 为 ON，点亮指示灯。

图 1-20 梯形图编辑窗口

图 1-21 上位机与 PLC 通信连接

5. 注意事项

1）明确实验要求，按要求完成实验内容。

2）爱护实验中用到的设备器件。在连接 PLC 外部电路时，注意输入/输出电路对电源的要求（可参考相应 PLC 的 CPU 使用说明书）。

3）注意用电安全。

6. 实验操作报告

1）按实例整理出 PLC 应用的操作步骤及工作过程。

2）指出梯形图程序与输入/输出端口的对应关系。

3）写出该程序的调试步骤和实验结果。

说明：本书中其他实验操作步骤可参阅本实验，在后面章节中不再累述。

1.8 思考与练习

1. 在继电器控制电路中，什么是主电路？什么是控制电路？

2. 在继电器控制电路中，如何正确选择断路器和熔断器？

3. 画出电动机自锁起动控制电路，并有过载保护和短路保护功能。简述电路中各电气元件的作用。

4. 简述可编程序控制器 PLC 的定义。

5. 简述可编程序控制器 PLC 的分类。

6. S7-200 PLC 与 S7-200 SMART PLC 有什么不同？

7. 可编程序控制器 PLC 有哪些主要特点？

8. 与继电器控制系统相比，可编程序控制器有哪些优点？

9. 为什么说传统继电器控制电路能很容易转换为 PLC 梯形图程序？

10. 简述可编程序控制器 PLC 的系统结构。

11. PLC 扫描工作方式的特点是什么？扫描工作过程包括哪些阶段？

12. 可编程序控制器的输入、输出单元各包括哪些类型？各有什么特点？使用时应注意哪些问题？

13. 通过 PLC 简单应用实例，说明 PLC 应用的一般过程。

第 2 章　S7-200 系列 PLC 硬件系统及编程资源

S7-200 系列 PLC 是德国西门子公司生产的一种超小型可编程控制器。

S7-200 PLC 设计紧凑，使用方便，应用灵活，性价比高，具有良好的可扩展性及强大的指令集，能够比较完美地满足多种场合中的检测、监测及小规模控制系统的需求，可以作为独立的模块广泛应用在集散化控制系统中。

S7-200 SMART PLC 是西门子公司推出的 S7-200 PLC 的更新换代产品，其指令系统与S7-200 PLC 基本相同，但编程资源和功能大大增加，集成了强大的以太网功能，可以覆盖所有与自动检测、自动控制有关的工业及民用领域。

本章从应用角度出发，主要介绍 S7-200 PLC 的技术指标、硬件配置、编程软元件及 S7-200 SMART PLC 硬件配置及特征等。

2.1　S7-200 PLC 硬件系统配置

S7-200 PLC（简称 S7-200）适用于各种场合中的监测及系统自动控制，具有极高的可靠性、极其丰富的指令集、强大的通信能力和丰富的扩展模块，便捷的操作特性使用户易于掌握。

2.1.1　S7-200 PLC 的硬件构成和性能特点

1．硬件系统构成

S7-200 PLC 硬件系统主要包括 CPU 主机模块、扩展模块、功能模块、相关设备以及编程工具，其系统组成如图 2-1 所示，S7-200 CN CPU 的硬件特点如图 2-2 所示。

图 2-1　S7-200 PLC 系统组成

S7-200 PLC 硬件特点主要表现在以下几个方面。

图 2-2　S7-200 CN CPU 硬件特点

（1）CPU 主机具有增强的内置集成功能

CPU 主机是 PLC 最基本的单元模块，是 PLC 的主要组成部分，包括 CPU、存储器、基本 I/O 点和电源等，内置功能强大。如 CPU 224XP 集成 14 个输入/10 个输出，共 24 个数字量 I/O 点；2 个模拟量输入/1 个模拟量输出，共 3 个模拟量 I/O 端口；CPU 226 集成 24 个输入/16 个输出，共 40 个数字量 I/O 点。CPU 主机实际就是一个完整的控制系统，可以单独完成一定的控制任务。

（2）增强的扩展模块特性

主机 I/O 点数量不能满足控制系统的要求时，用户可以根据需要使用各种 I/O 扩展模块。

如数字扩展模块 EM 223-DC24V 支持 32 个输入/输出和 32 个输入/继电器输出；模拟量高密度扩展模块 EM 232 的模拟量输出多达 4 个；模拟量高密度扩展模块 EM 231 的模拟量输入多达 8 个；直接用于测温的热电阻和热电偶控制功能模块等。

（3）增强的编程软件包

STEP 7-Micro/WIN V4.0 编程软件能支持 Microsoft Vista 等操作系统。同时，对通信设置也做了改进，如果 STEP 7-Micro/WIN V4.0 第一次启动时检测到 USB 电缆，就会自动选择 USB 通信方式。

（4）相关设备配备齐全

为充分和方便利用系统的硬件和软件资源而开发和使用的一些设备，主要有编程设备、人机操作界面和网络设备等。为更好地管理和使用这些设备，开发了与之相配套的程序，它主要由标准工具、工程工具、运行软件和人机接口软件等构成。

2．S7-200 性能特点

S7-200 性能特点主要表现如下。

（1）立即读写 I/O 点

S7-200 的指令集提供了立即读写物理 I/O 点的指令，用户可以在程序中立即读写 I/O 点，而不受 PLC 循环扫描工作方式的影响。

（2）提供高速 I/O 点

S7-200 具有集成的高速计数功能，能够对外部高速事件计数而不会影响 S7-200 的性能。这些高速计数器都有专用的输入点作为时钟、方向控制、复位端和启动端等功能输入；S7-200 还支持高速脉冲输出功能，其输出点 Q0.0 和 Q0.1 可形成高速脉冲串（PTO）或脉宽调制（PWM）控制信号。

（3）对数字量输入加滤波器

S7-200 允许用户为某些或者全部本机数字量输入点选择输入滤波器，并可以对滤波器定义 0.2～12.8ms 的延迟时间，系统默认的延迟时间为 6.4ms。该延迟时间能滤除输入杂波，从而减小输入状态发生意外改变的可能。输入滤波器是系统块的一部分，它需要通过编程软件下载并存储在 S7-200 CPU 中。

（4）对模拟量输入加滤波器

S7-200 允许用户对每一路模拟量输入选择软件滤波器，滤波值是多个模拟量输入采样值的平均值。滤波器具有快速相应的特点，可以反映信号的快速变换，系统默认为对所有模拟量输入进行滤波配置。

（5）设置停止模式下的数字量/模拟量输出状态

S7-200 输出表可以用来设置数字量/模拟量的输出状态，用于指明在从运行模式进入停止模式后，是将已知值传送至数字量/模拟量输出点，还是使输出保持停止模式之前的状态。输出表是系统块的一部分，它需要通过编程软件下载并存储在 S7-200 CPU 中。

（6）捕捉窄脉冲

S7-200 为每个本机数字量输入提供脉冲捕捉功能，该功能允许 PLC 捕捉到持续时间很短的高电平脉冲或者低电平脉冲。当一个输入设置了脉冲捕捉功能，输入端的状态变换就被锁存一直保持到下一个扫描循环刷新，这样就能确保一个持续时间很短的脉冲被捕捉到，并一直保持到 S7-200 读取该输入点。

（7）设置掉电保护存储区

S7-200 允许用户定义最多 6 个掉电保护区的地址范围，包括变量存储器 V、位存储器 M、计数器 C 和定时器 T。在缺省情况下，M 存储器的前 14 个字节是非保持的。对于定时器，只有保持型定时器 TONR 可以设为掉电保护。而且定时器和计数器只有当前值可以保持，定时器位和计数器位是不能保持的。

（8）快速响应中断服务程序

S7-200 允许用户在程序扫描周期中使用中断，与中断事件相关的中断服务程序作为程序的一部分被保存。在正常的程序扫描周期中，有中断请求就立即执行中断事件。在中断优先级相同的情况下，S7-200 遵循"先来先服务"的原则来执行中断服务程序。

（9）实现 PID 运算操作

S7-200 PLC 设置了 PID 回路指令，通过程序设置 PID 回路表参数，可以十分方便地通过执行 PID 回路指令，对模拟量构成闭环控制系统。

（10）提供模拟电位器

S7-200 提供有模拟电位器，其位于模块前盖下面，可以用螺钉旋具进行调节。调节电位器能增加/减小存于特殊存储器中的值，这些只读值在程序中可以有很多功能，如更新定时器或计数器的当前值，输入或修改预置值、限定值等。

（11）提供四层口令保护

S7-200 所有型号都提供口令保护功能，用以限制对特殊功能的访问。对 CPU 功能及存储器的访问权限是通过设置口令来实现的。S7-200 CPU 提供了限制 CPU 访问功能的四个等级，若要进行四个等级的访问，均需输入正确的口令。

2.1.2 S7-200 CPU 模块和技术指标

S7-200 CPU 22x 系列 PLC 主机有 CPU 221、CPU 222、CPU 224、CPU 224XP 和 CPU 226 五种不同结构配制的 CPU 单元，供用户根据不同需要选用。

1. CPU 模块结构

S7-200 的 CPU 模块是一个功能强大的整体式 PLC，它集成了一个微处理器、一个集成电源、输入/输出（I/O）若干端点（口）及 RAM、EEPROM 等，被封装在一个紧凑的外壳内。CPU 模块负责执行程序，输入点用于从现场设备中采集信号，输出点则负责输出控制信号，用于驱动外部负载。CPU 22x 系列 PLC 主机（CPU）模块的外形功能示意图如图 2-3 所示。

图 2-3 CPU 22x 系列 PLC 主机模块外形功能示意图

其中，前翻盖下面有模式选择开关、模拟电位器以及扩展端口。S7-200 PLC 有 RUN 和 STOP 两种工作模式，可由模式选择开关选择。当模式选择开关处于 STOP 位置时，不执行程序但可以对其编写程序；当开关处于 RUN 位置时，PLC 处于运行状态，此时不能对其编写程序；当开关处于 TERM 监控状态时，可以运行程序也可以进行读/写操作。扩展端口用于连接扩展模块，实现 I/O 扩展。

端子下翻盖下面为输入端子和传感器电源端子，输入端子的运行状态可以由端子盖上方的一排指示灯显示，正常工作时对应指示灯被点亮。

端子上翻盖下面为输出端子和 PLC 供电电源端子，输出端子的运行状态可以由端子盖下方的一排指示灯显示，正常工作时对应指示灯被点亮。

运行状态指示灯用于显示 CPU 所处的工作状态。当 CPU 处于 STOP 状态（停机方式）或重新启动时，黄灯常亮；当 CPU 处于 RUN 状态（运行方式）时，绿灯常亮；当 CPU 处于 SF 状态（硬件故障或软件错误）时，红灯常亮。

可选卡插槽可以插入存储卡、时钟卡及电池卡等，存储卡用来在没有供电的情况下（不需要电池）保存用户程序。

通信接口可以连接 RS-485 通信电缆，可以通过专用 PPI 通信电缆连接上位机（RS-232）或编程设备或文本显示器或其他的 CPU，实现 PLC 与上位机或者其他 PLC 之间的通信。

2．CPU 模块实物外形

CPU 22x 系列 PLC 主机（CPU）模块实物外形图如图 2-4 所示。

图 2-4　CPU 22x 系列 PLC 主机 CPU 模块实物外形图

3．模块功能

（1）CPU 221 PLC

CPU 221 PLC 集成了 6 输入/4 输出数字量 I/O 点（即 CPU 只能读取 6 个外部开关量信号、输出 4 个开关量信号控制负载）；6KB 程序和数据存储空间；4 个独立的 30kHz 高速计数器、2 路独立的 20kHz 高速脉冲输出；1 个 RS-485 通信编程口，具有 PPI 通信协议、MPI 通信协议和自由方式通信功能。

CPU 221 PLC 无 I/O 扩展功能，适合于 I/O 点数较少的小型控制系统。

（2）CPU 222 CN PLC

CPU 222 CN PLC 集成了 8 输入/6 输出数字量 I/O 点；6KB 程序和数据存储空间；4 个独立的 30kHz 高速计数器、2 路独立的 20kHz 高速脉冲输出；具有实现 PID 运算控制功能，构成闭环控制系统；1 个 RS-485 通信编程口，具有 PPI 通信协议、MPI 通信协议和自由方式通信功能。

CPU 222 CN PLC 可以连接 2 个扩展模块，是具有可扩展、应用广泛的全功能控制器。

（3）CPU 224 CN PLC

CPU 224 CN PLC 集成了 14 输入/10 输出数字量 I/O 点；16KB 程序和数据存储空间；6 个独立的 30kHz 高速计数器、2 路独立的 20kHz 高速脉冲输出；具有实现 PID 运算控制功能，构成闭环控制系统；1 个 RS-485 通信编程口，具有 PPI 通信协议、MPI 通信协议和自由方式通信功能。CPU 224 CN PLC 具有较强的控制功能。

CPU 224 CN PLC 可以连接 7 个扩展模块，最大扩展为 168 路数字量 I/O 点或 35 路模拟量 I/O 端口，CPU 224 CN PLC 是具有较强控制能力的控制器。

（4）CPU 224 XP CN PLC

CPU 224 XP CN PLC 集成了 14 输入/10 输出数字量 I/O 点、2 输入/1 输出模拟量 I/O 端口；22KB 程序和数据存储空间；6 个独立的 100kHz 高速计数器、2 路独立的 100kHz 高速脉冲输出；具有实现 PID 运算控制功能，构成闭环控制系统；2 个 RS-485 通信编程口，具有 PPI 通信协议、MPI 通信协议和自由方式通信功能；内置模拟量 I/O、自整定 PID 及线性斜坡脉冲指令等功能。

CPU 224 XP CN PLC 可以连接 7 个扩展模块，最大扩展为 168 路数字量 I/O 点或 38 路模拟量 I/O 端口。CPU 224 XP CN PLC 是具有强大控制能力的控制器。

（5）CPU 226 CN PLC

CPU 226 CN PLC 集成了 24 输入/16 输出数字量 I/O 点、2 输入/1 输出模拟量 I/O 端口；26KB 程序和数据存储空间；6 个独立的 30kHz 高速计数器、2 路独立的 20kHz 高速脉冲输出；具有实现 PID 运算控制功能，构成闭环控制系统；2 个 RS-485 通信编程口，具有 PPI 通信协议、MPI 通信协议和自由方式通信功能。

CPU 226 CN PLC 可以连接 7 个扩展模块，最大扩展为 248 路数字量 I/O 点或 35 路模拟量 I/O 端口，CPU 226 CN PLC 具有更快的运行速度和更强的内部集成特殊功能，完全能够适应一些较复杂的中、小型控制系统。

4．S7-200 CPU 技术指标

CPU 221、CPU 222、CPU 224、CPU 224XP 和 CPU 226 五种不同结构配制的 CPU 单元的技术指标如下。

（1）S7-200 CPU 电源技术规范

CPU 221～CPU 226 分别设定了 DC 24V 和 AC 120～220V 两种电源供电模式。

例如，CPU 222 DC/DC/DC，其中第 1 个参数 DC 表示 CPU 工作供电为直流电源（DC 20.4～28.8V），第 2 个 DC 表示输入信号控制电压为直流电源，第 3 个参数 DC 表示输出控制电压（负载的工作电源）为直流电源。CPU 直流供电如图 2-5a 所示。

图 2-5　CPU 供电电源

a) CPU 直流供电　b) CPU 交流供电

例如，CPU 222 AC/DC/继电器，其中第 1 个参数 AC 表示 CPU 工作供电为交流电源（AC 85～265V），第 2 个 DC 表示输入信号控制电压为直流电源，第 3 个参数表示继电器输出，其触点控制负载的电压可以为交、直流电源（电流<2A，电压 85～265V）。CPU 交流供电如图 2-5b 所示。

（2）S7-200 CPU 单元技术指标

S7-200 CPU 单元技术指标见表 2-1。

表 2-1　S7-200 CPU 单元技术指标

特性		CPU 221	CPU 222	CPU 224	CPU 224XP	CPU 226
用户程序长度/B	运行模式	4096	4096	8192	12288	16384
	不在运行	4096	4096	12288	16384	24576
数据存储区/B		2048	2048	8192	10240	10240
掉电保护时间/h		50	50	100	100	100
本机 I/O	数字量	6 入/4 出	8 入/6 出	14 入/10 出	14 入/10 出	24 入/16 出
	模拟量	无	无	无	2 入/1 出	无
扩展模块数量		0	2	7	7	7

特性		CPU 221	CPU 222	CPU 224	CPU 224XP	CPU 226
高速计数器	单相	4 路 30kHz	4 路 30kHz	6 路 30kHz	4 路 30kHz 2 路 200kHz	6 路 30kHz
	两相	2 路 20kHz	2 路 20kHz	4 路 20kHz	3 路 20kHz 1 路 100kHz	4 路 20kHz
脉冲输出（DC）		2 路 20kHz	2 路 20kHz	2 路 20kHz	2 路 100kHz	2 路 20kHz
模拟电位器		1	1	2	2	2
实时时钟		配时钟卡	配时钟卡	内置	内置	内置
通信口		1 RS-485	1 RS-485	1 RS-485	2 RS-485	2 RS-485
I/O 映像区		256（128 入/128 出）				
布尔指令执行速度		0.22μs/指令				

5. 存储系统及功能

（1）硬件组成

S7-200 PLC 的存储系统由随机存储器（RAM）和可以可编程序的只读存储器（EEPROM）构成，CPU 模块内部配备一定容量的 RAM 和 EEPROM，其存储容量以字节（B）为单位，如图 2-6 所示。同时，CPU 模块支持可选的 EEPROM 存储器卡；还增设了超级电容和电池模块，用于长时间保存 RAM 中的数据。用户数据可通过主机的超级电容存储若干天；电池模块可选，使用锂电池模块可使数据的存储时间延长到 1～3 年。

图 2-6　S7-200 PLC 存储系统示意图

例如，CPU 224 CN PLC 程序存储器在运行模式下为 8192B，数据存储器为 8192B。

（2）程序存储空间

存储空间可分为系统程序存储器和用户程序存储器。系统程序由 PLC 产品设计者设计并由生产厂商固化在 EEPROM 中，对用户不透明，它反映了 PLC 技术水平，能够智能化地管理和完成 PLC 规定的各种基本操作，用户不能修改；用户程序（在需要时含数据块、CPU 组态设置）是根据 PLC 用户要求实现的特定功能而设计的程序。

（3）程序下载和上传

用户程序、数据块（可选）及 CPU 组态（可选）需要通过上位机编程下载到 CPU 存储器 RAM 区，CPU 会自动地将其复制到 EEPROM 中，在存储器 RAM 和 EEPROM 中互为映像空间，以利于长期保存，从而提高系统的可靠性。

当需要上传程序时，可从 CPU 的 RAM 中将用户程序及 CPU 配置上传到上位机。

（4）开机恢复及掉电保持

CPU 上电后，将自动从 EEPROM 中将用户程序、数据及 CPU 配置恢复到 RAM 中；当 CPU 模块掉电时，如果在编程软件中设置为保持，通用辅助存储器 M 的前 14 个字节（MB0～MB13）数据自动保存在 EEPROM 中。

2.1.3　数字量输入/输出（I/O）扩展模块

在 S7-200 CPU 输入或输出点不能满足系统需要时，可以通过数字量 I/O 扩展模块扩展输入/输出点。扩展模块外部连接示意图如图 2-7 所示。除 CPU 221 外，其他 CPU 模块均可配接一个或多个扩展模块，连接时 CPU 模块放在最左侧，扩展模块用扁平电缆与左侧的模块依次相连，形成扩展 I/O 链，扩展模块实物如图 2-8 所示。

通信电缆

CPU　　　I/O1　　　　　　　　　　　　　　　　　　I/O2　　I/O3

图 2-7　扩展模块外部连接示意图

CPU　　　　　　　　　　　扩展模块

图 2-8　扩展模块实物

注意，控制模块依次连接的顺序可以不受位置限制，但各扩展 I/O 模块端口地址是按其 I/O 扩展链中的顺序由 CPU 进行统一编址的。

S7-200 PLC 提供了 3 种类型的数字量扩展模块，分别是数字量输入模块 EM 221、数字量输出模块 EM 222、数字量输入/输出模块 EM 223，其技术数据见表 2-2。这些扩展模块有直流输入模块和交流输入模块；有直流输出模块、交流输出模块和继电器输出模块；有 8

点、16 点和 32 点的数字量输入/输出模块，方便用户灵活选择，以完善 CPU 的功能，满足不同的控制需要。

表 2-2 S7-200 数字量扩展模块技术数据

型　　号	类　　型			
EM 221 输入模块	8 点输入、DC 24V	8 点输入、AC 120/230V	16 输入、DC 24V	
EM 222 输出模块	4 点输出、DC 24V	4 点继电器输出	8 点输出、AC 120/230V	
	8 点输出、DC 24V	8 点继电器输出		
EM 223 输入/输出模块	4 点输入、DC 24V 4 点输出、DC 24V	8 点输入、DC 24V 8 点输出、DC 24V	16 点输入、DC 24V 16 点输出、DC 24V	32 点输入、DC 24V 32 点输出、DC 24V
	4 点输入、DC 24V 4 点继电器输出	8 点输入、DC 24V 8 点继电器输出	16 点输入、DC 24V 16 点继电器输出	32 点输入、DC 24V 32 点继电器输出

S7-200 数字量扩展模块的每一个 I/O 点与 S7-200 CPU 的 I/O 点统一按字节序编址，便于用户编程。

2.1.4 模拟量输入/输出扩展模块

在工业控制过程中，常需要对一些模拟量（连续变化的物理量）实现输入或输出控制，如温度、压力及流量等都是模拟输入量，某些执行机构（如电动调节阀、晶闸管调速装置和变频器等）也要求 PLC 输出模拟信号。

由于 CPU 直接处理的只能是数字信号，在模拟信号输入时，必须将模拟信号转换为 CPU 能够接受的数字信号，即进行模/数（A/D）转换；在模拟信号输出时，必须将 CPU 输出的数字信号转换为模拟信号，即进行数/模（D/A）转换。

在 PLC 的 CPU 不能满足模拟信号输入/输出通道数量要求时，可以使用模拟量扩展模块来实现 A/D 转换（模拟量输入）和 D/A 转换（模拟量输出）。

在 S7-200 CPU 系列中，仅 CPU 224XP 自带 2 输入/1 输出模拟量端口。S7-200 配备了 3 种模拟量扩展模块，系列号分别为 EM 231、EM 232 和 EM 235，其技术数据见表 2-3。

表 2-3 模拟量输入/输出扩展模块技术数据

模块	EM 231	EM 232	EM 235
点数	4 路模拟量输入	2 路模拟量输出	4 路输入、1 路输出

S7-200 的模拟量扩展模块中 A/D、D/A 转换器的数字量位数均为 12 位。

1. 模拟量输入模块

模拟量输入模块 EM 231 可以实现 4 路模拟量输入，输入信号为差分输入，可以实现电压单极性、电压双极性及电流三种输入模式（量程）；其输出信号为 12 位数字量，由 CPU 读入。

（1）模拟量输入模块

EM 231 模拟量输入模块有 5 档量程供用户选择：直流单极输入 0～10V、0～5V、电流输入 0～20mA、直流双极输入 ±10V、±5V，用户可以通过模块下部的 DIP 开关设置不同的输入量程，如图 2-9 所示。量程为 0～10V 时的分辨率为 2.5mV。

图 2-9   EM 231 配置 DIP 开关

图 2-9 中的 DIP 开关 1、2、3 的不同组合可以选择模拟量的输入量程，设置选择见表 2-4（ON 表示开，OFF 表示关）。

表 2-4   EM 231 模拟量输入量程 DIP 开关设置表

单极性			满量程输入	分辨率
SW1	SW2	SW3	满量程输入	分辨率
ON	OFF	ON	0～10V	2.5mV
	ON	OFF	0～5V	1.25mV
双极性			满量程输入	分辨率
SW1	SW2	SW3	满量程输入	分辨率
OFF	OFF	ON	±5V	2.5mV
	ON	OFF	±2.5V	1.25mV

（2）数字量数据格式

模拟量转换为数字量的数据格式如图 2-10 所示。

图 2-10   模拟量转换为数字量格式

模拟量输入模块的有效数据位为 12 位，在单极性格式中，最低三个位均为 0，即 A/D 转换有效数据位每变化一个最小位，数字量则以 8 为单位变化，相当于 12 位数据×8=2^{12}×8=32768，因此，取全量程范围的数字量输出对应为 0～32000；在双极性格式中，最低四个位均为 0，即 A/D 转换有效数据位每变化一个最小位，数字量则以 16 为单位变化，相当于 12 位数据×16，由于含一位双极性符号位，全量程范围的数字量输出相当于−32000～32000。

EM 231 模拟量输入模块电压输入时输入阻抗≥10MΩ；电流输入时输入电阻为 250Ω；A/D 转换时间<150μs；模拟量阶跃输入响应时间为 1.5ms。

2．模拟量输出模块

EM 232 模拟量输出模块可以实现 2 路模拟量输出，输入信号为 CPU 写入的 12 位数字量，其输出模拟信号范围为±10V 或 0～20mA。

EM 232 数字量数据格式如图 2-11 所示。

图 2-11　EM 232 数字量数据格式

当输出信号为±10V 时，全量程范围的数字量输入相当于−32000～+32000；当输出信号为 0～20mA 时，全量程范围的数字量输入相当于 0～+32000。

EM 232 模拟量输出模块转换精度为±0.5%；电压输出时响应时间为 100μs，其负载电阻≥5kΩ；电流输出时响应时间为 2ms，其负载电阻≤500Ω。

3．模拟量输入/输出模块

EM 235 模拟量输出模块可以实现 4 路模拟量输入/1 路模拟量输出，输入模拟量量程档位多，方便用户选择，适合在一般单闭环控制系统中使用。

EM 235 可以通过模块下部的 DIP 开关设置不同的输入量程和分辨率，如图 2-12 所示。量程为 0～10V 时的分辨率为 2.5mV。

图 2-12　EM 235 配置 DIP 开关

图 2-12 中的 DIP 开关 1～6 的不同组合可以选择模拟量的输入范围和分辨率，设置选择见表 2-5（ON 表示开，OFF 表示关）。

EM 235 数字量数据格式与 EM 231 相同。

表 2-5　选择模拟量量程和精度的 EM 235 配置 DIP 开关表

单极性						满量程输入	分辨率
SW1	SW2	SW3	SW4	SW5	SW6		
ON	OFF	OFF	ON	OFF	ON	0～50mV	12.5μV
OFF	ON	OFF	ON	OFF	ON	0～100mV	25μV
ON	OFF	OFF	OFF	ON	ON	0～500mV	125μA
OFF	ON	OFF	OFF	ON	ON	0～1V	250μV

单极性						满量程输入	分辨率
SW1	SW2	SW3	SW4	SW5	SW6		
ON	OFF	OFF	OFF	OFF	ON	0～5V	12.5mV
ON	OFF	OFF	OFF	OFF	ON	0～20mA	5μA
OFF	ON	OFF	OFF	OFF	ON	0～10V	2.5mV

双极性						满量程输入	分辨率
SW1	SW2	SW3	SW4	SW5	SW6		
ON	OFF	OFF	ON	OFF	OFF	±25mV	12.5μV
OFF	ON	OFF	ON	OFF	OFF	±50mV	25μV
OFF	OFF	ON	ON	OFF	OFF	±100mV	50μV
ON	OFF	OFF	OFF	ON	OFF	±250mV	125μV
OFF	ON	OFF	OFF	ON	OFF	±500mV	250μV
OFF	OFF	ON	OFF	ON	OFF	±1V	500μV
ON	OFF	OFF	OFF	OFF	OFF	±2.5V	1.25mV
OFF	ON	OFF	OFF	OFF	OFF	±5V	2.5mV
OFF	OFF	ON	OFF	OFF	OFF	±10V	5mV

2.1.5 热电偶、热电阻输入扩展模块

1. 热电偶和热电阻

在工业过程控制系统中，热电偶和热电阻通常用来实现对温度物理量的检测。

热电偶（传感器）的工作原理是基于两种不同的金属导体两端分别焊接在一起，当一端（冷端）温度固定，回路电动势会随着另一端（热端）温度的变化而变化，通过对回路电动势的测量即可实现对温度的测量。一般情况下，回路电动势通过断开冷端接点作为热电偶的输出。由于不同金属材料产生的回路电动势不同，适用场合也不同。与 S7-200 PLC 热电偶扩展模块配套使用的热电偶分度号为 J 型、K 型、E 型、N 型、S 型、T 型和 R 型，每种类型热电偶对应有标准分度表（温度-电动势值对照），便于用户使用。

热电阻（传感器）的工作原理是基于金属导体在不同温度下有着不同的电阻值，通过对电阻值的测量实现对温度的测量。由于不同金属材料产生的电阻值不同，适用场合也不同。与 S7-200PLC 热电阻扩展模块配套常使用的热电阻分度号为 Pt100 或 Cu。每种类型热电阻对应有标准分度表（温度-电动势值对照），便于用户使用。

2. 热电偶输入扩展模块

S7-200 PLC 的 EM 231 热电偶扩展模块直接以热电偶输出的电动势作为输入信号，进行 A/D 转换后输入给 PLC，可以实现 4 路热电偶输入。该模块具有冷端补偿电路，可用于 J、K、E、N、S 和 R 型热电偶，可通过模块下方的 DIP 开关来选择热电偶的类型、断线检查、测量单位和冷端补偿等功能，如图 2-13 所示，设置选择见表 2-6（ON 表示开，OFF 表示关）。

图 2-13   EM 231 热电偶扩展模块 DIP 开关

表 2-6   EM 231 热电偶扩展模块功能 DIP 开关设置

开关 1, 2, 3	热电偶类型	设置	描述
SW1,2,3 配置 ↑ 1—接通 ↓ 0—断开 *将 DIP 开关 4 设定 为 0（向下）位置	J（缺省）	000	开关 1~3 为模块上的所有通道选择热电偶类型（或 mV 操作），例如，选 E 类型，热电偶开关 SW1=0，SW2=1，SW3=1
	K	001	
	T	010	
	E	011	
	R	100	
	S	101	
	N	110	
	+/-80mV	111	

开关 5	断线检测方向	设置	描述
SW5 配置 ↑ 1—接通 ↓ 0—断开	正向标定 （+3276.7 度）	0	0 指断线为正 1 指断线为负
	负向标定 （-3276.7 度）	1	

开关 6	断线检测使能	设置	描述
SW6 配置 ↑ 1—接通 ↓ 0—断开	使能	0	通过加上 20μA 电流到输入端进行断线检测。断线检测使能开关可以使能或禁止检测电流。即使关闭了检测电流，断线检测也始终在进行。如果输入信号超过±200mV，则 EM 231 热电偶模块开始断线检测，如检测到断线，测量读数被设定成由断线检测所设定的值
	禁止	1	

开关 7	温度范围	设置	描述
SW7 配置 ↑ 1—接通 ↓ 0—断开	摄氏度（℃）	0	EM 231 热电偶模块能够报告摄氏温度和华氏温度，摄氏温度和华氏温度转换在内部进行
	华氏度（℉）	1	

开关 8	断线检测方向	设置	描述
SW8 配置 ↑ 1—接通 ↓ 0—断开	冷端补偿使能	0	使用热电偶必须进行冷端补偿，如果没有使能冷端补偿，模块的转换就会出现错误。因为热电偶导线连接到模块连接器时会产生电压，当选择±80mV 的范围时，冷端补偿会自动禁止
	冷端补偿禁止	1	

如果需要使用热电偶冷端补偿功能，可置 SW8 为 OFF。

所有连接到扩展模块上的热电偶必须是同一类型。

3．热电阻输入扩展模块

EM 231 热电阻输入扩展模块提供了与多种热电阻的连接口，通过 DIP 开关来选择热电阻的类型、接线方式、测量单位和开路故障的方向，可以实现 2 路热电阻输入。

所有连接到扩展模块上的热电阻必须是同一类型。

热电阻传感器与 EM 231 热电阻控制模块连接方式有 2 线、3 线和 4 线三种，后两种主要是为了消除连接导线引起的测量误差，4 线方式精度最高，一般情况下使用 3 线方式即可满足测量要求。可以通过 DIP 开关 SW8（OFF 为 3 线、ON 为 2 线或 4 线）设置热电阻连接方式。

2.1.6 网络通信及其他控制模块

S7-200 PLC 除了前面介绍的常用模块外，还配备了网络通信、位置控制、称重、文本显示器及触摸屏等扩展模块。

1．网络通信模块

网络通信模块有 EM 277 PROFIBUS-DP 从站通信模块、工业以太网通信模块 243-1 及调制解调器模块 EM 241（通过模拟电话线实现远距离通信）等。

2．位置控制模块

位置控制模块 EM 253 用于 S7-200 PLC 定位控制系统，它能够产生脉冲序列，实现对电动机速度及位置的开环控制。

3．称重模块

称重模块 SIWAREX MS 可以实现多用途电子称重，如轨道衡、吊称及力矩的测量。

4．文本显示器

S7-200 文本显示器 TD 产品包括 TD 200、TD 400C，使用方便，具有良好的信息交互功能。

5．触摸屏

S7-200 系统有多种触摸屏，以实现更为完善的人机界面，如 TP 070、TP 170A 等。

2.2 I/O 编址及外部端口接线

2.2.1 模块 I/O 端口编址

CPU 必须通过编程实现从输入端口获取外部设备信息，以及从输出端口对外部设备的控制功能。CPU 是通过系统分配给各端口相应的编址来访问输入/输出端口的。

1．I/O 端口类型

I/O 端口类型分为以下几种。

1）数字量输入端口。CPU 分配给数字量输入端口地址以字节（8 位）为单位，一个字节八个数字量输入点，起始地址为 I0.0（输入端口 0 字节第 0 位）。

2）数字量输出端口。CPU 分配给数字量输出端口地址以字节（8 位）为单位，一个字节八个数字量输出点，起始地址为 Q0.0（输出端口 0 字节第 0 位）。

3）模拟量输入端口。CPU 分配给模拟量输入端口的地址以字（16 位）为单位，一个字一个模拟量输入端口，起始地址为 AIW0。

4）模拟量输出端口。CPU 分配给模拟量输出端口的地址以字（16 位）为单位，一个字一个模拟量输出端口，起始地址为 AQW0（一个模块分配留有两个模拟输出端口地址，如果模块的实际模拟输出端口只有一个，则未使用的端口地址系统保留，不得留作下一链接模块使用）。

2．端口编址

1）在 CPU 22x 系列中，每种主机 CPU 所提供的本机 I/O 点的 I/O 地址是固定的。例如，主机为 CPU 224 的输入点有 14 点，其编址为 I0.0～I0.7、I1.0～I1.5；输出点有 10 点，其编址为 Q0.0～Q0.7、Q1.0～Q1.1。

2）在进行 I/O 扩展时，可以在 CPU 扩展槽口右边依次连接多个扩展模块，每个扩展模块的组态地址编号取决于各模块的类型和该模块在 I/O 链中所处的位置。编址时同种类型输入或输出点的模块在链中按与主机的位置递增，其他类型模块的有无以及所处的位置不影响本类型模块的编号。

例如，某系统所需的数字量输入点为 24 点、数字量输出点为 20 点、模拟量输入点为 6 点、模拟量输出点为 2 点。如果系统选用主机 CPU 224，为满足系统需要可以有多种不同扩展模块的选取组合，并且各模块在 I/O 链中的位置排列方式也可能有多种。扩展 I/O 模块链如图 2-14 所示。

图 2-14　扩展 I/O 模块链

表 2-7 所列为其对应的各模块的编址情况。

表 2-7　各模块编址

主机- I/O	模块 1-EM 221- I/O	模块 2-EM 222- I/O	模块 3-EM 235- I/O	模块 4-EM 223- I/O	模块 5-EM 235- I/O
I0.0　Q0.0	I2.0	Q2.0	AIW0	I3.0　Q3.0	AIW8
I0.1　Q0.1	I2.1	Q2.1	AIW2	I3.1　Q3.1	AIW10
I0.2　Q0.2	I2.2	Q2.2	ATW4	I3.2　Q3.2	ATW12
I0.3　Q0.3	I2.3	Q2.3	ATW6	I3.3　Q3.3	ATW14
I0.4　Q0.4	I2.4	Q2.4			
I0.5　Q0.5	I2.5	Q2.5	AQW0		AQW4
I0.6　Q0.6	I2.6	Q2.6			
I0.7　Q0.7	I2.7	Q2.7			
I1.0　Q1.0					
I1.1　Q1.1					
I1.2					
I1.3					
I1.4					
I1.5					

由此可见，S7-200 系统扩展对输入/输出端口编址的组态应遵循以下规则。

1）对于同类型输入或输出点的模块按 I/O 链中顺序进行编址，而不受其位置是否连续影响。

2）对于数字量，输入/输出映像寄存器的单位长度为 8 位（1 个字节），本模块实际 I/O 位数按字节未满 8 位的，未用位不能分配给 I/O 链的后续模块（即后续模块编址必须从又一连续字节开始）。

3）对于模拟量输入，以 2 个字节（1 个字）递增方式来分配地址空间。

4）对于模拟量输出，以 2 个字节（1 个字）递增方式来分配地址空间。

必须注意，CPU 分配给模拟量输入/输出端口地址总是以 2 个通道的规律增加的。

在表 2-7 中，CPU 主机不含模拟量端口，第 1 个模拟量扩展模块 EM 235 集成了 4 个模拟量输入端口和 1 个模拟量输出端口，则其模拟量输入通道的地址为 AIW0、AIW2、AIW4 和 AIW6；模拟量输出通道的地址为 AQW0（AQW2 未使用）。后面的第 2 个模拟量扩展模块的第 1 个模拟量输入端口的起始地址为 AIW8，第一个模拟量输出端口的起始地址为 AQW4，而不能使用 AQW2。

例如，CPU 224 XP 在 CPU 上集成了两个模拟量输入端口和一个模拟量输出端口，则其模拟量输入通道的地址为 AIW0 和 AIW2；模拟量输出通道的地址为 AQW0（AQW2 未使用）。对于 CPU 224 XP 后面扩展的第一个模拟量输入模块通道的起始地址为 AIW4，第一个模拟量输出模块通道的起始地址为 AQW4，而不能使用 AQW2。

2.2.2 S7-200 PLC 模块外部接线及注意事项

一个 PLC 控制系统首先需要建立 PLC 与外部输入信号与输出控制设备的接口电路，然后才能面向 I/O 端口进行程序设计。因此，用户必须掌握 I/O 点与外部设备的连接关系和配电要求。

1. CPU 工作电源接线图

S7-200 PLC 的 CPU 工作电源有直流电源（DC 24V）或交流电源（AC 85～265V）两种供电方式。电源接线如图 2-5 所示。

1）图 2-5a 为 CPU 工作电源为直流 24V，L+接电源正极、M 接电源负极。

2）图 2-5b 为 CPU 工作电源为交流电源，其电压值应根据相应产品的使用说明书选取，其接地端可以采用共地方式（大地电位比较稳定时），即将 PLC 控制系统中电路的接地点、机壳的接地点与电网提供的（可靠）地线连接在一起，整个系统以大地为电位参考点，可以稳定系统工作，便于安全操作。

2. 输入/输出端口接线

（1）直流输入接线图

对于 S7-200 所有型号 CPU 的直流输入（DC 24V）端口，既可以作为源型输入（公共端接负电位），也可以作为漏型输入（公共端接正电位）。CPU 的直流输入接线图如图 2-15 所示。

在图 2-15 中，端子 1M 是同一组输入点（0.0～0.4）在其内部输入电路的公共点，每个点输入电流约几毫安，每个点输入开关可以是任何部件（如光电开关、传感器开关或接近开关等）信息的无源开关信号。当外部输入开关闭合时，通过 PLC 内部相应输入点的光耦合电路将输入继电器置"1"。

图 2-15　CPU 直流输入接线图

a) 24V 直流输入（漏型）　b) 24V 直流输入（源型）

（2）直流输出接线图

对于 S7-200 所有型号 CPU 的直流输出（即驱动直流负载），可分为 DC 24V 漏型直流输出和 DC 24V 源型直流输出。CPU 的直流输出接线图如图 2-16 所示。

图 2-16　CPU 直流输出接线图

a) 24V 直流输出（源型）　b) 24V 直流输出（漏型）

在图 2-16 中，外部 DC 24V 实际上是 PLC 输出端口（0.0～0.3）内部晶体管的工作电源，外部负载作为晶体管的输出负载。对于 DC 24V 源型直流输出，1M 是同一组输出点（0.0～0.3）外部连接的公共点，即 DC 24V 的负极。对于 DC 24V 漏型直流输出，1M 接 DC 24V 的负极，外部负载的公共点则是 DC 24V 的正极。每个点输出电流最大为 75mA，实际使用时不要超过 50mA。如果负载电流比较大，可以通过控制固态继电器驱动。

（3）继电器输出接线图

继电器输出接线图如图 2-17 所示。

在图 2-17 中，PLC 内部的继电器输出电路起到将 PLC 与外部负载实现电路上的完全隔离的作用，每一个继电器通过其常开机械触点实现外部电源对负载供电回路。因此，负载电源可以是 250V 以下交/直流、驱动电流 2A 以下的阻性负载。图中的 1L 端是输出电路若干输出点的公共端。

（4）模拟量输入/输出接线

对于 S7-200 CPU 224XP，其模拟量输入/输出接线图如图 2-18 所示。

图 2-17　CPU 继电器输出接线图　　　图 2-18　CPU 224XP 模拟量输入/输出接线图

3．S7-200 CPU 模块外围接线

下面以 CPU 221、CPU 222、CPU 224、CPU 224XP 和 CPU 226 为例，简要介绍 CPU 的 I/O 点与外部设备的连接图（DC 24V 漏型直流输入、DC 24V 源型直流输出型和继电器输出为例）。为了分析问题方便，在这些连接图中，外部输入设备都用开关表示，外部输出设备（负载）则以电阻代表。

（1）CPU 221 模块外围接线图

CPU 221 模块集成了 6 输入/4 输出共 10 个数字量 I/O 点，输入点为 24V 直流双向光耦合输入电路，输出有直流（MOS 型）和继电器两种类型。CPU 221 模块典型外围接线如图 2-19 所示。其中，图 2-19a 为直流电源/直流输入/直流输出的 CPU 外围接线图，图 2-19b 为交流电源/直流输入/继电器输出的 CPU 外围接线图。

图 2-19　CPU 221 典型外围接线图

a）直流电源/直流输入/直流输出　b）交流电源/直流输入/继电器输出

（2）CPU 222 模块外围接线图

CPU 222 集成了 8 输入/6 输出共 14 个数字量 I/O 点，CPU 222 模块典型外围接线如图 2-20 所示。

图 2-20　CPU 222 典型外围接线图

a) 直流电源/直流输入/直流输出　b) 交流电源/直流输入/继电器输出

（3）CPU 224 模块外围接线图

CPU 224 集成 14 输入/10 输出共 24 个数字量 I/O 点，CPU 224 模块典型外围接线如图 2-21 所示。

图 2-21　CPU 224 典型外围接线图

a) 直流电源/直流输入/直流输出　b) 交流电源/直流输入/继电器输出

（4）CPU 224XP 模块外围接线图

CPU 224XP 集成 14 输入/10 输出共 24 个数字量 I/O 点、2 输入/1 输出共 3 个模拟量 I/O 点，其中模拟量输出点可以选择电压输出也可以选择电流输出。CPU 224XP 模块典型外围接线如图 2-22 所示。

图 2-22　CPU 224XP 典型外围接线图

a) 直流电源/直流输入/直流输出　b) 交流电源/直流输入/继电器输出

（5）CPU 226 模块外围接线图

CPU 226 集成 24 输入/16 输出共 40 个数字量 I/O 点，CPU 226 模块典型外围接线如图 2-23 所示。

图 2-23　CPU 226 典型外围接线图

a) 直流电源/直流输入/直流输出

图 2-23　CPU 226 典型外围接线图（续）

b) 交流电源/直流输入/继电器输出

4. 扩展模块外部接线

（1）EM 221 扩展模块外围接线图

EM 221 扩展模块外围接线图如图 2-24 所示。

EM 221 数字量输入 8×DC 24V
（6ES7221-1BF22-0XA0）

EM 221 数字量输入 16×DC 24V（6ES7 221-1BH22-0XA0）

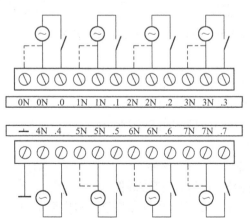

EM 221 数字量输入 8×AC 120/230V
（6ES7221-1EF22-0XA0）

图 2-24　EM 221 扩展模块外围接线图

（2）EM 222 扩展模块外围接线图

EM 222 扩展模块外围接线图如图 2-25 所示。

图 2-25　EM 222 扩展模块外围接线图

（3）EM 223 扩展模块外围接线图

EM223 扩展模块外围接线图如图 2-26 所示。

（4）EM 231/EM 232 扩展模块外围接线图

EM 231/EM 232 扩展模块外围接线图如图 2-27 所示。

（5）EM 235 扩展模块外围接线图

EM 235 扩展模块外围接线图如图 2-28 所示。

（6）EM 231 热电阻、热电偶扩展模块外围接线图

EM 231 热电阻、热电偶扩展模块外围接线图如图 2-29 所示。

注意： 在实际应用中，用户应根据所使用的主机和扩展模块参考相应 PLC 的 CPU 用户手册，以此来选择 PLC 工作电源、进行 I/O 连接及配电要求（电源的正/负极和电压值）。

EM 223DC 24V数字量组合8输入/输出
(6ES7 223-1BH22-0XA0)

EM 223DC 24V数字量组合8输入/继电器输出
(6ES7 223-1PH22-0XA0)

EM 223DC 24V数字量组合16输入/16输出
(6ES7 223-1BL22-0XA0)

EM 223DC 24V数字量组合16输入/16继电器输出
(6ES7 223-1PL22-0XA0)

图2-26　EM 223扩展模块外围接线图

图 2-27　EM 231/EM 232 扩展模块外围接线图

图 2-28　EM 235 扩展模块外围接线图

图 2-29   EM 231 热电阻、热电偶扩展模块外围接线图

2.3   S7-200 PLC 内部编程资源

2.3.1   S7-200 PLC 编程软元件

编程软元件是 PLC（CPU）内部具有不同功能的存储器单元，每个单元都有唯一的地址，在编程时，用户只需使用软元件的符号地址即可。S7-200 PLC 根据软元件的不同功能，分为输入寄存器、输出寄存器、位存储器、定时器、计数器、通用寄存器、数据寄存器及特殊功能存储器等区域。

PLC 内部这些存储器的作用和继电接触式控制系统中使用的继电器十分相似，也有"线圈"与"触点"，但它们不是"硬"继电器，而是 PLC 存储器的存储单元。当写入该单元的逻辑状态为"1"时，表示相应继电器线圈得电，其常开触点闭合，常闭触点断开，所以，内部的这些继电器称为"软"继电器，这些软继电器的最大特点是其触点（包括常开触点和常闭触点）可以无限次使用。

软元件的地址编排采用"区域号+区域内编号"方式。CPU 224、CPU 226 部分编程软件的编号范围和功能描述见表 2-8。

表 2-8   S7-200 PLC 软元件的编号范围

元件名称	符号	编号范围	功能说明
输入寄存器	I	I0.0～I1.5 共 14 点	接收外部输入设备的信号
输出寄存器	Q	Q0.0～Q1.1 共 10 点	输出程序执行结果并驱动外部设备

元件名称	符号	编号范围	功能说明
位存储器	M	M0.0～M31.7	在程序内部使用，不能提供外部输出
定时器	256(T0～t255)	T0，T64	保持型通电延时 1ms
		T1～T4，T65～T68	保持型通电延时 10ms
		T5～T31，T69～T95	保持型通电延时 100ms
		T32，T96	ON/OFF 延时，1ms
		T33～T36，T97～T100	ON/OFF 延时，10ms
		T37～T63，T101～T255	ON/OFF 延时，100ms
计数器	C	C0～C255	加法计数器，触点在程序内部使用
高速计数器	HC	HC0～HC5	用来累计比 CPU 扫描速率更快的事件
顺序控制继电器	S	S0.0～S31.7	提供控制程序的逻辑分段
变量存储器	V	VB0.0～VB5119.7	数据处理用的数值存储元件
局部存储器	L	LB0.0～LB63.7	使用临时的寄存器，作为暂时存储器
特殊存储器	SM	SM30.0～SM549.7	CPU 与用户之间交换信息
特殊存储器	SM（只读）	SM0.0～SM29.7	只读信号
累加寄存器	AC	AC0～AC3	用来存放计算的中间值

2.3.2 软元件类型和功能

1. 输入继电器（I）

输入继电器又称输入过程映像寄存器，一个输入继电器对应一个 PLC 的输入端子，用于接收外部开关信号的控制。输入继电器与输入开关信号的连接及内部等效电路如图 2-30 所示。

图 2-30　输入继电器外接控制开关及内部等效电路图

例如，当外部的开关 SB1 闭合（输入回路导通），输入继电器的线圈 I0.0 得电，则该继电器"动作"，在程序中表现为该继电器常开触点闭合/常闭触点断开。这些触点可以在编程时任意使用，并且使用次数不受限制。

在 PLC 每个扫描周期的开始，PLC 对各个输入端子点进行采样，并把采样值送到输入映像寄存器。PLC 在接下来的本周期各阶段不再改变输入映像寄存器中的值，直到下一个扫描周期的输入采样阶段。

输入继电器可以按位来读取数据，其直接寻址的地址格式为

I[字节地址].[位地址]，如 I1.0（第 1 个字节第 0 位）

输入继电器也可以按字节、字或双字来读取数据（一次读取 8 位、16 位或 32 位），其直接寻址地址格式为

I[长度 B/W/D][起始字节地址]，如 IB1（第 1 个字节）、IW1（第 1 个字）

（以下软元件地址格式类同，只是继电器符号改变）。

在编程时应注意以下方面。

1）输入继电器只能由输入端子接收外部信号控制，不能由程序控制。

2）为了保证输入信号有效，输入开关动作时间必须大于一个 PLC 扫描工作周期。

3）输入继电器软触点只能作为中间控制信号，不能直接输出给负载。

4）输入开关外接电源的极性和电压值应符合输入电路的要求，如直流输入、交流输入。

2. 输出继电器（Q）

输出继电器又称为输出过程映像寄存器，一个输出继电器对应一个 PLC 的输出端子，可以作为负载的控制信号。输出继电器与负载电路的连接及内部等效电路如图 2-31 所示。

图 2-31　输出继电器外接控制及内部等效电路图

例如，当通过程序使输出继电器线圈 Q0.0 得电时，该继电器"动作"，在程序中表现为常开触点闭合/常闭触点断开，即输出端子可以作为控制外部负载的开关信号。这些触点可以在编程时任意使用，使用次数不受限制。

在每个扫描周期的输入采样、程序执行等阶段，并不把输出结果（信号）直接送到输出锁存器（端点），而只是送到输出映像寄存器。只有在每个扫描周期结束时才将输出映像寄存器中的结果几乎同时送到输出锁存器，对输出端点进行刷新。

输出继电器可以按位来写入数据，如 Q1.1；也可以按字节、字或双字来写入数据，如 QB1。

在编程时应注意以下方面。

1）输出端点只能由程序写入输出继电器控制。

2）输出继电器触点不仅可以直接控制负载，同时也可以作为中间控制信号，供编程使用。

3）输出外接电源的极性和电压值应符合输出电路的要求，输出继电器的执行部件有继电器、晶体管和晶闸管三种形式，图 2-31 是继电器输出等效电路。

4）在继电器输出电路中，输出继电器（软触点）控制着 PLC 内部的一个实际的继电器，PLC 输出端输出的是这个实际继电器的触点开关状态。继电器输出起着 PLC 内部电路与负载供电电路电气隔离的作用，同时，负载所需的外接电源可使用直流或交流，但其输出电流、电压值应满足输出触点的要求。

3. 通用辅助继电器（M）

通用辅助继电器（又称位存储区或内部标志位）在 PLC 中没有输入/输出端子与之对应，在逻辑运算中只起到中间状态的暂存作用，类似于继电器控制系统中的中间继电器。

通用辅助继电器可以按位来存取数据，如 M26.7；也可以按字节、字或双字来存取数据，如 MD20。

4. 特殊继电器（SM）

特殊继电器的某些位（特殊标志位）具有特殊功能或用来存储系统的状态变量、控制参数和信息，是用户与系统程序之间的界面。用户可以通过特殊标志位来沟通 PLC 与被控制对象之间的信息；用户也可以通过编程直接设置某些位来使设备实现某种功能（参看 S7-200 用户手册）。

特殊继电器有只读区和可读写区，例如，常用的 SMB0 单元有 8 个状态位为只读标志，其含义如下。

SM0.0：PLC 运行（RUN）指示位，该位在 PLC 运行时始终为 1。

SM0.1：在 PLC 由 STOP 转入 RUN 时，该位为 ON 一个扫描周期，常用作调用初始化子程序。

SM0.2：若保持数据丢失，则该位在一个扫描周期中为 1。

SM0.3：开机后进入 RUN 方式，该位将 ON 一个扫描周期。

SM0.4：该位提供了一个周期为 1min、占空比为 0.5 的时钟脉冲，可作为简单延时使用。

SM0.5：该位提供了一个周期为 1s、占空比为 0.5 的时钟脉冲。

SM0.6：该位为扫描时钟，本次扫描时置 1，下次扫描时置 0。可用作扫描计数器的输入。

SM0.7：该位指示 CPU 工作方式开关的位置（0 为 TERM 位置，1 为 RUN 位置）。

在每个扫描周期的末尾，由 S7-200 更新这些位。

特殊继电器可以按位来存取数据，如 SM0.1；也可以按字节、字或双字来存取数据，如 SMB86。

5. 变量存储器（V）

变量存储器用来存储变量（可以被主程序、子程序和中断程序等任何程序访问，也称全局变量），可以存放程序执行过程中数据处理的中间结果，如位变量 V1.0、字节变量 VB10、字变量 VW10 和双字变量 VD10。

6. 局部变量存储器（L）

局部变量存储器用来存放局部变量（局部变量只在特定的程序内有效），可以用来存储临时数据或者子程序的传递参数。局部变量可以分配给主程序段、子程序段或中断程序段，但不同程序段的局部变量存储器是不能相互访问的。

7. 顺序控制继电器（S）

有些 PLC 中也把顺序控制继电器称为状态器或状态元件，是顺序控制继电器指令的重要元件，常与顺序控制指令 LSCR、SCRT、SCRE 结合使用，实现顺序控制或步进控制，如 S2.1、SB4。

8. 定时器（T）

定时器是 PLC 中常用的编程软元件，主要用于累计时间的增量，其分辨率有 1ms、10ms 和 100ms 三种。定时器的工作过程与继电器控制系统的时间继电器类同。当定时器的输入条件满足时开始累计时间增量（当前值）；当定时器的当前值达到预设值时，定时器触点动作。定时器地址格式为

T[定时器号]

如 T24。

9. 计数器（C）

计数器是用来累计输入脉冲的个数。当输入触发条件满足时，计数器开始累计它的输入端脉冲上升沿（正跳变）的次数；当计数器计数值达到预定的设定值时，计数器触点动作。

计数器地址格式为

C[计数器号]

如 C24。

10. 累加器（AC）

累加器是用来暂存数据的寄存器，累加器可进行读、写两种操作，它可以向子程序传递参数，也可以从子程序返回参数，或用来存储运算中间结果。S7-200 提供了 4 个 32 位的累加器，其地址格式为 AC[累加器号]，如 AC0、AC3 等。累加器的可用长度为 32 位，可采用字节、字、双字的存取方式。按字节、字存取时只能存取累加器的低 8 位或低 16 位，双字可以存取累加器全部的 32 位，如图 2-32 所示。

11. 模拟量输入/输出映像寄存器（AI /AQ）

模拟量输入映像寄存器用以存放 A/D 转换后输入的 16 位数字量，其地址格式为 AIW[起始字节地址]，如 AIW2。注意：模拟量输入映像寄存器地址必须用偶数字节地址（0、2、4、…），且只能进行读操作。

模拟量输出映像寄存器用以存放需要进行 D/A 转换的 16 位数字量，其地址格式为 AQW[起始字节地址]，如 AQW2。注意：模拟量输出映像寄存器地址必须用偶数字节地址（0、2、4、…），且只能进行写操作。

12. 高速计数器（HC）

一般计数器的计数频率受扫描周期的影响，不能太高。而高速计数器可累计比 CPU 的扫描速度更快的事件。高速计数器的当前值是一个双字长（32 位）的整数，且为只读值。高速

计数器的数量很少，地址格式为 HC[高速计数器号]，如 HC2。

图 2-32　累加器的操作

2.4　S7-200 SMART PLC 系统配置

西门子 S7-200 SMART PLC（简称 S7-200 SMART）是西门子公司经过大量的市场调研，为中国用户定制的一款高性价比的小型 PLC 产品。该产品在保留 S7-200 诸多优点的基础上，增加了 CPU 的 I/O 点数，网络接口和通信功能更加强大，CPU 执行速度等性能优势明显提高，编程软件界面与 S7-200 几乎一样，但操作更加方便，指令系统与 S7-200 基本相同。

2.4.1　S7-200 SMART 的功能特点

S7-200 SMART 相对于 S7-200 来说，主要特点如下。

1）CPU 配置更加灵活。S7-200 SMART 的 CPU 模块分为标准型和经济型，大部分 CPU 内部带有信号板，可以根据需要进行 I/O 扩展，CPU 设计更人性化，产品配置灵活，其中 20 点一款，40 点 3 款，60 点 2 款，还包括一款 40 点不带扩展功能的经济型，一个模块就可以满足大部分小型自动化设备的要求。

CPU（单体）模块的 I/O 点数可以增加到 60 点，最大 I/O 点的扩展能力可以达到 188 点，最大可扩展模拟量点数 24 点。具有可达 30KB 的用户程序存储器、20KB 的用户数据区存储器容量。

2）速度提高。采用西门子高速处理器芯片，性能卓越，基本指令的执行速度提高到了 0.15μs/指令，数学运算指令执行速度为 3.6μs /指令。

3）强大的通信功能。CPU 配置了一个 RS-485 接口、一个以太网端口。通过以太网可以用普通网线与上位机进行通信，实现 PLC 的程序下载、在线调试等功能。以太网传输速率为 10/100Mbit/s，可以通过以太网组建多个 CPU 之间通信，以满足小型化 PLC 控制向中型化 PLC 控制发展的需求。

通过以太网端口接口还可以与其他 CPU、触摸屏等外部模块的通信连接，方便组网。

4）CPU 集成了 Micro SD 槽口，支持通用的 Micro SD 卡，可以方便地实现程序传送和

PLC 固件升级。

5）内部集成了可达 3 路晶体管输出的高速脉冲输出，脉冲频率可以达到 100kHz，支持 PWM/PTO 输出方式以及多种运行模式。

6）编程软件友好、功能强大、使用方便。S7-200 SMART 编程软件（STEP 7 Microwin SMART）的窗口可以浮动，可以方便地布置工作台，支持分屏工作，具有方便的程序注释功能，以及增加了 Help 文件的检索能力，便于在线操作、查询和自学。

STEP 7 Microwin SMART 还提供了运动控制面板，便于用户开发运动控制方案等功能。

2.4.2　S7-200 SMART CPU 模块

S7-200 SMART CPU 有 6 种模块，配备标准型和经济型供用户选择，其中经济型 CPU CR40 模块价格低，无扩展功能，可以直接通过单机本体满足一般控制系统需求。其余的均为标准型，具有可扩展功能，可满足对 I/O 规模有较大需求、逻辑控制较为复杂的应用。

S7-200 SMART CPU 模块的技术指标如下。

1．CPU 模块外形

S7-200 SMART CPU 模块外形示意图如图 2-33 所示。

图 2-33　S7-200 SMART CPU 模块外形示意图

2．CPU 模块技术规范

S7-200 SMART CPU 模块有 CPU CR40、CPU SR20、CPU SR40、CPU ST40、CPU SR600、CPU ST60 等种类，以满足用户不同需求，各模块特性如下。

（1）经济型 CPU CR40

S7-200 SMART CPU CR40 为经济型 CPU 模块，继电器输出，AC 220V 供电，数字量输入/输出点数为 24DI/16DO（输出点每点额定电流最大为 2.0A，每个公共端额定电流最大为10.0A），用户程序区为 12KB，用户数据区为 8KB，一个以太网端口，一个 RS-485 串口，无扩展功能，高速计数器频率最高为 30kHz。CPU CR40 外形如图 2-34 所示。

经济型 CPU 模块可以满足大部分小型自动化设备的要求。

（2）标准型 CPU SR20/SR40/SR60

S7-200 SMART CPU SR20/SR40/SR60 为标准型 CPU 模块，继电器输出，AC 220V 供电，CPU SR20/SR40/SR60 外形如图 2-35 所示。

图 2-34　CPU CR40 外形　　　　　　图 2-35　CPU SR20/SR40/SR60 外形

S7-200 SMART CPU SR20/SR40/SR60 有扩展功能，其主要技术规范如下。

1）CPU 数字量输入/输出点数分别为 12DI /8DO、24DI /16DO 和 36DI /24DO。

2）最大数字量 I/O 点数分别为 148、168、188 点。

3）可扩展 4 个模块。

4）最大可扩展模拟量点数为 24 点。

5）用户程序区分别为 12KB、24KB 和 30KB，用户数据区分别为 8KB、16KB 和20KB，可以内置一个信号板。

6）一个以太网端口、一个 RS-485 串口及一个附加串口。

7）高速计数器频率最高可达 60kHz。

（3）标准型 CPU ST40/ST60

S7-200 SMART CPU ST40/ST60 为标准型 CPU 模块，晶体管输出，DC 24V 供电，CPU ST40/ST60 外形如图 2-36 所示。

S7-200 SMART CPU ST40/ST60 有扩展功能，其主要技术规范如下。

1）CPU 数字量输入/输出点数分别为 24DI /16DO 和 36DI /24DO。

2）最大数字量 I/O 点数分别为 148、168、188 点。

图 2-36 CPU ST40/ST60 外形

3）可扩展 4 个模块。

4）最大可扩展模拟量点数为 24 点。

5）用户程序区分别为 12KB、24KB 和 30KB，用户数据区分别为 8KB、16KB 和 20KB，可以内置一个信号板。

6）高速计数器频率最高可达 60kHz。

3．CPU 模块中的存储器

CPU 模块中的存储器用于存放 PLC 的程序（包括操作系统和用户程序）。

S7-200 SMART 的操作系统作为 PLC 系统工作的管理程序被固化在 ROM 存储器中，ROM 的内容只能由 CPU 读出，不能写入。

用户程序和需要保存的数据一般写入 EEPROM 存储器中，EEPROM 存储器具有长期保存和随机存取的功能。

2.4.3 S7-200 SMART 扩展模块

S7-200 SMART 可扩展模块主要有信号板、数字量 I/O 及模拟量扩展等模块。

1．信号板

S7-200 SMART 信号板可以直接安装在 CPU 本机上，安装拆卸方便，不占用控制柜空间。

S7-200 SMART 系列 PLC 提供 3 种信号板，可以适当扩展 CPU 的 I/O 处理功能。部分信号板功能如下。

1）型号 SB DT04 信号板，扩展 2DI（数字量输入）、2DO（晶体管输出，每点额定电流最大为 0.5A）。

2）型号 SB AQ01 信号板，扩展 1AO（支持将 12 位数字量转换为一路模拟量 0~20mA 输出）。

3）型号 SB CM01 信号板，扩展 RS-232/RS-485 串行通信接口。

2．数字量 I/O 扩展模块

常用的数字量 I/O 扩展模块如下。

1）输入模块 EM DI08，输入点数为 8。

2）输出模块 EM DR08，继电器输出 8 点，每点额定最大电流为 2.0A，每个公共端最大电流为 8A。

3）输入/输出模块 EM DR16，输入点数为 8，输出点数为 8。

3．模拟量扩展模块

常用的模拟量 I/O 扩展模块如下。

1）模拟量输入模块 EM AI04，模拟量输入 4 路，0～20mA 或电压输入，分辨率为 11 位数字量。

2）模拟量输出模块 EM AQ02，模拟量输出 2 路，0～20mA 或电压输出，电流输出负载阻抗≤500Ω）。

3）模拟量输入/输出模块 EM AM06，模拟量输入 4 路，0～20mA 或电压输入；模拟量输出 2 路，0～20mA 或电压输出，电流输出负载阻抗≤600Ω。

4）热电阻输入模块 EM AR04，4 通道，可以通过多种热电阻（PT100、Cu100 等）传感器进行温度测量，支持两线制、三线制和四线制的 RTD 传感器信号。

5）热电偶输入模块 EM AT04，4 通道，可以通过多种热电偶传感器进行温度测量。

2.4.4　S7-200 SMART 的 I/O 编址及外部端口接线

1．S7-200 SMART 的 I/O 编址

S7-200 SMART 的 I/O 编址与 S7-200 PLC 类同，CPU 本机有固定的 I/O 地址（输入/输出映像寄存器），可以通过信号板和 I/O 扩展模块（最多 4 块）增加 I/O 点数。其地址分配如下。

1）CPU 的固定 I/O 编址以 I0.0/Q0.0 为起始地址，依据其 I/O 点数递增。

2）信号板的起始地址为 I7.0/Q0.7，模拟量输出地址为 AQW12。

3）I/O 扩展模块的地址取决于模块在 I/O 链接中的排列位置顺序，编号如下。

① 模块 0（紧靠 CPU）起始地址为 I8.0/Q8.0，模拟量地址为 AIW16/AQW16。

② 模块 1 起始地址为 I12.0/Q12.0，模拟量地址为 AIW32/AQW32。

③ 模块 2 起始地址为 I16.0/Q16.0，模拟量地址为 AIW48/AQW48。

④ 模块 3 起始地址为 I20.0/Q20.0，模拟量地址为 AIW64/AQW64。

注意，数字量 I/O 映像寄存器空间总是以一个字节（8 位）为单位递增，模拟量 I/O 编址总是以偶地址递增方式进行分配。其空间预留形式同 S7-200 PLC，如果模块中这些点没有相应的物理 I/O，则这些点的地址将无任何意义，并且也不能分配给 I/O 链中后续模块使用。

2．S7-200 SMART 外部端口接线

S7-200 SMART 外部端口接线包括交流电源的接线（L1 相线、N 零线）、模块 DC 24V（L+和 M）、保护接地、输入端口和输出端口接线。S7-200 SMART PLC 典型模块端口外部接线如下。

（1）CPU CR40 外部端口接线

CPU CR40 模块工作为交流电源、继电器输出，数字量输入/输出点数为 24DI /16DO。该模块外部端口接线如图 2-37 所示。

（2）CPU ST40 外部端口接线

CPU ST40 模块工作为 DC 24V 供电、晶体管输出，数字量输入/输出点数分别为 24DI/16DO。该模块外部端口接线如图 2-38 所示。

图 2-37　CPU CR40 外部端口接线图

图 2-38　CPU ST40 外部端口接线图

（3）EM DI08 外部端口接线

EM DI08 模块为数字量输入模块，8 点，DC 24V 输入。该模块外部端口接线如图 2-39 所示。

（4）EM DR08 外部端口接线

EM DR08 模块为数字量输出模块，8 点，继电器输出。该模块外部端口接线如图 2-40 所示。

图 2-39　EM DI08 外部端口接线图　　　　图 2-40　EM DR08 外部端口接线图

（5）EM AI04 外部端口接线

EM AI04 模块为 4 路模拟量输入模块。该模块外部端口接线如图 2-41 所示。

（6）EM AQ02 外部端口接线

EM AQ02 模块为 2 路模拟量输出模块。该模块外部端口接线如图 2-42 所示。

图 2-41　EM AI04 外部端口接线图　　　　图 2-42　EM AQ02 外部端口接线图

2.5 S7-200 PLC 寻址方式

2.5.1 数据类型

S7-200 PLC 数据类型可以是整型、实型（浮点数）、布尔型或字符串型，常用的数据长度有位、字节、字和双字。

1．位、字节、字和双字

位（bit），数据类型为布尔（BOOL）型，有"0"和"1"两种不同的取值。可用来表示开关量（或称数字量）的两种不同状态，如触点的断开和接通、线圈的通电和断电等。如果该位为"1"，则表示梯形图中对应编程元件的线圈"通电"，称该编程元件为"1"状态，或称该编程元件 ON（接通）；如果该位为"0"，对应编程元件的线圈和触点的状态与上述的相反，称该编程元件为"0"状态，或称该编程元件 OFF（断开）。

字节（Byte），由 8 位二进制数组成，其中的第 0 位为最低位（LSB），第 7 位为最高位（MSB）。

字（Word），由字节组成，两个字节组成 1 个字。

双字（Double Word），由字组成，两个字组成 1 个双字。

有符号数一般用二进制补码形式表示，其最高位为符号位，0 表示正数，1 表示负数，一个字（16 位）表示最大的正数为 16#7FFF（+32 767）、最小的负数为 16#8000（-32 768），其中，16#表示十六进制数。字节、字和双字的取值范围见表 2-9。

表 2-9　数据的位数和取值范围

数据位数	无符号数		有符号整数	
	十进制	十六进制	十进制	十六进制
B（字节），8 位值	0~255	0~FF	−128~127	80~7F
W（字），16 位值	0~65 535	0~FFFF	−32 768~+32 767	8000~7FFF
D（双字），32 位值	0~4 294 967 295	0~FFFF FFFF	−2 147 483 648~ +2 147 483 647	8000 0000~ 7FFF FFFF

2．常数的表示方法

在许多指令中都可以使用常数值。常数可以是字节、字或双字，S7-200 CPU 以二进制方式存储常数。常数也可以用十进制、十六进制、ASCII 码或浮点数形式来表示，表 2-10 是一般常数表示方法。

表 2-10　常数表示法

常　　数	格　　式	举　　例
十进制常数	[十进制值]	20090709
十六进制常数	16#[十六进制值]	16#4E4F
二进制格式	2#[二进制值]	2#1011_0101
ASCII 码常数	'[ASCII 码文本]'	'Document'

常　　数	格　　式	举　　例
实数或浮点数格式	ANSI/IEEE 754-1985	+1.175463E-20（正数）；-1.175463E-20（负数）
字符串	"[字符串文本]"	"It's OK!"

2.5.2　直接寻址与间接寻址

S7-200 PLC 将信息存储在不同的存储单元中，每个存储单元都有唯一确定的地址，根据对存储单元中信息存取形式不同，可分为直接寻址方式和间接寻址方式。

1. 直接寻址

直接寻址方式是指明确指出存储单元的地址，在程序中直接使用编程元件的名称和地址编号，用户程序根据地址直接对存储单元数据进行读/写操作。

直接寻址可以采用位寻址、字节寻址、字寻址和双字寻址等方式。

（1）位寻址

位寻址也称字节.位寻址，其格式为 Ax.y，由元件名称、字节地址和位地址组成，如图 2-43 所示。

图 2-43　字节.位寻址示意图

例如，I3.4，表示输入继电器（I）的位寻址格式，其中"3"表示字节地址编号，"4"表示位地址编号。

（2）字节、字、双字寻址

字节、字、双字寻址格式为

存储区域标识+数据类型+存储区域内的首字节地址

例如，输入继电器第 0 字节 IB0、第 1 字节 IB1。

下面以变量存储器为例，说明字节、字、双字寻址格式。

如 VB100，其中 V 表示存储区域标识符，B 表示访问一个字节，100 表示字节地址。

如 VW100，表示由 VB100 和 VB101 组成的 1 个字（16 位），W 表示访问一个字（Word），100 为起始字节的地址（即字数据的高位字节）。

如 VD100，表示由 VB100～VB103 组成的双字（32 位），D 表示访问一个双字（Double Word），100 为起始字节的地址（即双字数据的高位字节），如图 2-44 所示。

（3）其他直接寻址

对于一些具有一定功能的器件，可以直接写出其编号（符号地址），如定时器 T10，在这种编址中，指明了两个相关变量的信息，即 T10 定时器的状态和当前值。

图 2-44　字、字节和双字对同一地址存取操作的比较

a) VB100　b) VW100　c) VD100

此外，还可以采用不同的寻址格式对同一地址进行寻址。例如，输入字节 IB3 表示它由 I3.0～I3.7 组成。

表 2-11 是 S7-200 PLC 的各种 CPU 存储空间的取值范围。在该表中，输入/输出映像寄存器的存储范围都远远大于 CPU 具有的输入/输出端子的数量，这是在制造集成电路芯片时为了方便生产，而统一按端口的最大配置数量制作造成的，不能作为输入/输出口地址选择的依据。另外，累加寄存器 AC 支持字节、字和双字的存取，但是，以字节或字为单元存取累加器时，只能访问累加器的低 8 位或低 16 位信息。

2．间接寻址

间接寻址方式是指存储（数据）单元的地址首先存放在另一存储（地址）单元，这个存储地址的单元称为存储数据单元的指针。间接寻址是使用指针来存取存储器中的数据的一种寻址方式。S7-200 CPU 允许使用指针对 I、Q、V、M、S、T（仅当前值）和 C（仅当前值）存储区域进行间接寻址，但不能对独立的位（bit）或模拟量进行间接寻址。使用间接寻址方式存取数据的过程如下。

（1）建立指针

使用间接寻址之前，应创建一个指向该位置的指针。由于存储器的物理地址为 32 位，所以指针的长度应当为双字。指针只能存放在变量存储器 V、局部存储器 L 或累加器 AC1、AC2 和 AC3 中，必须用双字传送指令（MOVD）将要间接寻址的某存储器的地址存入用来作为指针的编程元件中。例如：

```
MOVD    &VB200, AC1    //VB200 的地址送入 AC1，建立指针
MOVD    &C3, VD6       //C3 的地址送入 VD6，建立指针
MOVD    &MB4, LD8      //MB4 的地址送入 LD6，建立指针
```

指令的输入操作数开始处使用求地址"&"符号，表示所寻址的操作数是要进行间接寻址的存储器的地址；指令的输出操作数是指针所指向的存储器地址（32 位），其数据长度为双字。

表 2-11 S7-200 存储器范围及特性

描述	CPU 221	CPU 222	CPU 224S	CPU 224XP	CPU 226
用户程序长度: 在运行模式下编辑 不在运行模式下编辑	4096B 4096B	4096B 4096B	8192B 12288B	12288B 16384B	16384B 24576B
用户数据大小/B	2048	2048	8192	10240	10240
输入映像寄存器 （I）	I0.0--I15.7	I0.0--I15.7	I0.0--I15.7	I0.0--I15.7	I0.0--I15.7
输出映像寄存器 （Q）	Q0.0--Q15.7	Q0.0--Q15.7	Q0.0--Q15.7	Q0.0--Q15.7	Q0.0--Q15.7
模拟量输入（只读）	AIW0--AIW30	AIW0--AIW30	AIW0--AIW62	AIW0--AIW62	AIW0--AIW62
模拟量输出（只写）	AQW0--AQW30	AQW0--AQW30	AQW0--AQW62	AQW0--AQW62	AQW0--AQW62
变量存储器（V）	VB0--VB2047	VB0--VB2047	VB0--VB8191	VB0--VB10239	VB0--VB10239
局部存储器（L）	LB0--LB63	LB0--LB63	LB0--LB63	LB0--LB63	LB0--LB63
位存储器（M）	M0.0--M31.7	M0.0--M31.7	M0.0--M31.7	M0.0--M31.7	M0.0--M31.7
特殊存储器（SM） 只读	SM0.0--SM179.7 SM0.0--SM29.7	SM0.0--SM299.7 SM0.0--SM29.7	SM0.0--SM549.7 SM0.0--SM29.7	SM0.0--SM549.7 SM0.0--SM29.7	SM0.0--SM549.7 SM0.0--SM29.7
定时器（T） 有记忆接通延迟 1ms 有记忆接通延迟 10ms 有记忆接通延迟 100ms	256(T0--T255) T0,T64 T1--T4,T65--T68 T5--T31, T69--T95	256(T0--T255) T0,T64 T1--T4,T65--T68 T5--T31, T69--T95	256(T0--T255) T0,T64 T1--T4,T65--T68 T5--T31, T69--T95	256(T0--T255) T0,T64 T1--T4,T65--T68 T5--T31, T69--T95	256(T0--T255) T0,T64 T1--T4,T65--T68 T5--T31, T69--T95
接通/关断延迟 1ms 接通/关断延迟 10ms 接通/关断延迟 100ms	T32,T96 T33--T36, T97--T100 T37--T63, T101--T255	T32,T96 T33--T36, T97--T100 T37--T63, T101--T255	T32,T96 T33--T36, T97--T100 T37--T63, T101--T255	T32,T96 T33--T36, T97--T100 T37--T63, T101--T255	T32,T96 T33--T36, T97--T100 T37--T63, T101--T255
计数器（C）	C0--C255	C0--C255	C0--C255	C0--C255	C0--C255
高速计数器（HC）	HC0--HC5	HC0--HC5	HC0--HC5	HC0--HC5	HC0--HC5
顺序控制继电器（S）	S0.0--S31.7	S0.0--S31.7	S0.0--S31.7	S0.0--S31.7	S0.0--S31.7
累加寄存器（AC）	AC0--AC3	AC0--AC3	AC0--AC3	AC0--AC3	AC0--AC3
跳转/标号	0--255	0--255	0--255	0--255	0--255
调用/子程序	0--63	0--63	0--63	0--63	0--127
中断程序	0--127	0--127	0--127	0--127	0--127
正/负跳变	256	256	256	256	256
PID 回路	0--7	0--7	0--7	0--7	0--7
端口	端口 0	端口 0	端口 0	端口 0, 1	端口 0, 1

（2）用指针来存取数据

用指针来存取数据时，操作数前加"*"号，表示该操作数为一个指针。指针间接寻址方式如图 2-45 所示。图 2-45 中的*AC1 表示 AC1 是一个指针，*AC1 表示指针 AC1 所指向的存储单元（VB101），在 MOVW 指令中，确定的是一个字长的数据。此例中，存于 VB200

和 VB201 的数据被传送到累加器 AC0 的低 16 位。

图 2-45　指针间接寻址方式

注意：指针是 32 位的，通过指针所存取的数据可以是 8 位（字节）、16 位（字）和 32 位（双字）。

（3）修改指针

在程序中，使用指针的移动，可以对存储单元数据进行连续存取操作。

由于指针是 32 位的数据，应使用双字指令来修改指针值，如双字加法（+D）或双字加 1（INCD）指令。修改指针需要根据所存取的数据长度来正确调整指针。当存取字节数据时，指针调整单位为 1，即可执行 1 次 INCD 指令；当存取字时，指针调整单位为 2，；当存取双字时，指针调整单位为 4，如图 2-46 所示。

图 2-46　移动指针间接寻址方式

2.6　实验 2　PLC 硬件连接及简单程序

1. 实验目的

1）熟悉可编程序控制器基本构成及扩展。

2）熟悉可编程序控制器内部资源及数据类型。

3）正确掌握可编程序控制器外部端口线路连接。

2．实验内容

1）通过实际动手连接小型 PLC 及可扩展模块，了解 PLC 基本构成。

2）通过编程软件输入简单梯形图指令，熟悉输入输出映像寄存器、变量存储器等及位数据、字节数据等数据类型。

3）参照相应型号的 PLC 使用说明书，对常开、常闭按钮及继电器负载进行包括外部电源的正确接线。

3．实验设备及元器件

1）S7-200 PLC 实验工作台或 PLC 装置、可扩展模块若干个。

2）安装有 STEP 7-Micro/WIN 编程软件的 PC。

3）PC/PPI+通信电缆线。

4）开关 8 个、继电器 1 个及导线等必备器件。

4．实验操作步骤

将 PC/PPI+通信电缆线与 PC 连接，运行 STEP 7-Micro/WIN 编程软件。

（1）编程资源程序操作

分别输入含有位、字节数据的简单梯形图程序，如图 2-47 所示。

分别对程序进行编译、运行并调试。

图 2-47　位及字节数据简单梯形图指令

观察编程元件状态如下。

图 2-47a 中，网络 1 为位控指令，I1.2 由输入开关控制，Q0.0（位）的输出由 I1.2 的状态控制；网络 2 中 IN 为字节常数$(254)_{10}=(11111110)_2$，SM0.0 始终为 ON，控制 QB0（字节）的输出为（11111110），在 I1.2 无效时，QB0 保持输出（11111110）。

图 2-47b 中，IB0（I0.0～I0.7）的状态控制 QB0（Q0.0～Q0.7），如果控制 IB0 的 8 个开关状态为"10101010"，则 QB0 输出也为"10101010"。

图 2-47c 中，IB0（I0.0～I0.7）的状态先送入变量储存器 VB100 字节中，再通过 VB100 的状态控制 QB0（Q0.0～Q0.7），如果 IB0 为"11110000"，则 VB100 为"11110000"，QB0 输出也为"11110000"。

思考：

① 对比图 2-47b 和图 2-47c 中工作过程及 QB0 的状态，区别其异同。

② 辨析 QB0 与 QB0.0 的异同。

（2）电动机自锁起动控制

在实验教师指导下，使用 PLC 控制电动机自锁起动。

硬件连接参考线路如图 2-48 所示。

输入梯形图程序如图 2-49 所示。

图 2-48　电动机自锁起动控制 PLC 接线图　　　图 2-49　电动机自锁起动梯形图控制

对梯形图程序编译、调试、运行后，观察运行结果。

思考：如果将 SB2 改为常开按钮，欲实现同样功能，程序将如何改变？

5．注意事项

1）每个程序应单独输入、编译、下载并调试运行。

2）注意电源极性、电压值是否符合所使用 PLC 输入、输出电路的要求。

6．实验操作报告

1）整理出 PLC 外部连接接线图。

2）写出不同型号 PLC 在外部接线时的注意问题。

3）整理出运行调试后的梯形图程序。

4）写出该程序的调试步骤和实验结果。

2.7　思考与练习

1．简述 S7-200 PLC 的硬件系统组成。

2．S7-200 PLC 常见的扩展模块有哪几类？扩展模块的具体作用是什么？

3．S7-200 PLC 扩展模块编址的组态规则是什么？举例说明。

4．S7-200 PLC 包括哪些编程软元件？其主要作用是什么？

5．在 PLC 输入端子 I0.0 外接一个常开开关，该开关对 PLC 内部的输入继电器 I0.0 的控制关系是什么？在 PLC 输出端子 Q0.0 外接一个继电器，则 PLC 内部的输出继电器 Q0.0 对外接继电器的控制关系是什么？

6．PLC 外接端子和输入输出继电器是什么关系？哪些信号可以用来控制输入继电器？哪些信号可以用来控制输出继电器？

7．输入继电器触点可以直接驱动负载吗？输出继电器触点的可以作为中间触点吗？

8．PLC 输入/输出端子与外部设备（如开关、负载）连接时，应注意哪些方面？

9．阅读图 2-22（CPU 224XP 典型外围接线图），其中，"图 2-22b 交流电源/直流输入/继电器输出"的含义是什么？指出 CPU 供电电源类型、I/O 端口供电、I/O 接线方式及注意事项。

10．判断下列描述正确与否？

① PLC 可以取代继电器控制系统，因此，电气元件将被淘汰。

② PLC 就是专用的计算机控制系统，可以使用任何高级语言编程。

③ PLC 在外部电路不变的情况下，在一定范围内，可以通过软件实现多种功能。

④ PLC 为继电器输出时，可以直接控制电动机。

⑤ PLC 为继电器输出时，外部负载可以使用交、直流电源。

⑥ PLC 可以识别外接输入开关是常开开关还是常闭开关。

⑦ PLC 可以识别外接输入开关是闭合状态还是断开状态。

⑧ PLC 中的软元件就是存储器中的某些位或数据单元。

11．解释并举例说明位数据、字节数据、字数据和双字数据，指出它们在存储单元中的位置关系。

12．说明特殊继电器位 SM0.0、SM0.1、SM0.5 的含义，试用 SM0.0 及 SM0.5 位编写一个工作状态显示灯及周期为 1s 的闪光灯程序。

13．假设输入继电器在外部开关控制下，输入继电器 IB0 为 11000001，指出外部开关所对应的输入继电器哪些位是闭合的，哪些位是断开的？

14．假设变量寄存器区从 V300 开始的 10B 存储单元存放的数据依次为 12、34、56、78、9A、50、31、49、24、97，分别指出 V302.1、VB302、VW302 及 VD302 存储单元的数据。

15．指出 S7-200 PLC 指令中使用的常数有哪些类型和表示方法。

16．S7-200 CPU 224 PLC 有哪些寻址方式？举例说明。

17．指出 S7-200 SMART PLC 和 S7-200 PLC 的 I/O 编址有哪些异同。

18．S7-200 SMART PLC 有哪些扩展模块？

19．PLC 外部电源接线需要注意哪些方面的问题？

第3章 S7-200 系列 PLC 的基本指令及应用

指令是编程软件能够识别且 PLC 能够执行的命令，一条条指令的有序集合就构成了程序。程序设计是编程者为实现特定的功能通过编程语言来实现的。

在 S7-200 系列 PLC 的编程软件中，支持梯形图（Ladder，LAD）、语句表（Statement List，STL）和功能块图（Function Block Diagram，FBD）等编程语言来编制用户程序。其中，梯形图和语句表是最基本、最常用的 PLC 编程语言，它们不仅支持结构化编程方法，而且两种编程语言可以相互转换。

本章重点介绍 S7-200 系列 PLC 梯形图和语句表两种编程语言的基本指令及应用。

3.1 S7-200 系列 PLC 编程软件简介

PLC 应用程序编辑、编译和下载可以通过上位机运行集成编程软件来实现。

使用 S7-200 PLC，首先要在 PC 上安装 STEP 7-Mirco/WIN 编程软件；使用 S7-200 SMART PLC，则需要在 PC 上安装 STEP 7-Mirco/WIN SMART 编程软件。用户应按照编程软件规定的编程语言（指令格式）编写 PLC 应用程序。

STEP 7-Mirco/WIN 和 STEP 7-Mirco/WIN SMART 是 SIEMENS 公司专门为 S7-200 系列 PLC 研制开发的编程软件。该软件可以使用上位计算机作为图形编程器，用于在线（联机）或离线（脱机）开发用户程序，并可以在线实时监控用户程序的执行状态。

STEP 7-Mirco/WIN 和 STEP 7-Mirco/WIN SMART 软件指令格式基本相同。

在 STEP 7-Mirco/WIN 和 STEP 7-Mirco/WIN SMART 软件环境下，同一程序可以使用梯形图、语句表和功能块图三种不同的编程语言进行编程，还可以直接进行显示切换，其使用方法见本书第 9 章。

3.2 S7-200 PLC 指令基本格式及编程规约

3.2.1 S7-200 PLC 指令基本格式

在 S7-200 PLC 程序设计中，常用的指令有梯形图（以下简称 LAD）和语句表（以下简称 STL）两种表示方法。

1. LAD 指令

LAD（梯形图）指令是使用最广泛的 PLC 图形编程语言，梯形图与继电器控制系统的电路图相似，具有直观、易懂的优点。

梯形图由触点、线圈和具有一定功能的方块图（简称功能块或指令盒）组成。触点代表逻辑输入条件，例如，外部输入开关状态等；线圈代表逻辑输出结果，用来控制外部的指示灯、交流接触器和 PLC 内部的编程资源；功能块则用来表示定时器、计数器或者数学运算指令。

（1）LAD 指令格式

LAD 指令使用类似于电气控制形式的符号来描述指令要执行的操作，以符号上的数据表示需要操作的数据，简单 LD 位指令的梯形图格式如图 3-1a 所示，STEP 7-Mirco/WIN 编程环境梯形图以网络单元为梯级格式，如图 3-1b 所示。

图 3-1　梯形图指令格式

a) 简单 LD 位指令梯形图格式　　b) STEP 7-Mirco/WIN 编程环境梯形图格式

（2）指令功能

图 3-1a 所示指令表示当输入位（外部按钮控制）I0.1 闭合时，输出位（线圈）Q1.0 为 ON（得电）。

在梯形图中，为了便于理解和分析各个元器件间的输入与输出关系，可以假想为电路中某支路的概念电流，也称作能流。因此，本书在描述指令的连接时，融入了"电路"的概念。例如，图 3-1a 所示指令中 I0.1 触点接通时，有一个假想的能流（箭头）流过 Q1.0 的线圈。

触点和线圈等组成的独立语句称为网络。在网络中，程序的逻辑运算按从左到右的方向执行，与能流的方向一致。

2. STL 指令

（1）STL 指令格式

STL 指令一般由助记符和操作数组成，其格式如下。

助记符	操作数

（2）指令功能

助记符表示指令要执行的功能操作；操作数表示指令要操作的数据。

例如：

```
LD    I0.1        //LD：取指令操作码；      I0.1：输入位操作数
=     Q1.0        //"="：输出操作码；        Q1.0：输出位操作数
```

STL 指令表达式与梯形图有一一对应关系，在编程环境中可以方便地相互转换。

3．指令中操作数的表示方法

指令中的操作数一般由标识符和参数两部分组成，标识符指出操作数的存储区域及操作数的位数，参数则表示该操作数在存储区的具体位置。

（1）位操作数表示

指令中的位操作数（bit）只能以直接寻址方式对其进行读写操作。在图 3-1 中，操作数 I0.1 中的 I 表示输入映像寄存器，0.1 表示 I 寄存器 0 字节中的第 1 位输入点；操作数 Q1.0 中的 Q 表示输出映像寄存器，1.0 表示 Q 寄存器 1 字节中的第 0 位输出位。

（2）字节、字、双字操作数表示

以变量存储器为例，指令中对其字节、字、双字操作数直接寻址的表示方法如图 3-2 所示。

图 3-2　字节、字、双字操作数直接寻址的表示方法

3.2.2　S7-200 PLC 梯形图编程规约

使用梯形图编程时应符合以下规约。

1）每个网络单元（即输出单元）构成一个梯级，每个网络必须以触点开始，根据其逻辑条件组成逻辑控制，网络结束（右侧）为输出单元，输出单元应为软元件线圈或定时器、计数器等指令（盒）。网络不能以触点终止。

2）一个网络可有若干个线圈，只要线圈位于该特定网络的并行分支上。不能在网络上串联一个以上线圈（即不能在一个网络的一条水平线上放置多个线圈）。

3）梯形图中，输入、输出及其他软继电器或指令的触点，可以任意重复使用。

4）同一编号的线圈在同一程序中不得使用多次，虽然编译时可以通过，但容易发生逻辑错误。

5）线圈或指令盒不能直接与左母线连接，如果需要，可以根据程序要求通过特殊功能继电器 SM0.0（常态为 ON）或 SM0.1 连接。

6）触点可以任意并联和串联，多个线圈和指令盒也可以并联使用。

7）为编程方便、提高编程效率和便于阅读，编程应按"上繁下简、左繁右简"原则进行。

8）编程时，以假设电路中概念电流（能流）的理解方式为出发，更能确保程序的正

确性。

9）由于 PLC 采用扫描工作方式，对于某些程序块，如子程序、中断程序（第 5 章将介绍），如果按一般计算机常规编程思想编写梯形图，会出现梯形图程序执行情况与编程者本来意图不一致的结果。需要读者深刻理解 PLC 扫描工作方式的工作过程才能避免这些错误。

3.3 基本逻辑指令

基本逻辑指令是 PLC 中最基本最常用的指令，主要用来完成基本的位逻辑运算及控制。位逻辑指令的典型应用有电动机控制、红绿交通灯、电梯自动控制、密码锁、抢答器、二位（或三位）式闭环控制及位控报警器等。位逻辑指令主要包括触点输入、线圈驱动输出指令、位逻辑指令、置位/复位指令、立即指令、边沿触发指令及堆栈操作指令等。

3.3.1 触点输入/线圈驱动输出指令

1．LD、LDN 指令

（1）取指令 LD（Load）

LD 指令格式如图 3-3 所示，其中 bit 为触点位操作数（下同）。

使用 LD 指令时，起动梯形图任何逻辑块的第一条指令时，若对应输入端点连接开关导通，则触点 bit 闭合；若对应输入端点连接开关断开，则触点 bit 断开。一般用于连接常开（动合）触点，因此 LD 指令也称动合指令。

（2）取反指令 LDN（Load Not）

LDN 指令格式如图 3-4 所示。

| 图 3-3　LD 指令梯形图及语句表示例 | 图 3-4　LDN 指令梯形图及语句表示例 |

LDN 指令在起动梯形图任何逻辑块的第一条指令时，若对应输入端点连接的开关导通，则触点 bit 断开；若对应输入端点连接的开关断开，则触点 bit 闭合。

LDN 指令也称动断指令。

2．=（Out）输出指令

=（Out）输出指令又称线圈驱动指令，其指令格式如图 3-5 所示。

图 3-5　"="指令格式

在梯形图中，该指令必须放在网络的最右端。

触点输入/输出指令的梯形图及语句表对照示例如图 3-6 所示。

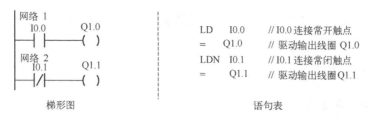

梯形图   语句表

图 3-6   LD、LDN 及 "=" 指令示例

使用该类指令时需注意以下方面。

1）LD、LDN 指令操作数区域为 I、Q、M、T、C、SM、S、V；"=" 指令的操作数区域为 M、Q、T、C、SM、S。

2）指令中常开触点和常闭触点，作为使能的条件，在语法上和实际编程中都可以无限次地重复使用。

3）PLC 输出线圈，作为驱动元件，在语法上可以无限次地使用。由于在重复使用的输出线圈中只有程序中最后一个是有效的，其他都是无效的，输出线圈具有最后优先权，所以，同一程序中，"=" 指令后的线圈使用 1 次为宜。

4）在第 2 章已经强调，PLC 输入继电器只能识别相应的外部端口开关是接通状态还是断开状态，不能识别外部连接的是常开按钮还是常闭按钮。

例如，设图 3-6 程序中的 I0.0 由 PLC 外接常开按钮控制，I0.1 由外接常闭按钮控制，PLC 外接电路如图 3-7 所示。

图 3-7   PLC 外接电路

在执行图 3-6 所示指令后，图 3-7 所示电路工作过程如下。

1）当输入常开按钮 SB1 闭合时，执行 LD 指令，继电器 I0.0 线圈得电，常开触点为 ON，Q1.0 为 ON，输出线圈 KM1 得电。

2）当输入常闭触点 SB2 未按下（闭合）时，继电器 I0.1 线圈得电，由于执行 LDN 指令，常闭触点 I0.1 为 OFF，Q1.1 为 OFF，输出线圈 KM2 失电。

3）当输入常闭触点 SB2 按下（断开）时，继电器 I0.1 线圈失电，则常闭触点 I0.1 为 ON，Q1.1 为 ON，输出线圈 KM2 得电。

由此可以看出，当 SB2 按下断开时，KM2 得电工作；当 SB2 未按下接通时，KM2 失电。

特别需要指出，由于 PLC 执行程序采用的是串行执行、循环扫描的工作方式，则输入触点的动作时间与扫描周期有关，因此要求外接输入开关的有效时间必须大于一个扫描工作周期。如果输入开关的工作频率很高，PLC 只能检测到在一个扫描周期内执行程序那一时刻的开关状态。

3.3.2 逻辑"与"指令

1．逻辑"与"指令 A

逻辑"与"指令 A（And）：用于常开触点的串联连接，只有串联在一起的所有触点全部闭合时，输出才有效。

逻辑"与"指令梯形图、指令表以及时序图如图 3-8 所示。

图 3-8　逻辑"与"指令梯形图、指令表以及时序图

2．逻辑"与非"指令 AN

逻辑"与非"指令 AN（And Not）用于常闭触点的串联连接。

A 和 AN 指令梯形图及语句表示例如图 3-9 所示。

图 3-9　A 和 AN 指令梯形图及语句表示例

A 和 AN 指令的操作数区域为 I、Q、M、SM、T、C、S、V、L。单个触点可以连续串联使用，最多为 11 个。

【例 3-1】　要求 3 个开关全部闭合时控制一盏灯使其点亮，其他状态灯熄灭。

3 个开关分别控制 PLC 的输入端口地址 I0.1、I0.2 和 I0.3，灯接在 PLC 输出端口 Q0.0 上。

根据控制要求，需要将 3 个输入触点串联，其对应的梯形图与指令表如图 3-10 所示。

3.3.3 逻辑"或"指令

1．逻辑"或"指令 O

逻辑"或"指令 O（Or）用于常开触点的并联连接，并联在一起的所有触点中，只要有

一个闭合，输出就有效。

图 3-10　逻辑"与"操作指令的应用

逻辑"或"指令梯形图、语句表以及时序图示例如图 3-11 所示。

图 3-11　逻辑"或"指令梯形图、语句表以及时序图示例

2. 逻辑"或非"指令 ON

逻辑"或非"指令 ON（Or Not）用于常闭触点的并联连接。

逻辑"或非"指令的梯形图及语句表示例如图 3-12 所示。

```
    网络1
I0.0         Q0.0
─┤ ├───┬───( )        LD    I0.0
        │             O     M0.0    // 使用逻辑"或"指令
M0.0    │             ON    M0.1    // 使用逻辑"或非"指令
─┤ ├───┤             =     Q0.0    // 驱动输出继电器 Q0.0
        │
M0.1    │
─┤/├───┘
```

图 3-12　逻辑"或非"指令梯形图及语句表示例

O 和 ON 指令的操作数区域为 I、Q、M、SM、T、C、S、V、L。单个触点可以连续并联使用。

【例 3-2】　使用 3 个开关（分别用来控制 I0.1、I0.2 和 I0.3）控制一盏灯。任一开关闭合时均可点亮灯。其中 I0.1 由一个常闭按钮控制，I0.2 和 I0.3 分别由两个常开按钮控制。

其对应的梯形图与语句表如图 3-13 所示。

【例 3-3】　起动-保持-停止电路功能的 PLC 控制程序。

起动-保持-停止电路广泛应用于生产实践中，例如，电动机的单向连续运转控制电路，其控制程序如图 3-14 所示。

起动-保持-停止电路控制程序最主要的特点是具有"记忆"功能。当 I0.0 常开触点闭合，而 I0.2 的常闭触点仍闭合时，则 Q0.0 线圈得电，Q0.0 的常开触点闭合，这时，当 I0.0

的常开触点断开，Q0.0仍得电时，这就是所谓的"自锁"或者"自保持"功能；当I0.2常闭触点断开，Q0.0线圈失电，其常开触点断开，即便是I0.2常闭触点闭合，Q0.0线圈依然为断电的状态。

图3-13 逻辑"或"指令应用示例

图3-14 起动-保持-停止控制电路编程实例

【例3-4】 PLC互锁（电路）控制程序。

互锁电路也广泛应用于生产实践中，其控制程序如图3-15所示。

梯形图	语句表

```
LD    I0.1
O     M0.1
AN    M0.2
=     M0.1
LD    I0.2
O     M0.2
AN    M0.1
=     M0.2
```

图3-15 PLC互锁控制程序

程序的输入信号分别是I0.1和I0.2，若I0.1先接通，M0.1有输出并保持（即自锁），同时M0.1常闭触点断开，此时即便是I0.2接通，也不能使M0.2动作；若先接通I0.2，M0.2有输出并保持（即自锁），同时M0.2常闭触点断开，此时即便是I0.1接通，也不能使M0.1动作。这种相互约束关系称为互锁。

【例3-5】 简易三人抢答器控制程序。

图3-16为三人简易抢答器控制程序，其中，三抢答人分别控制与PLC端口I0.0、I0.1、I0.2相连接的常开按钮；主持人按下常开按钮控制I0.3，Q0.3为ON，开始抢答；主持人按下常开按钮控制I0.4，Q0.3为OF，停止抢答。程序具有自锁及互锁功能。

图 3-16　三人抢答器梯形图控制程序

3.3.4　逻辑块"与"指令

逻辑块"与"指令 ALD（And Load）用于并联电路块的串联连接。

逻辑块是指以 LD 或 LDN 起始的一段程序，两条以上支路并联形成的电路叫作并联逻辑块。如果将两个并联逻辑块串联在一起则需要使用 ALD 指令。

该指令的梯形图及语句表示例对照如图 3-17 所示。

```
网络1
    I0.0        M0.0       Q0.0
    ┤├─────────┤├────────( )

    I0.1        M0.1
    ┤├─────────┤/├
         梯形图
```

LD	I0.0	//第一个逻辑块开始
O	I0.1	
LD	M0.0	//第二个逻辑块开始
ON	M0.1	
ALD		//使用逻辑块"与"指令
=	Q0.0	//驱动输出继电器Q0.0

语句表

图 3-17　ALD 指令梯形图及语句表示例

在图 3-17 中，第一逻辑块实现 I0.0 与 I0.1 逻辑"或"操作；第二逻辑块实现 M0.0 与 M0.1（常闭）逻辑"或"操作；然后实现这两个逻辑块的逻辑"与"操作，驱动 Q0.0。

注意:

1) 逻辑块是以 LD 或 LDN 起始的一段程序,直至再次遇到 LD 或 LDN,则表示上一逻辑段结束,新的逻辑段开始。

2) 该指令总是对其上方最近的两个逻辑块进行串联连接。

3) 经连接的逻辑块仍为逻辑块,可以嵌套使用逻辑块指令。

4) ALD 指令无操作数。

3.3.5 逻辑块"或"指令

逻辑块"或"指令 OLD(Or Load)用于串联电路块的并联连接。

两个以上触点串联形成的电路叫作串联逻辑块,如果将两个串联逻辑块并联在一起则需要使用 OLD 指令。

OLD 指令的梯形图及语句表示例对照如图 3-18 所示。

图 3-18 OLD 指令梯形图及语句表示例

在图 3-18 中,第一逻辑块实现 I0.0 与 M0.0 逻辑"与"操作;第二逻辑块实现 I0.1 与 M0.1(常闭)逻辑"与"操作;然后实现这两个逻辑块的逻辑"或"操作,驱动 Q0.1。

注意:

1) 该指令总是对其上方最近的两个逻辑块进行并联连接。

2) 经连接的逻辑块仍为逻辑块,可以嵌套使用逻辑块指令。

3) OLD 指令无操作数。

3.3.6 置位/复位指令

1. 置位指令 S

置位指令 S(SET)的梯形图表示由置位线圈、置位线圈的位地址和置位线圈的数目构成,如图 3-19 所示。

置位指令 S(SET)的语句表为

    S bit,N

置位指令功能是从 bit(位)开始的 N 个元件(位)置"1"并保持。其中,N 的取值为 1~255。在图 3-19 中 I0.0 为 ON 时,线圈 Q0.0、Q0.1 置"1";在 Q0.0、Q0.1 置位后,即便 I0.0 变为 OFF,被置位位的状态具有保持功能,直至复位信号的到来。

2. 复位指令 R

复位指令 R（RESET）的梯形图表示由复位线圈、复位线圈的位地址和复位线圈的数目构成，如图 3-20 所示。

图 3-19　置位指令示例　　　　　图 3-20　复位指令示例

复位指令 R（RESET）的 STL 的语句表为

　　R　bit, N

复位指令功能是从 bit（位）开始的 N 个元件（位）置"0"并保持。其中，N 的取值为 1～255。

在图 3-20 中 I0.0 为 ON 时，线圈 Q0.0、Q0.1 置"0"。

置位和复位指令的梯形图及语句表示例如图 3-21 所示。

图 3-21　置位、复位指令梯形图及语句表示例

在图 3-21 程序中，当 I0.1 常开触点接通时，则 Q0.1 被置位"1"，之后即使 I0.1 触点断开，Q0.1 仍保持该状态不变；当 I0.2 接通或 I0.3 闭合，则 Q0.1 被复位"0"。

S 和 R 指令的操作数为 I、Q、M、SM、T、C、S、V 和 L。

3.3.7　立即指令

立即指令（Immediate）不受 PLC 扫描工作方式的限制，可以对输入、输出点进行立即读写操作，并产生其逻辑作用。

立即指令又称加 I 指令，其格式为在 LAD 符号内或 STL 的操作码后加入"I"。

STL 指令格式如下：

```
LDI      bit          //立即取指令
LDNI     bit          //立即取非指令
OI       bit          //立即"或"指令
ONI      bit          //立即"或非"指令
AI       bit          //立即"与"指令
ANI      bit          //立即"与非"指令
=I       bit          //立即输出指令
```

SI	bit, N	//立即置位指令
RI	bit, N	//立即复位指令

立即指令的梯形图及语句表示例如图 3-22 所示。

图 3-22　立即指令梯形图及语句表示例

注意：

1）用立即指令读取输入点的状态时，该点对应的输入映像寄存器中的值并未立即变化，而是当扫描工作周期采集到该输入点的状态时才发生变化。

2）用立即指令访问输出点时，将同时写入 PLC 的物理输出点和相应的输出映像寄存器。

3.3.8　边沿触发指令

边沿触发指令又称微分指令，分为上升沿微分和下降沿微分指令。

1．上升沿微分指令

上升沿微分指令的 STL 格式为

　　EU　　　　//（Edge UP）

上升沿微分指令的 LAD 格式由常开触点中加入符号"P"构成。

指令功能是当执行条件从 OFF 变为 ON 时，在上升沿产生一个扫描周期的脉冲。

2．下降沿微分指令

下降沿微分指令的 STL 格式为

　　ED　　　　//（Edge Down）

下降沿微分指令的 LAD 格式由常开触点中加入符号"N"构成。

指令功能是当执行条件从 ON 变成 OFF 时，在下降沿产生一个扫描周期的脉冲。

边沿触发指令无操作数。

边沿触发指令梯形图、语句表及时序图示例如图 3-23 所示。

【例 3-6】 使用一个按钮控制两台电动机的顺序起动。

要求按下按钮，第一台电动机起动；松开按钮，第二台电动机起动，从而防止两台电动机同时起动对电网造成不良影响。

分析：起动按钮控制 I0.0 触点，在其上升沿控制 Q0.0 为 ON，其下降沿控制 Q0.1 为

ON，Q0.0、Q0.1 分别驱动两个接触器控制两台电动机起动。停止按钮控制 I0.1 触点，其梯形图、语句表如图 3-24 所示。

图 3-23　边沿触发指令梯形图、语句表及时序图示例

图 3-24　边沿触发指令编程示例

3.3.9　堆栈操作指令

1. 堆栈及其操作

堆栈是一组能够按照先进后出、后进先出进行存取数据的连续的存储器单元，主要用来暂存一些需要临时保存的数据。把数据存入堆栈，称为压栈，其数据存入栈顶单元；把数据从栈顶取出，称为出栈（弹出），其数据从栈顶单元弹至目标单元。

S7-200 有一个 9 层的堆栈，栈顶用来存储逻辑运算的结果，下面的 8 层用来存储中间运算结果。

应该注意到，在 S7-200 系统中，对于不同的指令，系统将自动对其执行堆栈操作，以暂存某些数据以备后用，或从栈顶弹出数据以供操作。

例如，执行 LD 指令时，系统自动将指令指定的位地址中的二进制数据压入栈顶，以备后续指令（如逻辑与或输出等指令）使用。

例如，执行 A 指令时，将指令指定的位地址中的二进制数和栈顶中的二进制数（自动弹出后）相"与"，结果自动压入栈顶。

例如，执行"="输出指令时，系统自动将栈顶值复制到对应的映像寄存器。

例如，执行 OLD 指令时，首先对栈顶第 1 层存放的逻辑块结果（S1）和第 2 层存放的另一逻辑块结果（S0）弹出进行逻辑块"或"操作，其结果 S2 存入栈顶，栈的深度减 1，堆栈操作如图 3-25 所示。

图 3-25　OLD 指令对堆栈的影响

2. 堆栈操作指令

堆栈操作指令包含 LPS、LRD、LPP 和 LDS。

各命令功能描述如下。

1）LPS（Logic Push）：逻辑入栈指令（分支电路开始指令）。

在梯形图中，该指令就是生成一条新的母线，该母线的左侧为原来的主逻辑块，右侧为新生成的从逻辑块。

2）LRD（Logic Read）：逻辑读栈指令。

在梯形图中，当新母线生成后，LPS 开始右侧第一个从逻辑块的编程；LRD 则开始右侧第二个及其后的从逻辑块的编程。

3）LPP（Logic Pop）：逻辑出栈指令（分支电路结束指令）。

在梯形图中，该指令用于新母线右侧最后一个从逻辑块的编程。

4）LDS（Logic Stack）：装入堆栈指令。该指令复制堆栈中第 n（$n=1\sim8$）层的值到栈顶，栈中原来的数据依次向下一层推移，栈底推出丢失。

指令格式为

LDS　n

注意：LPS、LPP 指令必须成对出现。LPS、LPP、LRD 无操作数。

【例 3-7】 堆栈指令示例如图 3-26 所示。

图 3-26　堆栈指令示例

【例 3-8】　利用堆栈指令建立多级从逻辑块，如图 3-27 所示。

```
LD I0.0
LPS          //升成新母线 1
A M0.0
LPS          //新母线 2
A M0.1
= Q0.0
LPP          //母线 2 右侧最后的从逻辑块
A M0.2
= Q 0.1
LPP          //母线 1 右侧最后的从逻辑块
A M0.3
LPS          //新母线 3
A M0.4
= Q0.02
LPP          //母线 3 右侧最后的从逻辑块
A M0.5
= Q0.3
```

梯形图　　　　　　　　　　　　　　语句表

图 3-27　堆栈操作梯形图及语句表指令示例

3.3.10　取反指令/空操作指令

1. 取反指令 NOT

取反指令 NOT 的功能为将其左边的逻辑运算结果取反，指令本身没有操作数。

取反指令梯形图、语句表以及时序图示例如图 3-28 所示。

图 3-28　NOT 指令梯形图、语句表以及时序图示例

2．空操作指令 NOP

空操作指令 NOP，不影响程序的执行。指令格式如下：

NOP   N   //N=0～255，为执行空操作的次数

3.4 定时器

3.4.1 基本概念及定时器编号

定时器是 PLC 常用的编程元件之一。在 PLC 系统中，定时器主要用于延时系统。

定时器在满足一定的输入控制条件后，从当前值按一定的时间单位进行计数增加操作，直至定时器的当前值达到由程序设定的定时值时，定时器位发生动作（即定时器常开触点闭合，常闭触点断开），以满足定时位控的需要。

1．定时器种类

S7-200 PLC 提供了三种类型的定时器供编程使用。

1）通电延时定时器（TON）。

2）断电延时定时器（TOF）。

3）保持型通电延时定时器（TONR）。

2．定时器分辨率

定时器分辨率即定时器对时间定时的最小时间单位，S7-200 PLC 定时器分辨率（S）可分为三个精度等级：1ms、10ms 和 100ms。

3．定时时间

定时器定时时间 T 为定时器的分辨率 S 与定时器设定值 PT 的乘积。即

$$T=S\times PT$$

其中设定值 PT 为 int 型数据，一般可设为常数。

4．定时器类别编号

在 S7-200 PLC 程序中，系统是通过定时器编号来使用定时器的。

定时器的编号格式为

Tn（n 为常数）

其中常数 n 范围为 0～255，例如，T0、T33、T255。

程序通过定时器编号对定时器直接寻址，定时器编号在程序中不同位置具有不同的含义，具体如下。

1）定时器编号在定时器指令中表示程序中使用的是哪一个定时器。

2）定时器编号在程序中可提供用户定时器位（输出触点）的状态（常开、常闭触点）。

3）在指令中需要数据格式的地方，定时器编号表示定时器当前所累计的定时时间值。

定时器类别及编号见表 3-1。

表 3-1　定时器类别及编号

类型	分辨率/ms	最大定时值/s	编号
保持型通电延时定时器 TONR	1	32.767	T0、T64
	10	327.67	T1～T4、T65～T68
	100	3276.7	T5～T31、T69～T95
通电/断电延时定时器 TON/TOF	1	32.767	T32、T96
	10	327.67	T33～T36、T97～T100
	100	3276.7	T37～T63、T101～T255

3.4.2　通电延时定时器 TON（On-Delay Timer）

通电延时定时器 TON 用于通电后单一时间间隔的计时。其指令格式如图 3-29 所示。

其中，TON 为接通延时定时器指令助记符；Tn 为定时器编号；IN 为定时器定时输入控制端；PT 为定时设定值输入端。

图 3-29　TON 指令格式

输入端（IN）接通为 ON 时，定时器位为 OFF，定时器开始从当前值 0（加 1）开始计时，当前值大于或等于设定值时（PT=1～32767），定时器位变为 ON，定时器对应的常开触点闭合，常闭触点断开。达到设定值后，当前值仍继续计数，直到最大值 32767 为止。输入端断开时，定时器复位，即当前值被清零，定时器位为 OFF。

通电延时定时器的定时器编号为 T32、T96（分辨率为 1ms）；T33～T36、T97～T100（分辨率为 10ms）；T37～T63、T101～T255（分辨率为 100ms）。

【例3-9】 通电延时型定时器梯形图及语句表指令示例如图 3-30 所示，时序图如图 3-31 所示。

图 3-30　通电延时定时器指令梯形图及语句表示例　　图 3-31　通电延时定时器示例工作时序

本例中，由表 3-1 可知编号 T39 为通电延时型定时器，其分辨率 S=100ms，指令中设定值 PT=4，定时时间 T=100×4ms=400ms，其工作过程如下。

1）I0.1 接通时，T39 开始从当前值 0 开始（加 1）计时。

2）当前值大于或等于设定值（PT=4）时，T39 常开触点闭合，Q0.0 为 ON。

3）当前值达到设定值 4 后，当前值仍继续计数，直到最大值 32767 为止。

4）I0.1 断开时，定时器 T39 复位，即当前值被清零，定时器位为 OFF，Q0.0 失电。

【例3-10】 按下按钮 SB 后，指示灯亮，延时 0.5s 自动熄灭。

用 T33 延时，设定值 PT=0.5s/10ms=50。

程序如图 3-32 所示。

图 3-32　通电延时定时器指令示例

【例3-11】 使用定时器设计占空比可调的脉冲源。

设计一周期约为 1s、占空比为 50% 的方波脉冲，可使用 100m 接通延时定时器 2 个，梯形图程序如图 3-33 所示。

该程序使用分辨率为 100ms 的定时器 T37、T38，其工作过程如下。

1）I0.1 为 ON 时，T37 启动开始计时，T37 状态为 OFF。当 T37 的当前值等于设定值 PT（500ms）时，T37 状态变为 ON，T37 常开触点闭合，T38 被启动开始计时，同时 Q1.0 输出 1。

2）T38 的当前值等于设定值 PT（500ms），T38 状态即变为 ON，T38 常闭触点断开，使 T37 复位为 0，T37 常开触点释放，使 T38 瞬时复位为 0，同时 Q1.0 输出 0。

图 3-33　利用定时器输出脉冲梯形图程序

3）T38 的复位使 T38 常闭触点闭合，T37 又重新启动，开始下一个运行周期。

4）周而复始，T37 状态位脉冲信号控制 Q1.0 输出周期为 1s 的方波。

3.4.3　断电延时定时器 TOF（Off-Delay Timer）

断电延时定时器 TOF 用于断电后的单一时间间隔计时，其指令格式如图 3-34 所示。

其中，TOF 为断电延时定时器指令助记符；Tn 为定时器编号；IN 为定时器定时输入控制端；PT 为定时设定值输入端。

图 3-34　TOF 指令格式

输入端（IN）接通时，定时器位为 ON，当前值为 0；当输入端由接通到断开时，定时器从当前值 0（加 1）开始计时，定时器位仍为 ON，只有在当前值等于设定值（PT）时，输出位变为 OFF，当前值保持不变，停止计时。

断电延时定时器可用复位指令 R 复位，复位后定时器位为 OFF，当前值为零。

断电延时定时器的定时器编号为 T32、T96（分辨率为 1ms）；T33～T36、T97～T100（分辨率为 10ms）；T37～T63、T101～T255（分辨率为 100ms）。

【例 3-12】 断电延时型定时器梯形图、语句表指令示例如图 3-35 所示，时序图如图 3-36 所示。

图 3-35 断电延时定时器示例

本例中，由表 3-1 可知编号 T33 为断电延时型定时器，其分辨率 S=10ms，指令中设定值 PT=8，定时时间 T=10×8ms=80ms，其工作过程如下。

1）I0.0 接通时，T33 为 ON，Q0.0 为 ON。

2）I0.0 断开时，T33 仍为 ON 并开始从当前值 0 开始（加 1）计时。

3）当前值等于设定值（PT=8）时，当前值保持，T33 变为 OFF，常开触点断开，Q0.0 为 OFF。

4）I0.0 再次接通时，当前值复位清零，定时器位为 ON。

图 3-36 断电延时定时器示例工作时序

【例 3-13】 用定时器设计延时接通/延时断开电路，实现输入 I0.0 和输出 Q0.1 的时序图及程序如图 3-37 所示。

I0.0 的常开触点接通后，T37 开始定时，9s 后 T37 的常开触点接通，使断电延时定时器 T38 的线圈通电，T38 的常开触点闭合，Q0.1 的线圈通电为 ON。I0.0 常开触点断开后，T37 复位，其常开触点断开，T38 开始定时，7s 后 T38 的定时时间到，其常开触点断开，Q0.1 断电为 OFF。

3.4.4 保持型通电延时定时器 TONR（Retentive On-Delay Timer）

保持型通电延时定时器 TONR 用于对许多间隔的累计定时，具有记忆功能。其指令格式如图 3-38 所示。

其中，TONR 为保持型通电延时定时器指令助记符；Tn 为定时器编号；IN 为定时器定时输入控制端；PT 为定时设定值输入端。

梯形图

```
LD     I0.0
TON    T37, 90
LD     T37
TOF    T38, 70
LD     T38
=      Q0.1
```

语句表

时序图

图 3-37　定时器设计延时接通/延时断开电路示例

当输入端（IN）接通时，定时器当前值从 0 开始（加 1）计时，当输入 IN 无效时，当前值保持；IN 再次有效时，当前值在原保持值基础上继续计数；当累计当前值大于或等于设定值（PT）时，定时器位置 ON。

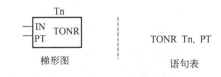

TONR Tn, PT

梯形图　　语句表

TONR 定时器可用复位指令 R 复位，复位后定时器位为 OFF，当前值清零。

图 3-38　TONR 指令格式

保持型通电延时定时器的定时器编号为 T0、T64（分辨率为 1ms）；T1～T4、T65～T68（分辨率为 10ms）；T5～T31、T69～T95（分辨率为 100ms）。

【例 3-14】　保持型通电延时定时器梯形图、语句表指令示例如图 3-39 所示，时序图如图 3-40 所示。

梯形图

```
LD     I0.0
TONR   T2,+10    // T2 定时器
LD     I0.3
R      T2, 1     // 复位定时器
```

语句表

图 3-39　保持型通电延时定时器示例

本例中，由表 3-1 可知编号 T2 为保持型通电延时型定时器，其分辨率 $S=10ms$，指令中设定值 PT=10，定时时间 $T=10×10ms=100ms$，其工作过程如下。

1）I0.0 接通后，T2 开始从当前值 0 开始（加 1）计时。

图 3-40　保持型通电延时定时器示例工作时序

2）I0.0 断开后，T2 当前值保持不变。

3）I0.0 再次接通，T2 继续计时，直至当前值大于或等于设定值（PT=10）时，定时器 T2 位为 ON。

4）当 I0.3 接通时，执行 T2 复位指令，即当前值被清零，定时器位为 OFF。

3.4.5　定时器当前值刷新方式

在 S7-200 PLC 的定时器中，由于定时器的分辨率不同，其刷新方式是不同的，在使用时一定要注意根据使用场合和要求来选择定时器。常用的定时器的刷新方式有 1ms、10ms 和 100ms 三种。

1．1ms 定时器

1ms 定时器由系统每隔 1ms 对定时器和当前值刷新一次，不与扫描周期同步。扫描周期较长时，定时器在一个周期内可能多次被刷新，或者说，在一个扫描周期内，其定时器位及当前值可能要发生变化。

2．10ms 定时器

10ms 定时器执行定时器指令时开始定时，在每一个扫描周期开始时刷新，每个扫描周期只刷新一次。在一个扫描周期内定时器位和定时器的当前值保持不变。

3．100ms 定时器

100ms 定时器在执行定时器指令时才对定时器的当前值进行刷新。因此，如果启动了 100ms 定时器，但是没有在每一个扫描周期都执行定时器指令，将会造成时间的失准。如果在一个扫描周期内多次执行同一个 100ms 定时器指令，将会多计时间。所以，应保证每一扫描周期内同一条 100ms 定时器指令只执行一次。

【例 3-15】　利用定时器在 Q0.0 端口输出宽度为一个扫描周期的脉冲，分别使用分辨率为 1ms、10ms、100ms 的定时器实现其功能，对应的梯形图程序如图 3-41 所示。

图 3-41　定时器应用示例

a) 1ms 定时器　b) 10ms 定时器　c) 100ms 定时器

本例中，定时器位的常开触点 T32/T33/T37 分别控制输出位 Q0.0，并将 Q0.0 的常闭触点作为定时器的输入控制位，则在定时时间到时，都能使 Q0.0 输出宽度为一个扫描周期的脉冲。

【例 3-16】 定时器实现报警电路程序设计如图 3-42 所示。

图 3-42　定时器实现报警电路程序设计

要求如下。

1）定时器 T37 和定时器 T40 构成振荡器，每 0.5s 执行一次通断，反复循环。

2）I0.0 为 ON 要求报警，输入点 I0.0 为报警输入条件，输出 Q0.0 控制报警灯闪亮，Q0.1 控制报警蜂鸣器。

3）I0.1 为 ON 为报警响应，此时 Q0.0 控制的报警灯从闪烁变为常亮，Q0.1 控制的报警器关闭。

4）输入条件 I0.2 为报警灯的测试信号。I0.2 接通，则 Q0.0 接通。

3.5 计数器指令

3.5.1 基本概念及计数器编号

在 PLC 系统中，计数器主要用于对计数脉冲个数的累计。当计数器所累计脉冲的个数（当前值）等于计数设定值时，计数器位发生动作（由 OFF 变为 ON），以满足计数控制的需要。

1．计数器种类

S7-200 PLC 提供了三种类型的计数器，递增计数器 CTU、递减计数器 CTD 及增减计数器 CTUD。

2．计数器编号

在 S7-200 PLC 中，系统通过对计数器的编号来使用计数器。

计数器的编号格式为

Cn（n 为常数）

其中常数 n 范围为 0～255，如 C50 等。

计数器编号在程序中可作为计数器位（输出触点）的状态及计数器当前所累计的计数脉冲个数，其最大计数值为 32767。

程序是通过计数器编号（对计数器直接寻址）来使用计数器的。计数器编号在程序中不同位置具有不同的含义，具体如下。

1）在计数器指令中表示程序制定使用的是哪一个计数器。

2）程序可提供用户定时器位（输出触点）的状态（常开、常闭触点）。

3）在指令中需要数据格式的地方表示定时器当前所累计的定时时间值。

注意：不同类型计数器不能共用同一计数器编号。

3．计数器设定值

计数器设定值为 int 型，寻址范围：VW、IW、QW、MW、SW、SMW、LW、AIW、T、C、AC、*VD、*AC、*LD 和常数，一般可设为常数。

3.5.2　递增计数器 CTU（Count Up）

递增计数器指令格式如图 3-43 所示。

图 3-43　CTU 指令格式

其中，CTU 为递增计数器指令助记符；Cn 为计数器编号；CU 为计数脉冲输入端；R 为复位输入端；PV 为设定值。

当复位输入（R）无效时，计数器开始对计数脉冲输入（CU）的上升沿进行加 1 计数，若计数当前值大于或等于设定值（PV）时，计数器位被置 ON，计数器继续计数直到 32767；当复位输入（R）有效时，计数器复位，计数器位变为 OFF，当前值清零。

特别需要指出，由于 PLC 执行程序采用的是串行执行、循环扫描的工作方式，因此在计数器工作频率大于扫描工作频率时会丢失计数脉冲。

【例 3-17】　递增计数器梯形图、语句表指令示例如图 3-44 所示，时序图如图 3-45 所示。

图 3-44 递增计数器指令示例

本例中，由编号 C1 为递增计数器，指令中设定值 PV=3，其工作过程如下。

1）当复位输入控制端 I0.1 接通为 ON 时，计数器复位，计数器位 C1 变为 OFF，C1 当前值清零。

2）当复位输入（R）无效，即 I0.1 断开为 OFF 时，在计数脉冲输入端 I0.0 接通的上升沿，C1 开始从当前值（0）开始（加 1）计数。

图 3-45　递增计数器指令示例工作时序

3）当前值为 PV 时，计数器位 C1 由 OFF 变为 ON，计数器继续计数。

4）当 I0.1 再次接通时，C1 复位，即计数器位为 OFF，当前值被清零。

3.5.3　递减计数器 CTD（Count Down）

递减计数器指令的指令格式如图 3-46 所示。

其中，CTD 为递减计数器指令助记符；Cn 为计数器编号；CD 为减计数脉冲输入端；LD 为复位脉冲输入端；PV 为设定值。

图 3-46　CTD 指令格式

当复位端 LD 无效时，计数器对减计数脉冲输入端（CD）的上升沿从当前值开始减 1 计数，减到 0 时，停止计数，计数器位被置 ON。当复位输入（LD）为 ON 时，计数器复位，计数器当前值被置为设定值 PV，计数器位为 OFF。

【例 3-18】　递减计数器梯形图、语句表指令示例如图 3-47 所示，时序图如图 3-48 所示。

图 3-47　递减计数器指令示例

本例中，由编号 C5 为递减计数器，指令中设定值 PV=3，其工作过程如下。

1）当复位输入控制信号 I0.2 接通为 ON 时，计数器复位，计数器位 C5 变为 OFF，C5 当前值被置为设定值 "3"。

2）当复位输入（LD）无效，即 I0.2 断开为 OFF 时，在计数脉冲输入端 I0.1 接通的上升沿，C1 开始从当前值开始（减 1）计数。

3）当前值为 0 时，计数器位 C5 由 OFF 变为 ON，其 C5 常开触点闭合，Q0.0=1。

图 3-48　递减计数器指令示例工作时序

4）当 I0.2 再次接通时，C5 复位，即计数器位为 OFF，当前值被置为设定值"3"。

【例 3-19】　使用计数器实现顺序控制功能。

当 I0.0 第一次闭合时 Q0.3 为 ON，第二次闭合时 Q0.0 为 ON，第三次闭合时 Q0.1 为 ON，第四次闭合时 Q0.2 为 ON，第五次闭合时 Q0.3 为 ON，同时将计数器复位，又开始下一轮计数，反复循环。

这里 I0.0 既可以是手动开关，也可以是内部定时时钟脉冲，后者可实现自动循环控制。程序中通过比较指令实现当计数值等于比较常数时相应的输出才为 ON（一个计数周期），其程序如图 3-49 所示。

图 3-49　计数器应用示例

3.5.4　增减计数器 CTUD（Count UP/Down）

增减计数器指令格式如图 3-50 所示。

其中，CTUD 为增减计数器指令助记符；Cn 为计数器编号；CU 为加计数脉冲输入端；CD 为减计数脉冲输入端；R 为复位输入端；PV 为设定值。计数范围为-32768～32767。

在加计数器脉冲输入（CU）的上升沿，计数器当前值加 1；在减计数脉冲输入（CD）的上升沿，计数器的当前值减 1；当前值大于或等于设定值（PV）时，计数器置位 ON；复位输入（R）有效时，计数器复位，复位时当前值为 0；当前值 PV 为最大值 32767 时，下一个 CU 输入的上升沿使当前值变为最小值-32768；当前值为-32768 时，下一个 CD 输入的上升沿使当前值变为最大值 32767。

图 3-50　CTUD 指令格式

【例 3-20】　增减计数器梯形图、语句表指令示例如图 3-51 所示，时序图如图 3-52 所示。

图 3-51　增减计数器指令示例

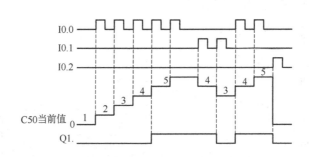

图 3-52　增减计数器指令示例工作时序

本例中，编号 C50 为增减计数器，指令中设定值 PV=4，其工作过程如下。

1）当复位输入（R）无效，即 I0.2 断开为 OFF 时，在加计数脉冲输入端 I0.1 接通的上升沿，C50 开始从当前值（0）开始（加 1）计数。

2）当前值为设定值 4 时，计数器位 C50 由 OFF 变为 ON，其 C50 常开触点闭合，线圈 Q1.0 通电，计数器继续计数，C50 保持 ON 状态。

3）在减计数脉冲输入端 I0.1 接通的上升沿，C50 开始从当前值（5）开始（减 1）计数，当前值小于设定值 "4" 时，计数器位 C50 由 ON 变为 OFF，其 C50 常开触点断开，线圈 Q1.0 失电。

4）当 I0.2 接通时，C50 复位，即计数器位为 OFF，当前值清 0。

【例3-21】 利用递增计数器实现单个按钮启动、停止功能，与 PLC 连接原理图如图 3-53 所示；梯形图及语句表指令如图 3-54 所示。

图 3-53 单个按钮启动、停止连接图

图 3-54 递增计数器实现单按钮启动、停止程序

本例中，由编号 C1 为递增计数器，指令中设定值 PV=2，其工作过程如下。

1）当控制按钮按下 I0.1 接通为 ON 时，Q0.1 产生通电（ON）脉冲，该脉冲使其常开触点闭合，一方面置 Q0.2 通电（ON）且自锁，起动负载工作，另一方面作为计数器的计数输入控制信号，使计数器计 1。

2）当再次按下控制按钮时，Q0.1 再次产生通电（ON）脉冲，计数器计数为 2，达到计数器设定值 2，计数器 C1 的常闭触点断开，Q0.2 失电，负载停止工作，同时 C1 的常开位闭合，使计数器复位。

【例3-22】 用 PLC 控制包装传输系统。要求按下启动按钮后，传输带电动机工作，物品在传输带上开始传送，每传送 100 个物品，传输带暂停 5s，工作人员将物品包装。

PLC I/O 端口分配见表 3-2。

表 3-2 PLC I/O 端口分配

PLC 输入、输出点	外部设备
I0.0	启动按钮
I0.1	停止按钮
I0.2	光电检测输入信号
Q0.0	传输带电动机

用计时器 T37 实现 5s 计时，设定值为 5s/100ms=50，用增计数器 C0 对 100 个物品计数，设定值为 100。程序如图 3-55 所示。

【例3-23】 利用计数器组合实现时钟控制。

计数器组合实现时钟控制程序如图 3-56 所示。秒脉冲特殊存储器 SM0.5 作为秒发生器，用于计数器 C51 的计数脉冲信号。

梯形图

语句表

LD	I0.0
O	Q0.0
AN	M0.0
O	T37
AN	I0.1
=	Q0.0

网络2

LD	I0.2
A	Q0.0
LD	I0.1
O	M0.2
CTU	C0, 100

网络3

LD	C0
O	M0.0
AN	I0.1
AN	T37
=	M0.0

网络4

LD	M0.0
TON	T37, 50

图 3-55　PLC 包装传输系统控制程序

LD	SM0.5
LD	C51
CTU	C51, 60

LD	C51
O	I0.0
LD	C52
CTU	C52, 60

LD	C52
O	I0.1
LD	C53
CTU	C53, 24
LDW=	C53, 12

图 3-56　计数器组合实现时钟控制程序

梯形图   语句表

图 3-56 计数器组合实现时钟控制程序（续）

当计数器 C51 的计数器累计到设定值 60 次（即 1min）时计数器位置为 "1"，即 C51 的常开触点闭合，该信号将作为计数器 C52 的计数脉冲信号；计数器 C51 的另一个常开触点使计数器 C51 复位（称为自复位式）后，使计数器 C51 从 0 开始重新计数。类似地，计数器 C52 计数到 60 次（即 1h）时其两个常开触点闭合，一个作为计数器 C53 的计数脉冲信号，另一个使计数器 C52 自复位，又重新开始计数；计数器 C53 计数到 24 次（即 1d）时，其常开触点闭合，使计数器 C53 自复位，又重新计数，从而实现时钟功能。

输入信号 I0.0 和 I0.1 用于建立期望的时钟设置，即调整设置时间分针和时针。

本时钟设置闹钟时间为 12:30，通过比较指令实现定时时间等于设定值时置 Q1.0 为 ON。输入信号 I1.0 可以解除闹钟状态。

3.6 比较指令

3.6.1 比较指令运算符及格式

1．比较指令

比较指令用来比较两个数 IN1 和 IN2 的大小。比较指令广泛应用在密码锁、交通灯及上下限报警器等 PLC 控制程序中。

比较指令是通过取指令 LD、逻辑 "与" 指令 A、逻辑 "或" 指令 O 操作码分别加上数据类型符号 B、I（W）、D、R 进行组和实现编程的，在梯形图中，则在以上触点中间给出比较条件。

2．比较指令运算符

在比较触点中允许使用的比较运算符有以下 6 种。

1）"=="运算符，比较 IN1 是否等于 IN2。

2）"<>"运算符，比较 IN1 是否不等于 IN2。

3）">"运算符，比较 IN1 是否大于 IN2。

4）"<"运算符，比较 IN1 是否小于 IN2。

5）">="运算符，比较 IN1 是否大于或等于 IN2。

6）"<="运算符，比较 IN1 是否小于或等于 IN2。

在梯形图中，在比较触点满足比较关系式给出的条件时，该触点接通。

3．比较指令格式

表 3-3 列出的是两实数大于或等于比较指令的一般格式。

表 3-3　比较指令格式

LAD	STL	功能
IN1 ─┤ >=R ├─ IN2	LDR>= IN1，IN2	实现操作数 IN1 和 IN2（实数）的比较，当 IN1>=IN2 时，该比较指令触点接通

下面具体说明各种运算比较指令的格式。

1）字节比较语句表指令格式为

  LDB= IN1,IN2　//字节比较相等输入指令（梯形图中该触点直接与左母线连接，即取指令）

  AB = IN1,IN2　//字节比较相等逻辑与指令（梯形图中该触点串联实现逻辑"与"）

  OB=IN1,IN2　//字节比较相等或指令（梯形图中该触点并联实现逻辑"或"）

对应的梯形图格式（取指令、逻辑"与"指令、逻辑"或"指令，下同）为

IN2
─┤ ==B ├─
IN1

当字节数据 IN2 等于 IN1 时，该触点闭合。

2）整数比较语句表指令格式为

  LDW<=IN1,IN2　　//整数比较小于或等于输入指令

  AW<=IN1,IN2　　//整数比较小于或等于逻辑"与"指令

  OW<=IN1,IN2　　//整数比较小于或等于逻辑"或"指令

对应的梯形图格式为

IN2
─┤ <=I ├─
IN1

当整数数据 IN2 小于或等于 IN1 时，该触点闭合。

3）双整数比较语句表指令格式为

  LDD<>IN1,IN2　　　//整数比较不等于输入指令

  AD<>IN1,IN2　　　//整数比较不等于逻辑"与"指令

  OD<>IN1,IN2　　　//整数比较不等于逻辑"或"指令

对应的梯形图格式为

IN2
─┤ <>D ├─
IN1

当双整数数据 IN2 不等于 IN1 时，该触点闭合。

4）实数比较语句表指令格式为

  LDR=IN1,IN2　　　　//实数比较相等输入指令

  AR=IN1,IN2　　　　//实数比较相等逻辑"与"指令

  OR=IN1,IN2　　　　//实数比较相等逻辑"或"指令

对应的梯形图格式为

$$\dashv\!\!\begin{array}{c}\text{IN2}\\ =\!\text{R}\\ \text{IN1}\end{array}\!\!\vdash$$

当实数数据 IN2 等于 IN1 时，该触点闭合。

3.6.2 比较数据类型及范围

在比较指令应用时，被比较的两个数的数据类型要相同，数据类型可以是字节、整数、双整数或浮点数（即实数）。

1）字节比较指令用来比较两个字节（无符号）的大小，指令助记符中用 B 表示字节。字节比较的数据范围为 0～255。

2）整数比较指令用来比较两个整数字的大小，LAD 指令助记符中用 I 表示整数，STL指令助记符中用 W 表示整数。

有符号整数比较的数据范围（补码表示）为 16#8000～16#7FFF。

3）双整数比较指令用来比较两个双字的大小，指令助记符中用 D 表示双整数。

有符号双字比较的数据范围（补码表示）为 16#80000000～16#7FFFFFFF/。

4）实数比较指令用来比较两个实数的大小，指令助记符中用 R 表示实数。

实数（32 位浮点数）比较的数据范围（补码表示）：负实数为 $-1.175495\text{E-}38$～$3.402823\text{E+}38$，正实数为 $+1.175495\text{E-}38$～$+3.402823\text{E+}38$。

3.6.3 比较指令应用示例

下面给出几个比较指令应用的典型示例。

【例 3-24】 比较指令应用示例程序如图 3-57 所示。

图 3-57 比较指令应用示例程序

本例工作过程如下。

网络 1：整数比较取指令，IN1 为计数器 C5 的当前值，IN2 为常数 20。当 C5 的当前值大于或等于 20 时，比较指令触点闭合，M0.0=1。

网络 2：实数比较逻辑"与"指令，IN1 为双字存储单元 VD1 的数据，IN2 为常数100.7。当 VD1 小于 100.7 时，比较指令触点闭合，该触点与 I0.1 逻辑"与"置 M0.1=1。

网络 3：字节比较逻辑"或"指令，IN1 为字节存储单元 VB10 的数据，IN2 为字节存储单元 VB11 的数据。当 VB10 的数据大于 VB11 的数据时，比较指令触点闭合，该触点与 I0.2 逻辑"或"置 M0.2=1。

【例 3-25】 基于比较指令的学校作息时间自动打铃控制程序。

自动打铃控制程序按时间 0:00 开始运行，按分钟计数。

I0.0 为启动按钮，I0.1 为停止按钮，启动后状态保存至 M0.0；启动后秒计数器 C0 按秒加 1，60s 为一个周期；C1 对 C0 输出计数（按 1min 为单位）。

C1 计数值=1440min 为一个周期，即一天为一个周期。

C1 计数值=(60×7+50)min=470min，对应的时间上午 7:50，Q0.0 为 ON，第 1 节课预备开始打铃，同时起动计时器 T37，20s 后断开，铃声停止。

C1 计数值=480min，对应的时间上午 8:00，第 1 节上课铃响，以此类推（略）。

基于比较指令的学校作息时间自动打铃控制程序如图 3-58 所示（程序中类推比较指令部分省略）。

图 3-58 基于比较指令的学校作息时间自动打铃控制程序

【例3-26】 基于比较指令的密码锁控制程序。

I1.1 作为控制信号，采集由 IB0 输入的数值，I1.1 第一次为 ON 时采集第一位密码，I1.1 第二次为 ON 时采集第二位密码，以此类推，本程序共采集 4 位数字密码。采集完所有密码（4 8 7 0）后，若密码正确，则 Q0.0 为 ON 开锁。I1.2 控制复位计数器，以便实现多次输入密码开锁。

基于比较指令的密码锁控制程序如图 3-59 所示。

图 3-59 基于比较指令的密码锁控制程序

3.7 程序控制指令

程序控制指令主要包括程序转移、循环、结束、暂停及子程序调用等指令。使用程序控制指令不仅可以控制程序的流程，进行较复杂的程序设计，而且可以用来优化程序结构，提高编程效率，增加程序功能。

3.7.1 跳转指令

跳转指令又称转移指令，在程序中使用跳转指令，系统可以根据不同条件选择执行不同的程序段。

跳转指令由跳转指令 JMP 和标号指令 LBL 组成，JMP 指令在梯形图中以线圈形式编程。

跳转指令格式如图 3-60 所示。

在图 3-60 中，当控制条件满足时，执行跳转指令 JMP n，程序转移到标号 n 指定的目的位置执行，该位置由标号指令 LBL n 确定。n 的范围为 0～255。

使用跳转指令时注意以下问题。

1）JMP 和 LBL 指令必须在同一程序段中，如同一主程序、子程序或中断程序等，即不能从一个程序段跳到另一个程序段。

2）执行跳转指令后，在 JMP～LBL 之间程序段中的计数器停止计数，其计数值及计数器位状态不变。

3）执行跳转指令后，在 JMP～LBL 之间程序段中的输出 Q、位存储器 M 及顺序控制继电器 S 的状态不变。

4）执行跳转指令后，在 JMP～LBL 之间程序段中，分辨率为 1ms、10ms 的定时器，保持原来的工作状态及功能；分辨率为 100ms 的定时器则停止工作，当前值保持在跳转时的值不变。

【例 3-27】 跳转指令梯形图、语句表示例如图 3-61 所示。

图 3-60　跳转指令格式　　　　图 3-61　跳转指令示例

本例中工作过程如下。

1）当输入端 I1.0 接通时，执行跳转指令 JMP，程序跳过网络 2，转移至标号 6 位置执行。

2）被跳过的网络 2，其输出 Q0.0 状态保持跳转前的状态不变。

3.7.2 循环指令

在需要反复执行若干次相同功能程序时，可以使用循环指令，以提高编程效率。

循环指令由循环开始指令 FOR、循环体和循环结束指令 NEXT 组成。

循环指令格式如图 3-62 所示。

图 3-62　循环指令格式

其中，FOR 指令表示循环的开始，NEXT 指令表示循环的结束，中间为循环体；EN 为循环控制输入端，INDX 为设置指针或当前循环次数计数器，INIT 为计数初始值，FINAL 为循环计数终值。

循环指令功能：在循环控制输入端有效且逻辑条件 INDX< FINAL 满足时，系统反复执行 FOR 和 NEXT 之间的循环体程序，每执行一次循环体，INDX 自增加 1，直至当前循环计数器值大于终值时，退出循环。

INDX 操作数为 VW、IW、QW、MW、SW、SMW、LW、T、C、AC、*VD、*AC 和 *CD，属 INT 型。INIT 和 FINAL 操作数除上面外，也可为 INT 常数。

注意：

1）FOR 和 NEXT 必须成对出现。

2）FOR 和 NEXT 可以嵌套型循环，嵌套最多为 8 层。

3）当输入控制端 EN 重新有效时，各参数自动复位。

【例 3-28】 循环指令梯形图及语句表示例如图 3-63 所示。

本例中工作过程如下。

1）网络 1 和网络 4 构成外循环（虚线 B），其循环体为网络 2 和网络 3；网络 2 和网络 3 为内循环（虚线 A），故为 2 级循环嵌套。

2）外循环计数初始值为 1，终值为 100，循环计数器为字变量存储器 VW100。当 I0.0 接通时，其循环体被执行 100 次。

3）当 I0.0 和 I0.1 同时接通后，外循环每执行一次，内循环执行两次，程序共执行 2×100 次内循环。

图 3-63　循环指令应用示例

3.7.3　停止、结束及看门狗复位指令

1. 停止指令 STOP

停止指令 STOP 在执行条件成立时，可使 PLC 从运行模式（RUN）进入停止模式（STOP），同时立即停止程序的执行。STOP 为无数据类型指令，可在主程序、子程序和中断程序服务中使用。STOP 指令在程序中常用于突发紧急事件，其执行条件必须严格选择。

如果在中断程序中执行停止指令，中断程序立即终止，并忽略全部等待执行的中断，继续执行主程序的剩余部分，并在主程序的结束处完成从运行方式至停止方式的转换。

【**例 3-29**】暂停指令的应用。SM5.0 为 I/O 错误状态继电器，当出现 I/O 错误时，SM5.0= 1，图 3-64 所示为强迫 CPU 进入停止模式。

图 3-64　暂停指令应用示例

2. 结束指令

结束指令包括两条：条件结束指令 END 和无条件结束指令 MEND。

（1）条件结束指令 END

END 指令不能直接连接母线。条件结束指令格式图 3-65 所示。

该指令功能是当输入条件 xx 有效时，系统结束主程序，并返回主程序的第一条指令开始执行。

（2）MEND

无条件结束指令，可以直接连接母线。指令格式如图 3-66 所示。

图 3-65　END 指令格式　　　　　　　　　图 3-66　MEND 指令格式

该指令功能是程序执行到此指令时，立即无条件结束主程序，并返回主程序的第一条指令执行。

结束指令在梯形图中以线圈形式编程，并且只能在主程序中使用。编程时一般不需要输入 MEND，编程软件自动将该指令追加到程序的结尾。

3. 看门狗复位指令 WDR

看门狗复位指令 WDR（Watch Dog Reset）实际上是一个监控定时器，在梯形图中以线圈形式编程。指令格式如图 3-67 所示。

图 3-67　WDR 指令格式

该指令的定时时间为 300ms（由系统设置）。CPU 每次扫描到该指令，则延时 300ms 后 PLC 被自动复位一次。

WDR 指令执行过程如下。

1）如果 PLC 正常工作时扫描周期小于 300ms，在 WDR 定时器未到定时时间，系统开始下一扫描周期，WDR 定时器不起作用。

2）如果外界干扰使程序死机或运行时间超过 300ms，则监控定时器不再被复位，定时时间到后，PLC 将停止运行，重新启动，返回到第一条指令重新执行。

因此，如果希望延长程序的扫描周期，或者在中断事件发生时有可能使程序超过扫描周期时，为了使程序正常执行，应该使用看门狗复位指令来重新触发看门狗定时器。

【例 3-30】　停止指令、结束指令及看门狗复位指令的示例如图 3-68 所示。

梯形图　　　　　　　　　　　　　　　语句表

图 3-68　停止、结束及看门狗指令示例

本例中工作过程如下。

1）网络 1 为"或"逻辑使用停止指令。

2）网络 2 中的 I0.4 接通时，执行条件结束指令，返回主程序的第一条指令执行。

3）网络 3 中的 M0.1 为 ON 时，执行看门狗指令触发看门狗定时器，延长本次扫描周期。

WDR 指令无操作数，使用 WDR 指令时，在终止本次扫描前，以下操作将被禁止：通信（自由接口方式除外）、I/O 更新（立即指令除外）、强制更新、特殊标志位（SM）更新、运行时间诊断以及中断程序中的 STOP 指令。

3.7.4 子程序

在结构化程序设计中，将实现某一控制功能的一组指令设计在一个模块中，该模块可以被随机多次调用执行，每次执行结束后，又返回到调用处继续执行原来的程序，这一模块称为子程序。

S7-200 PLC 的指令系统可以方便、灵活地实现子程序建立、子程序调用和子程序返回操作。

1．建立子程序

可以通过 S7-200 编程软件建立子程序。其操作步骤如下。

1）运行编程软件→单击"编辑"（Edit）菜单中的"插入"（Insert）选项→选择"子程序"（Subroutine），如图 3-69 所示。

图 3-69　SETP 7-Micro/WIN V4.0 环境下建立子程序

2）在指令树窗口可以看到新建的子程序图标，默认的程序名是 SBR_N，编号 N 从 0 开始按递增顺序生成，可以在图标上直接更改程序的程序名，如图 3-70 所示。

3）在指令树窗口双击子程序的图标就可以进入子程序编辑窗口，如图 3-71 所示为对 SBR-0 子程序编辑的窗口（双击主程序图标 MAIN 可切换到主程序编辑窗口）。

4）若子程序需要接收（传入）调用程序传递的参数，或者需要输出（传出）参数给调用程序，则子程序可以设参变量。子程序参变量应在子程序局部变量表中定义，如图 3-71 所示。

图 3-70　在指令树窗口显示新建的子程序图标及默认的程序名 SBR_0

图 3-71　程序名 SBR_0 的子程序编辑窗口

2．子程序调用指令

（1）子程序调用指令 CALL

在子程序建立后，可以通过子程序调用指令反复调用子程序。子程序的调用可以带参数，也可以不带参数。它在梯形图中以指令盒的形式编程。其指令格式如图 3-72 所示。

梯形图　　　　　　　　　　　　　　　语句表

图 3-72　CALL 指令格式

其中，EN 为子程序调用使能控制输入信号；SBR_0 为子程序名；CALL 为 STL 指令调用子程序助记符。

在子程序调用使能（EN）控制输入信号接通时，主程序转向子程序入口执行子程序。

注意：

1）子程序名可以修改。为便于阅读，一般定义为该子程序功能英文单词的缩写。

2）该指令应用在主程序或调用程序中，可以实现嵌套调用。

3）当子程序在一个周期内被多次调用时，不能使用上升沿、下降沿、定时器和计数器指令。

4）累加器可以在调用程序和被调用程序之间传递参数，所以累加器的值在子程序调用时不需要保护。

（2）子程序条件返回指令 CRET

CRET 指令在梯形图中以线圈形式编程，指令不带参数。其指令格式如图 3-73 所示。

在控制输入信号接通（即条件满足）时，执行 CRET 指令，结束子程序的执行，返回主程序或调用程序中继续执行原来的程序。

```
—( RET )          CRET

  梯形图           语句表
```

图 3-73　CRET 指令格式

注意：

1）CRET 指令应用在子程序内部。

2）CRET 指令不能直接接在左母线上，必须在其左边设置条件控制输入信号。

3）子程序的自动返回（结束）STL 指令形式为 CRET。

4）在用 Micro/Winv4.0 编程时，不需要输入 RET 返回指令，该软件自动将 RET 指令加在每个子程序的结尾。

3．子程序嵌套

如果在子程序的内部又对另一个子程序执行调用指令，这种调用称为子程序的嵌套。子程序的嵌套深度最多为 8 级。

当一个子程序被调用时，系统自动保存当前的堆栈数据，并把栈顶置"1"，堆栈中的其他位置为"0"，子程序占有控制权。子程序执行结束，通过返回指令自动恢复原来的逻辑堆栈值，调用程序又重新取得控制权。

注意： 在中断服务程序调用的子程序中不能再出现子程序嵌套调用。

【例 3-31】 子程序调用指令示例程序如图 3-74 所示。控制要求如下。

建立子程序 SBR_0，其功能为：Q1.0 输出（占空比 50%，周期 4s）控制一个闪光灯。

该子程序由主程序中 I0.0 控制直接调用，也可由子程序 SBR_1 嵌套调用。

建立子程序 SBR_1，其功能为：对 I1.0 计数脉冲计数，计数值为 10 时，嵌套调用子程序 SBR_0，驱动 Q1.0 闪亮。该子程序由主程序 I0.1 控制调用。

本例用外部控制条件分别调用两个子程序。

工作过程如下。

1）主程序网络 1 中，当输入控制 I0.0 接通时调用子程序 SBR_0。

2）主程序网络 2 中，当输入控制 I0.1 接通时调用子程序 SBR_1，计数器 C1 开始对 I1.0 脉冲计数，当计数值为 10 时，触点 C1 导通，调用子程序 SBR_0。

图 3-74 子程序调用指令示例

4. 带参数的子程序调用

子程序中可以根据需要设参变量，该参变量接收调用程序传递的实际参数，并且只能在子程序内部使用，因此，子程序参变量又称为局部变量。带参数的子程序调用扩大了子程序的使用范围，增加了调用的灵活性。

（1）带参数子程序调用指令格式

带参数子程序调用指令格式如图 3-75 所示。

其中，EN 为子程序调用使能控制输入信号；SBR_1 为子程序名；CALL 为 STL 指令调用子程序助记符；IN1、IN2、IN3 为子程序输入参数；IN1_OUT1 为子程序输入/输出参数；OUT1 为子程序输出参数。

STL 指令中的各参数按规定的顺序与 LAD 对应。

在子程序调用使能（EN）控制输入信号接通时，主程序转向子程序入口执行子程序，同时将 IN 参数传递给子程序，在子程序返回时，将 OUT 参数返回给指定参数。

梯形图　　　　　　　　　　　　　　　　　　语句表

图3-75　带参数子程序调用指令格式

（2）子程序参数定义

一个子程序最多可以传递16个参数，参数应在编辑子程序窗口的局部变量表中加以定义。

子程序参数必须确定其变量名、变量类型和数据类型，具体规则如下。

1）变量名最多用23个字符表示，有效字符为前8个，第一个字符不能是数字。

2）变量类型是按变量对应数据的传递方向来划分的，可以是传入子程序（IN）、传入和传出子程序（IN_OUT）、传出子程序（OUT）和暂时子程序（TEMP）4种变量类型。

3）在子程序变量表中还要对数据类型进行声明。数据类型可以是能流（位输入操作）、布尔型、无符号数（字节型、字型、双字型）、有符号数（整数型、双整数）和实型。

在图3-76的子程序变量表中，各类型的参数在变量表中的位置是按以下先后顺序排列的。

1）最前面为能流，仅允许对位输入EN操作，是位逻辑运算的结果，在局部变量表中布尔能流输入处于所有类型的最前面。

2）其次为输入参数，用于传入子程序参数。由调用程序所传入的参数可以是直接寻址数据（如VB10）、间接寻址数据（如*AC1）、立即数（如16#2344）和数据存储单元的地址值（如&VB106）。

3）紧接着为输入/输出参数，用于传入/传出子程序参数。在调用子程序时将指定参数位置的值传到子程序；在子程序返回时从子程序得到的结果值被回传到同一地址。参数可以采用直接和间接寻址，但立即数（如16#1234）和地址值（如&VB100）不能作为参数。

4）然后子程序返回（输出）参数，用于传出子程序参数。它将从子程序返回的结果值送到指定的参数位置。输出参数可以采用直接和间接寻址，但不能是立即数或地址编号。

5）最后是TEMP类型的暂时变量，在子程序内部暂时存储数据，不能用来与主程序传递参数数据。

（3）参数子程序调用的规则

在使用带参数的子程序进行子程序调用指令时应遵循以下规则。

1）常数参数必须声明其数据类型；同一常数可以解释为不同的数据类型，为此，在使用常数作为子程序调用参数时，必须声明常数所属数据类型。例如，常数200000为无符号双字，在作为调用子程序的参数传递时，必须用DW#200000表示。

2）调用参数必须按照输入参数（IN）→输入/输出参数（IN/OUT）→输出参数（OUT）这样的顺序排列。

3）一般来说，子程序变量表中的参数应与调用程序传递的参数类型一致，但在传递时如果不一致，则子程序参数类型为调用程序参数类型。例如，子程序变量表中声明一个参数为实型，而在调用时对应使用的参数为双字类型，则子程序中的这个参数就是双字类型。

（4）变量表使用

在编辑子程序窗口的局部变量表中要加入一个参数，右击要加入的变量类型区可以得到一个选择菜单，选"Insert"（插入），然后选择"Row Below"（下一行）即可；若要删除一个参数，可以将鼠标指向最左边地址栏单击该行，然后按"Delete"删除键即可。局部变量表的变量使用局部变量存储器，编程软件从起始地址 L0.0 开始自动给各参数分配局部变量存储空间。

【例 3-32】 在 S7-200 编程软件中已设计好子程序（略）和变量表，子程序名为 SBR-0，其子程序变量表如图 3-76 中的表格所示。子程序调用指令示例如图 3-77 所示。

图 3-76 子程序变量表

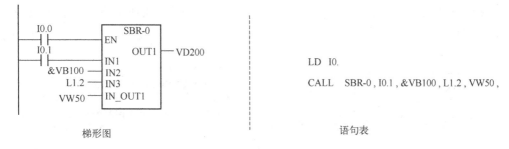

梯形图　　　　　　　　　　　　　　语句表

图 3-77 带参数子程序调用示例

本例中各类型参数含义如下。

子程序名为 SBR-0；子程序输入局部变量参数 IN1、IN2、IN3 分别对应调用程序传递的实际参数为 I0.1、&VB100、L1.2；子程序输入/输出参数为 VW50；子程序输出参数为 VD200。

本例工作过程如下。

1）调用程序中 I0.0 接通时，EN 有效，程序转移至子程序 SBR-0 执行；同时将调用程序的参数 I0.1 的状态、存储器 VB100 单元的地址、局部存储器位数据 L1.2 及存储器 VW50 单元的字数据按序分别传递给子程序中的变量 IN1、IN2、IN3 及 IN_OUT1。

2）执行子程序。

3）子程序 SBR-0 返回时，将子程序中的局部变量 IN_OUT1 及 OUT1 的值分别传给调用程序的 VW50 和 VD200，然后继续执行原来的调用程序。

3.7.5 "与"ENO 指令

ENO 是 LAD 中指令盒的布尔能流位输出端。在指令盒的能流输入 EN 有效，且执行指令盒操作没有出现错误时，ENO 置位，表示指令成功执行。

由于 STL 指令没有相应的 EN 输入指令，可用"与"ENO（AENO）指令来产生和指令盒中的 ENO 位相同的功能。

在应用程序中，可以将 ENO 作为允许位，作为后续使能控制的位信号，使能流向下传递执行。

AENO 指令格式如图 3-78 所示。

梯形图   语句表

图 3-78　AENO 指令格式

AENO 指令仅在 STL 中使用，它将栈顶值（必须为 1）和 ENO 位进行逻辑运算，运算结果保存到栈顶。

AENO 指令应用示例如图 3-79 所示，其功能是在执行整数加法指令 ADD_I 没有发生错误时，ENO 置"1"，作为中断连接指令 ATCH（第 5 章将介绍）的使能控制位信号，调用中断子程序 INT_0。

```
LD     I0.0
+I     VW100, VW104   // 整数加法运算
AENO                  // 使用"AENO"指令
ATCH INT_0, 10        // 调用中断子程序"INT_0"
                      // 中断类型号为"10"
```

图 3-79　AENO 指令应用示例

3.8　实验 3　常用基本逻辑指令编程

3.8.1　基本逻辑指令编程练习

1. 实验目的

1）进一步熟悉编程软件的使用方法及 I/O 端口连接方法。

2）验证并掌握基本逻辑指令、定时器、计数器的功能和编程格式。

3）掌握基本逻辑指令、定时器及计数器的使用方法和简单应用。

2．实验内容

按序分别完成以下基本逻辑指令编程。

1）具有互锁功能的 PLC 控制程序。

互锁功能控制程序参照图 3-15。

2）定时器实现占空比可调的脉冲发生器程序。

定时器实现占空比可调的脉冲发生器程序参照图 3-33。

3）利用计数器实现顺序控制程序。

利用计数器实现顺序控制程序参照图 3-49。

3．实验设备及元器件

1）S7-200 PLC 实验工作台或 PLC 装置。

2）安装有 STEP 7-Micro/WIN 编程软件的 PC。

3）PC/PPI+通信电缆线。

4）常开、常闭按钮若干个，指示灯及导线等必备元器件。

4．实验操作步骤

1）将 PC/PPI+通信电缆线与 PC 连接。

2）启动 STEP 7-Micro/WIN 编程软件，编辑相应实验内容的梯形图程序。

3）编译、保存并下载梯形图程序到 S7-200 PLC 中。

4）启动运行 PLC，观察运行结果，发现运行错误或需要修改程序则重复上面过程。

5．注意事项

1）选择输入常开按钮或常闭按钮，正确确定梯形图程序中相应的软触点（常开或常闭）的状态。

2）注意电源极性、电压值是否符合所使用 PLC 输入、输出电路及指示灯的要求。

6．实验操作报告

1）整理出运行调试后的梯形图程序。

2）写出该程序的调试步骤和观察结果。

3.8.2　简单三人抢答器项目编程

1．实验目的

1）进一步熟悉编程软件的使用方法及 I/O 端口连接方法。

2）验证并掌握基本逻辑指令、定时器、计数器的功能及编程格式。

3）掌握基本逻辑指令、定时器及计数器使用方法和简单应用。

2．实验内容

三人抢答器控制程序参照图 3-16，在此基础上增加抢答后回答问题定时时间报警。

3．实验设备及元器件

1）S7-200 PLC 实验工作台或 PLC 装置。

2）安装有 STEP 7-Micro/WIN 编程软件的 PC。

3）PC/PPI+通信电缆线。

4）常开、常闭按钮若干个，指示灯、导线等必备元器件。

4．实验步骤

1）进行 PLC 外部硬件线路连接。

2）将 PC/PPI+通信电缆线与 PC 连接。

3）启动编程软件，输入梯形图程序。

4）编译、保存并下载梯形图程序到 S7-200 PLC 中。

5）启动运行 PLC，观察运行结果，发现运行错误或需要修改程序则重复上面过程。

5．注意事项

注意电源极性、电压值是否符合所使用 PLC 输入、输出电路、接触器及指示灯的要求。

6．实验操作报告

1）分析外部连接开关及接触器与软继电器关系及功能。

2）观察电路工作状态，写出该电路工作过程和状态。

3）写出该程序的调试步骤和观察结果。

3.8.3 交通灯控制系统

1．实验目的

1）进一步熟悉编程软件的使用方法及 I/O 端口连接方法。

2）验证并掌握基本逻辑指令、定时器、计数器的功能及编程格式。

3）掌握基本逻辑指令、定时器及计数器的使用方法及简单应用。

4）掌握子程序设计及调用方法。

2．控制系统要求

控制系统要求如下。

（1）正常通行

启动运行 PLC，调用子程序 SBR_2，计时开始。先允许东西通行 30s，同时南北禁行 30s。即：东西绿灯亮 22s，闪 3s，接着黄灯闪烁 5s 为提醒信号，与此同时南北红灯亮 30s。接着允许南北通行 30s，同时东西禁行 30s。即：南北绿灯亮 22s，闪 3s，接着黄灯闪烁 5s 为提醒信号，与此同时东西红灯亮 30s。

（2）遇突发情况

1）只允许东西通行。调用子程序 SBR_0，东西绿灯亮，同时南北红灯亮。

2）只允许南北通行。调用子程序 SBR_1，南北绿灯亮，与此同时东西红灯亮。

3）禁止通行。调用子程序 SBR_3。

实现了突发情况或在重要节日里面可以选择禁止通行或单方向通行。

3．设备及元器件

1）S7-200 PLC 实验工作台或 PLC 装置，可扩展模块若干个。

2）安装有 STEP 7-Micro/WIN 编程软件的 PC。

3）PC/PPI+通信电缆线。

4）常开、常闭按钮若干个，红、绿、黄指示灯各 2 个，以及导线等必备元器件。

4．控制系统设计

（1）PLC 控制系统 I/O 资源分配

根据交通灯功能要求，PLC 控制系统 I/O 资源分配见表 3-4。

表 3-4　系统 I/O 资源分配表

名称	代码	地址	名称	代码	地址
启动按钮	SB1	I0.0	南北红灯	KM1	Q0.0
停止按钮	SB2	I0.1	南北绿灯	KM2	Q0.1
全部禁行止按钮	SB3	I0.2	南北黄灯	KM3	Q0.2
东西通行按钮	SB4	I0.4	东西红灯	KM4	Q0.3
南北通行按钮	SB5	I0.5	东西绿灯	KM5	Q0.4
			东西黄灯	KM6	Q0.5

（2）选定 PLC 型号

根据 I/O 资源的配置可知，系统共有 5 个开关量输入点、6 个开关量输出点。考虑到 I/O 点的利用率和 PLC 的价格，可选用西门子公司的 S7-200 PLC CPU 224CN。

（3）控制系统接线图

按表 3-4 系统 I/O 资源分配 PLC 交通灯外围接线图如图 3-80 所示。PLC 的输入开关量 I0.0、I0.1、I0.2、I0.4、I0.5 分别用来检测来自按钮 SB1、SB2、SB3、SB4 及 SB5 的输入信号，PLC 的输出开关量 Q0.0～Q0.5 的输出值，用于驱动外部控制继电器，以实现相应的控制动作。

图 3-80　PLC 交通灯外围接线图

（4）控制系统软件设计

PLC 交通灯梯形图程序如图 3-81 所示。

5. 实验操作步骤

1）将 PC/PPI+通信电缆线与 PC 连接。

2）按图 3-80 连接 PLC 外部控制开关和东西南北信号灯 I/O 设备接线。

3）启动编程软件，编辑输入图 3-81 所示交通灯控制程序。

图 3-81　交通灯梯形图程序

4）编译、保存并下载梯形图程序到 S7-200 PLC 中。

5）启动运行 PLC，观察运行结果，发现运行错误或需要修改程序则重复上面过程。

6. 注意事项

1）正确选用定时器的分辨率和设定值。

2）注意电源极性、电压值是否符合所使用 PLC 输入、输出电路及指示灯的要求。

7. 实验操作报告

1）整理出运行调试后的梯形图程序。

2）写出该程序的调试步骤和观察结果。

3.9 思考与练习

1．指出 S7-200 语句表指令和梯形图指令的基本格式。

2．指出操作数 I0.1、IB0、Q0.1、QB0、VB100、VD100、VW100、SM0.1 表示什么含义。

3．解释以下指令符号或名词的含义。

    LD   LDN   LDI   LDNI   EU   ED   逻辑块   置位   复位   堆栈   子程序

4．图 3-82 所示为用 PLC 控制电路，SB1 为常开按钮，SB2 为常闭按钮，KM1 为中间继电器。

图 3-82　PLC 开关控制电路

1）指出电路中哪些是输入/输出点，哪些是输入/输出映像寄存器。它们之间是什么关系？

2）编程实现按下 SB1，KM1 得电。

3）编程实现按下 SB2，KM1 得电。

4）编程实现未按下 SB2，KM1 得电，按下 SB2，KM1 失电。

5）编程实现某电动机控制电路，要求按下 SB1，Q1.0 为 ON，KM1 通电且自锁；按下 SB2，Q1.0 为 OFF，KM1 失电。

6）若将 SB2 改为常开按钮，其他不变，要求按下 SB1，Q1.0 为 ON，KM1 通电且自锁；按下 SB2 仍使 KM1 失电，梯形图程序是否改变？如何改变？为什么？

5．常用的逻辑指令有哪几类？都包含哪些指令？

6．常用的程序控制指令有哪几类，并简述它们的作用。

7．解释定时器的位状态、当前值及分辨率的含义。

8．S7-200 PLC 定时器中共有几种分辨率？它们的刷新方式有何不同？对它们执行复位操作后，它们的当前值和位的状态是什么？

9．定时器标识符"T37"在程序中因位置不同有几种含义？

10．利用定时器编写实现通电延时 30s 的梯形图程序（使用 I0.1 为输入控制、Q0.1 为延时输出）。

11．设计一个 8h 长延时定时器。

12．利用定时器编写实现断电延时 30s 的梯形图程序（使用 I0.1 为输入控制、Q0.1 为延时输出）。

13. 设计一个周期为 1s，占空比为 40%的方波（Q0.1 输出）程序。

14. 计数器有什么作用？在 S7-200 PLC 中有哪几类计数器？

15. 利用递增计数器编写对 I0.2 计数脉冲计数，当计数器当前值等于 20 时，驱动定时器延时 1s 后置 Q0.2 为 ON。

16. 设计一个密码锁控制程序，密码为 1234。

17. 使用一个按钮，设计一个电子分段开关，第一次按下按钮驱动 Q0.0 为 ON，第二次按下按钮驱动 Q0.1 为 ON，第三次按下按钮驱动 Q0.2 为 ON，第四次按下按钮 Q0.0～Q0.1 全部复位。

18. 根据图 3-83 中的梯形图程序，写出其对应的语句表程序，并判断其功能。

图 3-83   PLC 梯形图程序

19. 根据本题中的语句表程序，写出其对应的梯形图程序，并判断其功能。

```
Network 1
LD      I0.0
LD      I0.1
LD      I0.2
CTUD    C1, 6
Network 2
LD      C1
=       Q0.0
```

20. 设计一子程序，实现将输入继电器 IB0 的状态通过输出继电器 QB0 显示。主程序在 I1.0 的控制下，调用该子程序。

21. 设计一个四人抢答器，要求如下。

1）主持人按下按钮 I0.0 开始本题抢答，10s 后无人抢答则复位，进入下一抢答题。

2）抢答后，封锁其他选手按钮，超过 30s 后计为超时，必须停止答题。

3）回答问题正确，主持人控制本人成绩计数器加 1，否则，本人成绩计数器减 1。

22. 在使用本章指令编写 PLC 程序时，你总结的编程方法是什么？

第4章　PLC开关量及顺序控制梯形图程序设计方法

利用前面所介绍的 S7-200 系列 PLC 基本指令编程，设计者需要以自身的工作经验，根据一般电路结构及逻辑控制要求来设计梯形图程序，并通过反复调试和不断地修缮梯形图程序，以求达到满意的控制效果。这种设计方法在某种程度上带有随意性和试探性，没有一套固定的解决方法和编程步骤，特别是对于需要大量的中间单元完成记忆、互锁和联锁等功能的控制系统，很容易出现错误，即使程序正确也不易阅读和修改。为了便于编程，需要对以上编程过程进行融合、归整和完善，以形成有规律的编程流程和方法，特别是对于一些较复杂的程序结构，需要采用 PLC 提供的更加有效的顺序控制编程方法。

本章首先通过 S7-200 系列 PLC 基本指令的编程，整理和介绍开关量梯形图程序设计的一般方法。然后介绍顺序功能图的基本概念和结构，最后重点介绍顺序控制的编程方法、S7-200 系列 PLC 顺序控制指令及应用。

4.1　PLC 开关量梯形图程序设计方法

本节仅依据 PLC 基本指令的编程经验和方法，整理归类介绍 PLC 梯形图的继电器电路结构设计法、经验设计法及逻辑代数设计法。

在实际设计梯形图程序的过程中，这些方法不一定是固定的，而是相互借鉴和相互融合的。

4.1.1　基于继电器电路结构的梯形图程序设计方法

根据传统的继电器（梯形）电路，将其转换为相似的 PLC 梯形图，是设计 PLC 梯形图程序的直观有效的方法。

继电器电路是通过电气元器件组成的硬件电路实现其相应的控制功能的。在使用 PLC 替代继电器电路时，首先要进行 PLC 外部电路接口（硬件）设计，然后根据接口电路设计梯形图程序（软件），这种软硬件设计必须与相应的继电器电路等效。

PLC 的 I/O 端口应该直接连接原继电器电路的终端设备（如输入开关和输出继电器负载），而梯形图程序则描述了 PLC 内部逻辑关系与外部设备连接的软继电器。

1. 设计步骤及方法

继电器电路图转换成功能相同的 PLC 的外部接线图和梯形图的步骤和方法如下。

（1）熟悉继电器电路

了解和熟悉被控设备的工作原理、工艺过程和机械的动作情况，根据继电器电路图分析和掌握控制系统的工作原理。

（2）确定 PLC 的输入信号和输出控制（负载）

1）按钮、操作开关、行程开关、接近开关及传感器开关信号等用来给 PLC 提供控制命令和反馈信号，它们的触点直接连接在 PLC 的输入端口。

2）继电器电路图中的交流接触器和电磁阀等执行机构的线圈（负载）由 PLC 的输出位来控制，在负载电流较小时可以由 PLC 的输出端口直接控制，否则，由中间继电器间接控制。

（3）非输入/输出继电器

继电器电路图中的非输入/输出继电器，如时间继电器、中间继电器和保护功能的继电器，可以用 PLC 内部的定时器及辅助继电器等元件完成，并确定元件号（地址）。

（4）画出 PLC 的外部接线图

确定 PLC 各开关量输入信号与输出负载对应的输入位和输出位的地址（即 I/O 分配），画出 PLC 的外部接线图，为梯形图的设计打下基础。

（5）根据上述的对应关系画出梯形图

根据继电器电路结构，画出 PLC 的梯形图程序后，根据电路情况对梯形图进行修改直至满足控制要求。

在继电器电路直接转换为梯形图程序时，对于启动和停止控制开关在梯形图中作用，应特别注意以下方面。

1）PLC 是通过输入继电器来识别对外部开关是闭合的还是断开的，但 PLC 不能识别外部开关是常开开关还是常闭开关。

2）如果 PLC 外部端口对应的启动控制开关为常开开关，则梯形图程序中相应的是常开触点（如 I0.0、I0.1）；如果 PLC 外部端口对应的启动控制开关为常闭开关，则梯形图程序中相应的触点必须为常闭触点。

3）如果 PLC 停止控制开关为常开开关，则梯形图程序中相应的触点为常闭触点；如果 PLC 外部停止开关为常闭开关，则在梯形图程序中对应为常开触点。

【例 4-1】 图 4-1 是将继电器自锁电路转换为 PLC 控制电路及梯形图程序。

图 4-1 继电器电路转换为梯形图程序

a) 继电器控制电路 b) PLC 梯形图 c) PLC 外部 I/O 接口电路

其中，图 4-1a 为继电器电路；图 4-1c 为转换后的 PLC 端口接线，这里 SB1（控制 I0.0）、SB2 控制功能和继电器电路完全一样；图 4-1b 为转换后的 PLC 梯形图程序。

可以看出，梯形图程序和继电器电路结构基本相同，只不过继电器电路中的停止（常闭）按钮，在梯形图中必须对应为常开触点，否则电路不能正常工作。

2. 注意事项

根据继电器电路结构来设计 PLC 的外部接线图和梯形图程序时应注意以下问题。

（1）遵守梯形图语言中的语法规定

由于工作原理不同，梯形图不能照搬继电器电路中的某些处理方法。例如，在继电器电路中，触点可以放在线圈的两侧，但是在梯形图中，线圈必须放在电路的最右边。

（2）适当地分离继电器电路

1）设计继电器电路的一个基本原则是尽量减少电路中使用的触点的个数，以降低成本，但是这往往会使某些线圈的控制电路交织在一起。在设计梯形图时要首先考虑到梯形图程序的易阅读和易理解，并不用在意是否多用几个触点，因为梯形图中的触点基本上都是软触点。

2）设计梯形图时以线圈为单位，分别考虑继电器电路图中每个线圈受到哪些触点和电路的控制，然后以此设计相应的等效梯形图电路。

（3）尽量减少 PLC 的 I/O 点

PLC 的价格与 I/O 点数有关，因此输入、输出信号的点数是降低硬件费用的主要措施。

（4）设置中间单元

在梯形图中，如果多个线圈同时由某一触点串并联后控制，为了简化程序，在梯形图中可以设置中间单元，即用来控制某存储位，在各线圈的控制电路中使用其常开触点。这种中间元件类似于继电器电路中的中间继电器。

（5）设立外部互锁电路

控制异步电动机正反转的交流接触器，为了防止同时动作出现事故，除了在梯形图中设置互锁触点外，还需要在 PLC 外部设置硬件互锁电路。

（6）外部负载的额定电压

PLC 外部工作电压应以负载需求而定。例如，PLC 双向晶闸管输出模块与继电器输出模块一般只能驱动额定电压 AC 220V 以下的负载，如果继电器电路原来的交流接触器的线圈电压为 380V，在 PLC 控制时，则应改为线圈电压为 220V 的交流接触器或中间继电器进行转换控制。

（7）热继电器过载信号的处理

如果热继电器属于自动复位型，其触点提供的过载信号必须通过输入电路提供给 PLC，用梯形图实现过载保护；如果属于手动复位型热继电器，其常闭触点可以在 PLC 的输出电路中与控制电动机的交流接触器的线圈串联。

基于继电器电路结构的梯形图程序设计方法对于简单的控制系统是可行的，但是它不适应较复杂的继电器控制电路。因为这种方法是将原继电接触控制电路器件的触点与 PLC 的编程符号一一对应而成的，程序仍束缚于继电接触控制电路设计的范围内，而且编制的程序往往不能一次通过，需要反复调试修改。

4.1.2 梯形图经验设计方法

所谓的经验设计法是指利用已有的设计经验（一些典型的控制程序、控制方法等），对其进行重新组合或改造，再经过多次反复修改，最终得出符合要求的梯形图控制程序。

实际上，经验设计法只不过是在典型电路的基础上，根据被控对象对控制系统的具体要求，不断地修改和完善梯形图，有时需要多次反复地进行调试和修改梯形图，不断地增加中间编程元件和辅助触点，最后才能得到一个较为满意的结果。因此，经验设计法没有普遍的规律可以遵循，具有很大的试探性和随意性，最后的结果也不是唯一的，设计所用的时间、设计质量与设计者的经验有很大的关系。

经验设计法用于比较简单的梯形图程序设计。用经验设计法编程，可归纳为以下 4 个步骤。

1．根据工艺分析得出控制模块

在准确了解控制要求后，对控制系统中的事件进行模块划分，得出控制要求需要几个模块组成、每个模块要实现什么功能、模块与模块之间的联系及联络方法等内容，将要编制的梯形图程序分解成功能独立的子梯形图程序。

2．功能及端口定义

对控制系统中的输入主令元件和输出执行元件进行功能、编码与 I/O 口地址的分配，设计 I/O 接线图。为方便后期的程序设计，对于一些要用到的内部软元件，也要进行地址分配。

3．控制模块梯形图程序设计

根据已划分的控制模块，分别进行梯形图程序的设计。可以根据实现控制模块的电路原理、电路实践经验及典型的控制程序，逐步由左到右、由上到下编写梯形图程序。然后对控制程序进行比较、修改和补充，选择最佳方案。

4．组合为系统梯形图程序

对各个控制模块的程序进行组合，得出系统梯形图程序。然后，对程序进行补充、修改和完善，得出一个功能完整的系统控制程序。

经验设计法在设计梯形图程序时应注意以下要点。

1）输入信号逻辑组合。利用输入信号逻辑组合直接控制输出信号。在设计梯形图时应考虑输出线圈得电条件、失电条件及自锁条件等，注意程序的启动、停止及连续运行。

2）在输入信号逻辑组合不方便时，可以利用辅助元件和辅助触点建立输出线圈得电和失电条件。

3）在输出线圈得电和失电条件中需要定时或计数或应用指令的执行结果时，则可对它们的触点进行逻辑组合来实现。

4）在梯形图主要功能部分能够满足要求后，再增加其他的功能。例如，可以串入各个输出线圈间的互锁条件等。

5）要注意和利用系统是否出现异常时的动作条件，作为生产过程中发生故障或安全方面的保护条件，直接作为输出线圈逻辑（与）组合使能控制的条件之一。

4.1.3 梯形图逻辑设计法

当 PLC 主要用于对开关量控制时，使用梯形图逻辑设计法思路清晰，所编写的程序易于优化，是一种较为实用可靠的程序设计方法。

由于电气控制线路与逻辑代数有一一对应的关系，因此对开关量的控制过程可用逻辑代数式表示、分析和设计，逻辑代数设计法基本步骤如下。

1）用不同的逻辑变量来表示各输入、输出信号，根据控制要求列出逻辑代数表达式。

2）对逻辑代数式进行化简。

3）根据化简后的逻辑代数表达式设计梯形图。

下面举一简单例子来具体说明。

【例 4-2】根据图 4-2 所示的功能流程图（在 4.2 节中将有介绍），写出对应的基于位存储器 M 的逻辑关系表达式，并由其设计梯形图程序。

由图生成的各状态对应的逻辑关系表达式如下。

$$M0.0 = (SM0.1 + M0.3 \cdot I0.4 + M0.0) \cdot \overline{M0.1} \cdot \overline{M0.2}$$

$$M0.1 = (M0.0 \cdot I0.0 + M0.1) \cdot \overline{M0.3}$$

$$M0.2 = (M0.0 \cdot I0.2 + M0.2) \cdot \overline{M0.3}$$

$$M0.3 = (M0.1 \cdot I0.1 + M0.2 \cdot I0.3) \cdot \overline{M0.0}$$

$$Q0.0 = M0.1$$

$$Q0.1 = M0.2$$

$$Q0.2 = M0.3$$

图 4-2 功能流程图

根据以上 7 个逻辑关系表达式，对应网络 1～网络 7 的梯形图程序如图 4-3 所示。

图 4-3 逻辑代数法产生的梯形图程序

4.2 PLC功能图概述

4.2.1 功能图基本概念

功能图也称为功能流程图，它是专用于工业顺序控制程序设计的一种方法，是一种功能描述语言。利用功能图可以向设计者提供控制问题描述方法的规律，能完整地描述控制系统的工作过程、功能和特性。

功能图的基本元素为状态、转移与有向线段以及动作说明。

1. 状态

顺序控制编程方法的基本思想是将控制系统的工作周期划分为若干个顺序执行的工作阶段。这些阶段称为状态，也称流程步或工作步，它表示控制系统中的一个稳定状态。在功能图中，状态以矩形方框表示，框中用数字表示该状态的编号，编号可以是实际的控制步序号，也可以是PLC中的工作位编号，如图4-4a所示。

对于系统的初始状态，即系统运行的起点，也称为初始步，其图形符号用双线矩形框表示，如图4-4b所示，在实际使用时，为简单起见，初始状态也可用单矩形框或一条横线表示。每一个系统至少需要一个初始步。

2. 转移与有向线段

转移就是在切换条件的控制下，从一个稳定状态变化为另一个稳定状态。

两个状态之间用一个有向线段表示，向下转移时有向线段的箭头可以省略；向上转移时有向线段必须以箭头表示方向。可以在有向线段上加一横线，在横线旁加上文字、图形符号或逻辑表达式，用于标注描述转移的条件。相邻状态之间的转移条件满足时，就从一个状态按照有向线段的方向向另一个状态转换，如图4-5所示。

图4-4 状态及初始状态图形

图4-5 转移及条件图形

3. 动作说明

动作是状态的属性，是描述每一个状态需要执行的功能操作。动作说明是在"步"的右侧加一矩形框，并在框中加文字对动作进行说明，如图4-6所示。

4.2.2 功能图结构

功能图结构符合结构化程序设计的要求，主要有顺序结构、选

图4-6 动作说明图形

择性分支结构、并发性分支结构、循环结构及混合结构。

1．顺序结构

顺序结构也称为单流程，它是最简单的一种结构，其状态是按序变化的，每个状态与转移仅连接一个有向线段，功能图如图4-7所示。

2．选择性分支结构

选择性分支结构是指下一个状态是多分支状态，但只能转入其中的某一个控制流状态，具体进入哪个状态，取决于控制流前面转移条件为真的分支。选择性分支结构如图 4-8 所示。

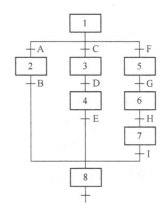

图 4-7　顺序结构功能图　　　　图 4-8　选择性分支结构功能图

在图4-8中，状态1下面有三个分支，根据分支转移条件A、C、F来决定选择哪一个分支。如果某一个分支转移条件得到满足，则转入这一分支状态。一旦进入这一分支状态后，就不再执行其他分支。

3．并发性分支结构

如果某一个状态的下面需要同时启动若干个状态流，这种结构称为并发性分支结构。并发性分支结构如图4-9所示。

并发性分支结构工作过程如下。

1）分支开始是用双水平线将各个分支相连，双水平线上方只需要一个转移条件A，称为公共转移条件。如果公共转移条件满足，则由状态1并行转移到状态2、状态4和状态6。

2）公共转移条件满足时，同时执行多个分支状态，但由于各个分支状态完成的时间不同，所以每个分支状态的最后一步通常设置一个等待步，以求同步结束。

3）分支结束用双水平线将各个分支汇合，水平线上方一般没有转移，下方有一个公共转移，转移条件为D。

4．循环结构

循环结构用于一个顺序过程的多次重复执行，如图4-10所示。

在图4-10中，在满足转移循环条件E时，由状态4转移到状态2循环执行。

图 4-9　并发性分支结构功能图　　　　　　图 4-10　循环结构功能图

5．复合结构

复合结构可以是一个集顺序、选择性分支、并发性分支和循环结构部分或全部混合使用于一体的结构，其功能图可以嵌套使用。使用复合结构的功能图，基本上可以描述以位控为主要目的的任何复杂的控制结构，这里不再详述。

4.2.3　功能图转换成梯形图

功能图作为控制系统的描述工具，一般是不能被 PLC 软件直接接受的，需要将功能图转换成梯形图程序后才能被 PLC 软件所识别。

一般情况下，使用功能图设计 PLC 程序时，首先根据控制要求设计出功能图，然后利用 PLC 适宜的编程方法或顺序控制指令将其转换为梯形图程序。在功能图向梯形图转换时应采用以下方法。

1．进入有效工作状态

如果需要启动功能图中的某一个工作状态，则在梯形图中，就在该工作状态执行条件上连接或并联一个得电条件。

PLC 上电后，有的程序需要 PLC 马上进入有效工作状态，若是使用启动按钮使程序进入有效工作状态，应注意设置相应的启动条件。

2．停止有效工作状态

如果需要停止正在运行的工作状态，则在梯形图中，就需要在工作状态的执行条件上串联停止条件，一般需要在每一个工作状态的执行条件上都串联一个失电条件。

如果需要在程序运行过程中重新启动程序，也需要先停止所有工作状态的执行，再启动程序。

3．最后一个工作状态

最后一个工作状态执行完后，一般需要转移到初始工作状态循环执行程序，在梯形图中，则应将最后一个工作状态在满足转移条件时转移到初始工作状态。

4．工作状态的转移条件

转移条件可以是来自 PLC 外部的按钮、行程开关或传感器的输出等，也可以是来 PLC 内部的定时器、计数器和功能块的输出等。

5．工作状态的得电和失电

工作状态的得电条件是该状态的上一工作状态是有效工作状态，而该状态的下一状态没有被激活，这时如转移条件为真，则该工作状态就会得电被激活。

工作状态的失电条件是该状态的下一工作状态得电条件。

一般情况下，工作步都需要自锁。工作状态的梯形图如图4-11所示。

图 4-11　工作状态的梯形图

6．选择性分支

选择性分支就是在工作状态得电的条件中增加一个选择条件，选择条件如果得到满足，则工作状态得电。

如果在启动程序时出现选择性分支，则工作状态的得电条件应该同时满足启动条件与选择条件。如在工作状态转移时出现选择性分支，则工作状态得电条件应该同时满足转移条件与选择条件。

7．并发性分支

并发工作状态是在一个得电条件下，所有并发分支都得电，其得电条件是一样的。

由于所有并发工作状态全部结束后才能进行工作状态转移，所以在梯形图中，对所有并发分支的转移条件必须实现逻辑"与"。

8．第0工作状态

一般情况下，第0工作状态是PLC上电后的状态。第0工作状态的一个得电条件是除0状态以外的其他工作状态都无效。

当停止条件出现后，程序应该回到第0工作状态。

9．动作输出

在有些简单系统中，工作状态就是动作输出。在梯形图中，工作状态的继电器就是 PLC 的输出继电器。而在有些系统中，动作输出是工作状态的逻辑组合。

动作开始时刻就是工作状态得电时刻，动作结束时刻就是工作状态的失电时刻。

4.3　顺序控制梯形图设计方法应用

所谓顺序控制，也就是按照生产过程规定的操作顺序，把生产过程分成各个操作段，在输入信号的控制下，根据过程内部运行的规律、要求和输出对设备的控制，按顺序一步一步地进行操作。

利用顺序控制设计方法，可以较容易编写出复杂的顺序控制程序，从而加强程序的可靠性，提高编程工作效率。

顺序控制的设计步骤如下。

1）首先将被控制对象的工作过程按输出状态的变化分为若干状态（步），并指出状态之间的转换条件和每个状态的控制对象，以此确定 PLC 输入/输出端口分配。

2）以状态为核心，画出顺序功能图。

3）选择适应的顺序控制设计方法，将功能图转换为梯形图程序。

顺序控制设计方法一般可以采用起、保、停电路设计方法，逻辑表达式方法及置位、复位指令设计等方法，也可以使用功能强大的 PLC 专用顺序控制指令（见 4.4 节）设计方法。

4.3.1 基于起、保、停电路的顺序控制梯形图程序设计方法

所谓起、保、停电路编程方法，即确定状态（步）的起动条件、停止条件和工作状态转换条件。状态转换条件必须满足它的前一状态为活动状态同时转换条件成立。起、保、停电路仅仅使用触点及线圈编程即可实现状态激活和转换。

在起、保、停电路的梯形图中，为了实现状态的转换，总是将代表前级状态的继电器的常开接点与转换条件对应的接点串联，作为代表后续状态的继电器得电的条件。当后续状态被激活时，应将前级状态关断。所以，代表后续状态的继电器常闭接点应串联在前级状态的电路中。考虑到起、保、停电路在自起动条件时，往往采用 SM0.1 的常开触点，其接通的时间只有开机后的一个扫描周期，因此，必须设计有记忆功能的控制电路程序。

设顺序结构（单流程）功能图如图 4-12 所示。

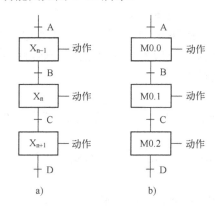

图 4-12 单流程顺序结构功能图

顺序结构功能图的特点是每一工作状态后面只有一个转换条件，每个转换条件后面只有一个状态，各个工作状态按顺序执行。如果上一工作状态执行结束，在转换条件成立时，立即开通下一工作状态，同时关断上一工作状态。

在图 4-12a 中，当 n-1 为活动步（状态）时，转换条件 B 成立，则转换实现，n 步变为活动步，同时 n-1 步关断。由此可见，第 n 步成为活动步的条件是 $X_{n-1}=1$，$B=1$；第 n 步关断的条件只有一个 $X_{n+1}=1$。用逻辑表达式表示功能流程图的第 n 步开通和关断条件如下。

$$X_n = (X_{n-1} \cdot B + X_n) \cdot \overline{X_{n+1}}$$

等号左边 X_n 表示第 n 工作步的状态；等号右边 X_n 表示自保持信号，B 表示转换条件，$\overline{X_{n+1}}$ 表示关断第 n+1 步的条件。

可以利用前面已介绍的 PLC 一般逻辑指令通过位存储器 M 实现顺序控制设计。

其基本设计思想是，使用位存储器 M 表示工作步，当某一工作步为活动步时，相应的存储器位 M 为 "1" 状态，其余步均为 "0" 状态。从起始步开始一步一步地按序设计，直至将功能图的全部转换为梯形图程序。

这里，使用存储器位 M0.0、M0.1、M0.2 分别表示表示第 n-1、n、n+1 工作步状态，如图 4-12b 所示。

设转换条件 B 为 I0.0 为 ON，第 n 工作步动作为驱动 Q0.1，则第 n 工作步状态的梯形图如图 4-13 所示。

【例 4-3】 根据图 4-14 所示的顺序功能图，设计出梯形图程序。

图 4-13 工作步梯形图   图 4-14 顺序功能图

依据起、保、停电路设计方法，图 4-14 中代表工作步的各存储器位对应的状态逻辑关系为

$$M0.0 = (SM0.1 + M0.2 \cdot I0.2 + M0.0) \cdot \overline{M0.1}$$
$$M0.1 = (M0.0 \cdot I0.0 + M0.1) \cdot \overline{M0.2}$$
$$M0.2 = (M0.1 \cdot I0.1 + M0.2) \cdot \overline{M0.0}$$
$$Q0.0 = M0.1 + M0.2$$
$$Q0.1 = M0.2$$

这里，Q0.0 输出继电器在 M0.1、M0.2 步中都被接通，所以将 M0.1 和 M0.2 的常开接点并联去驱动 Q0.0；Q0.1 输出继电器只在 M0.2 步为活动步时才接通，所以用 M0.2 的常开接点驱动 Q0.1。梯形图程序如图 4-15 所示。

在顺序功能图中，只有当某一步的前级步是活动步时，该步才有可能变成活动步。为了防止 PLC 进入 RUN 工作方式时，各工作步均处于 OFF 状态，应该使用初始化脉冲 SM0.1 的常开触点作为转换条件，将初始步激活。

图 4-15　使用存储器位 M 的顺序控制梯形图程序

【例 4-4】 某工业过程控制要求在输入端口 I0.0 上升沿时，驱动 Q0.0 为 ON（电动机 1 起动），延时 5s 后驱动 Q0.1 为 ON（电动机 2 起动）。在输入端口 I0.1 上升沿时，Q0.1 为 OFF（电动机 2 停止运行），延时 5s 后，Q0.0 也为 OFF（电动机 1 停止运行）。把它转换为功能图，根据功能图设计 PLC 梯形图程序。

根据题意要求，为解题方便，首先画出时序图。然后，将时序图转换为功能图，然后根据位存储器 M 实现顺序控制设计的设计思想，按照起、保、停实现控制设计方法直接画出梯形图程序，如图 4-16 所示。

由顺序功能图可知：

1）初始步 M0.0 的前级步是 M0.3，定时器 T38 的常开触点为 ON 时为 M0.3 到 M0.0 之间的转换条件，所以应将 M0.3 和 T38 的常开触点串联，作为 M0.0 的得电条件。

2）初始步 M0.0 的后级步是 M0.1，所以应将 M0.1 的常闭触点串联在 M0.0 的得电条件中。

3）由于 PLC 开始运行时必须置 M0.0 为 1，在 PLC 开始运行的第一扫描周期 SM0.1 为 ON，故其常开触点与 M0.0 的得电条件并联。

图 4-16　顺序控制时序图、功能图和梯形图程序

4）并联了 M0.0 常开触点实现其自锁功能。

5）后续步 M0.1 的常闭触点与 M0.0 的得电条件串联，M0.1 激活后，使 M0.0 的线圈"断电"，初始步变为不活动步。

4.3.2　基于置位、复位指令的顺序控制设计方法

使用 S7-200 系列 PLC 的置位和复位指令，可以实现同一个线圈的置位和复位。所以，置位和复位指令可以实现以转换条件为中心的顺序编程。

在当前步为活动步且转换条件成立时，使用置位 S 指令将代表后续步的继电器置位（激活），同时使用复位 R 指令将该步复位（关断）。

仍以图 4-14 所示的顺序功能图为例，应将 M0.0 的常开触点和转换条件 I0.0 的常开触点串联作为 M0.1 置位的条件，同时也作为 M0.0 复位的条件。

置位、复位指令的顺序控制设计方法有规律可循，即每一步的转换都对应一个置位/复位操作。

实现图 4-14 功能图的置位、复位指令顺序控制梯形图程序如图 4-17 所示。

图 4-17 置位、复位指令顺序控制梯形图程序

4.4 顺序控制指令及应用

为了便于实现功能图描述的控制要求，特别是较复杂的顺序控制程序的设计，S7-200 系列 PLC 提供了专用的顺序控制指令。

4.4.1 顺序控制指令

S7-200 PLC 提供了三条顺序控制指令，其指令的格式、功能及操作数形式见表 4-1。

表 4-1 顺序控制指令的形式及功能

STL 指令	LAD 指令	功能	操作对象 bit
LSCR bit	bit ─┤ SCR ├	顺序状态开始	顺序控制继电器 S（位） （S0.0～S31.7）
SCRT bit	bit ─(SCRT)	顺序状态转移	顺序控制继电器 S（位） （S0.0～S31.7）
SCRE	─(SCRE)	顺序状态结束	无

（1）顺序状态开始/结束指令（LSCR/SCRE）

LSCR 指令（在前）为功能图中一个状态的开始，SCRE 指令（在后）为这个状态的结束，其中间部分为顺序段（SCR 段）程序，该段程序对应功能图中状态的动作指令。LSCR 指令操作对象 bit 为顺序控制继电器 S 中的某个位（范围为 S0.0～S31.7），当某个位有效时，激活所在的 SCR 段程序。S 中各位的状态用来表示功能图中的一种状态。

（2）顺序状态转移指令 SCRT

在输入控制端有效时，SCRT 指令操作数 bit 置位，激活下一个 SCR 段的状态（下一个 SCR 段的开始指令 LSCR 的 bit 必须与本指令的 bit 相同），使下一个 SCR 段开始工作，同时使该指令所在段停止工作，状态器复位。

在每一个 SCR 段中，需要设计满足什么条件后使状态发生转移，这个条件作为执行 SCRT 指令的输入控制逻辑信号。

【例 4-5】 利用顺序控制指令将顺序功能图转换为梯形图和语句表程序。其示例如图 4-18 所示。

程序中顺序控制指令结构和功能如下。

1）LSCR（SCR）表示状态 1 的开始，SCRE 表示状态 1 的结束。

2）状态 1 的激活条件是 SM0.1 有效，驱动置位指令置 S0.0=1。

3）在状态 1 中实现驱动 Q0.0。

4）状态 1 转移到状态 2（S0.1）的条件是 I0.1 有效，执行 SCRT 指令，同时状态 1 复位。

图 4-18　顺序控制指令应用示例

4.4.2　顺序控制指令应用

1．简单单流程

单流程功能图的每个状态仅连接一个转移，每个转移仅连接一个状态。

【例 4-6】 某控制系统功能图如图 4-19a 所示，使用顺序控制指令将功能图转换为梯形图，如图 4-19b 所示，相应的 STL 指令如图 4-19c 所示。

图 4-19　简单流程顺序控制梯形图

a) 顺序功能图　b) 梯形图　c) 语句表

本例中功能图与梯形图的转换及工作过程如下。

1）由功能图看出，初始化脉冲 SM0.1 用来置位 S0.0，状态 1 激活；该功能在梯形图中转换为由 SM0.1 控制置位指令 S，实现 S0.0=1。

2）在状态 1 的 SCR 段要做的工作（动作）是置 Q0.0 为 ON，梯形图中使用 SM0.0 控制 Q0.0。这是因为线圈不能直接和母线相连，所以常用特殊中间继电器 SM0.0 位来完成动作任务。

3）由功能图看出，状态 1 向状态 2 的转移条件是 I0.1 有效，在梯形图中转换为由输入触点 I0.1 控制状态转移指令 SCRT，其操作数 bit 为 S0.1，它是状态 2 的激活控制位。一旦状态 2 被激活，则本状态 1 的 SCR 段停止工作，状态 1 自动复位。

4）状态 2 的动作是启动定时器，梯形图中使用 SM0.0 控制定时器 T37，定时器分辨率为 100ms，设定值为 10，定时时间为 1s。

5）由功能图看出，状态 2 向状态 3 的转移条件是定时器 T37（定时时间 1s）。梯形图中，通过 T37 的常开触点闭合控制状态 2 的 SCRT 指令，其操作数据 bit 为状态 3 的激活位。一旦状态 3 被激活，则状态 2 的 SCR 段停止工作，状态 2 自动复位。

2．并发性分支和汇集

在控制系统中，常常需要一个顺序控制状态流并发产生两个或两个以上不同分支控制状态流，在这种情况下，所有的并发产生的分支控制状态流必须同时激活；多个分支控制流完成其动作任务后，也可以把这些控制流合并成一个控制流，即并发性分支的汇集，在转移条件满足时才能转移到下一个状态。

【例4-7】 某并发性分支和汇集控制系统功能图、梯形图及语句表如图4-20所示。

图4-20 并发性分支和汇集功能图举例

程序中，并发性分支的公共转移条件是 I0.0 有效，程序由状态 S0.0 并发进入 S0.1 和 S0.3。

需要特别说明的是，并发性分支在汇集时，要同时使各分支状态转移到新的状态，完成新状态的启动。另外在状态 S0.2 和 S0.4 的 SCR 程序段中，由于没有使用 SCRT 指令，所以 S0.2 和 S0.4 的复位不能自动进行，最后要用复位指令对其进行复位。这种处理方法在并发性分支的汇集合并时会经常用到，而且在并发性分支汇集合并前的最后一个状态往往是"等待"过渡状态。它们要等待所有并发性分支都为"真"后一起转移到新的状态。这时的转移条件永远为"真"，而这些"等待"状态不能自动复位，它们的复位需要使用复位指令来完成。

4.4.3　顺序指令使用说明

顺序控制指令由于自身的特殊性及其操作数据的有限范围，在使用时应注意以下几个方面。

1）顺序控制指令仅对顺序控制继电器元件 S 的位有效。由于 S 具有一般继电器的功能，所以也可以使用其他逻辑指令对 S 进行操作。

2）SCR 段程序能否执行取决于该状态器（S 位）是否被置位，SCRE 与下一个 LSCR 之间可以安排其他指令，但它们不影响下一个 SCR 段程序的执行。

3）同一个 S 位不能用于不同程序中。

4）不允许跳入或跳出 SCR 段，在 SCR 段也不能使用 JMP 和 LBL 指令（不允许内部跳转，但可以在 SCR 段附近使用跳转和标号指令）。

5）在 SCR 段中不允许使用 FOR、NEXT 和 END 指令。

6）在状态发生转移后，所有的 SCR 段的元器件一般也要复位，如果希望继续输出，可使用置位/复位指令。

7）在使用功能图时，状态器的编号可以不按顺序编排。

4.5　实验 4　顺序控制指令应用

4.5.1　顺序控制指令编程练习

1. 实验目的

1）熟悉利用功能流程图的编程方法。

2）掌握顺序控制指令功能及编程方法。

2. 实验内容

用功能流程图法通过顺序控制指令编写简单顺序控制程序，具体要求如下。

1）第一步（状态 1）的功能操作是使 Q0.0 置位 1，5s 后，结束第一步，转入第二步（状态 2）。

2）状态 2 的功能操作是使 Q0.1 置位 1，5s 后，结束状态 2，转入第 3 步（状态 3）。

3）状态 3 的功能操作是使 Q0.0、Q0.1 复位，并延时 10s 后，结束状态 3，转入状态 1，继续下一顺序过程。

3．实验设备及元器件

1）S7-200 PLC 实验工作台或 PLC 装置。

2）安装有 STEP 7-Micro/WIN 编程软件的 PC。

3）PC/PPI+通信电缆线。

4）开关若干个，以及导线等必备元器件。

4．实验操作步骤

1）将 PC/PPI+通信电缆线与 PC 连接。

2）设计功能图如图 4-21 所示（仅供参考）。

图 4-21　顺序控制功能图

3）运行编程软件，使用顺序控制指令将功能图转换为梯形图程序直至编译成功。

4）下载梯形图程序到 S7-200 PLC 中。

5）启动运行 PLC，观察运行结果，发现运行错误或需要修改程序则重复上面过程。

6）注意顺序状态开始、任务、状态转移、状态结束及顺序控制继电器 S（位）的正确应用。

5．实验操作报告

1）整理出运行调试后的梯形图程序。

2）写出该程序的调试步骤和观察结果。

4.5.2　电动机顺序延时起动控制系统

1．实验目的

1）掌握利用顺序控制指令实现顺序控制功能的编程方法。

2）巩固所学基本逻辑指令的应用及进一步熟悉编程软件的使用方法。

2．控制系统要求

控制系统要求如下。

某动力系统由三台电动机 M1、M2 和 M3 拖动。要求能够实现本地、远程控制起停。其中，M1 和 M3 起动方式为直接起动，M2 为"星-三角"起动，切换间隔为 3s；按下起动按钮，三台电动机顺序起动，M1 起动 10s 后 M2 起动，M2 起动 20s 之后 M3 起动；按下停止按钮，M3 先停，10s 后 M2 停，15s 后 M1 停。

使用顺序控制指令编程实现顺序控制。

3. 设备及元器件

1）S7-200 PLC 实验工作台或 PLC 装置，以及可扩展模块若干个。

2）安装有 STEP 7-Micro/WIN 编程软件的 PC。

3）PC/PPI+通信电缆线。

4）常开、常闭按钮若干个、继电器若干个及导线等必备元器件。

4. 控制系统设计

（1）PLC 控制系统 I/O 资源分配

电动机 PLC 顺序控制系统 I/O 资源分配见表 4-2。

表 4-2　系统 I/O 资源分配表

名称	代码	地址	名称	代码	地址
起动按钮	SB1	I0.0	电动机 M1	KM0	Q0.0
异地起动按钮	SB2	I0.2	电动机 M2 主接触器	KM1	Q0.1
停止按钮	SB3	I0.1	电动机 M2 星型联结接触器	KM3	Q0.3
异地停止按钮	SB4	I0.3	电动机 M2 三角型联结接触器	KM4	Q0.4
			电动机 M3	KM2	Q0.2

（2）选定 PLC 型号

根据 I/O 资源的配置可知，系统共有 4 个开关量输入点、5 个开关量输出点。考虑到 I/O 点的利用率和 PLC 的价格，可选用西门子公司的 S7-200 PLC CPU 224CN。

（3）控制系统接线

按表 4-2 系统 I/O 资源分配，PLC 的输入开关量 I0.0、I0.1、I0.2、I0.3 检测来自按钮 SB1、SB3、SB2、SB4 输入信号，PLC 的输出开关量 Q0.0、Q0.1、Q0.2、Q0.3、Q0.4 分别用于驱动外部控制继电器 KM0、KM1、KM2、KM3、KM4，以实现相应电动机的控制动作。

（4）控制系统软件设计

电动机顺序延时控制梯形图程序如图 4-22 所示。

5. 实验操作步骤

1）将 PC/PPI+通信电缆线与 PC 连接。

2）按控制接线要求连接 PLC 外部控制开关和继电器设备接线。

3）启动编程软件，编辑输入图 4-22 所示电动机顺序控制梯形图参考程序。

4）编译、保存并下载梯形图程序到 S7-200 PLC 中。

5）启动运行 PLC，观察运行结果，发现运行错误或需要修改程序则重复上面过程。

6. 注意事项

1）正确选用定时器的分辨率和设定值。

2）注意电源极性、电压值是否符合所使用 PLC 供电及输入/输出电路的要求。

图 4-22　电动机顺序延时控制梯形图程序

7. 实验操作报告

1）整理出运行调试后的梯形图程序。

2）写出该程序的调试步骤和观察结果。

4.6 思考与练习

1．在继电器电路转换为梯形图程序时，应注意哪些方面的问题？

2．PLC 程序设计方法有哪几种，各有什么特点？

3．什么是功能图，它由哪些元素组成？

4．指出顺序控制指令的作用和应用特点，在使用时应注意哪些问题？

5．在利用 PLC 的（顺序）控制指令将功能图转换为梯形图程序时，常用哪些方法？

6．在顺序状态满足转移条件后，转移到下一状态，则原状态中哪些指令可以复位，哪些指令仍保持原态？

7．利用顺序指令将图 4-23 所示功能图转换为梯形图程序。

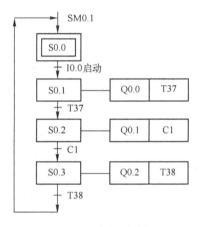

图 4-23　顺序控制功能图

8．在图 4-20 所示的并发性分支和汇集程序中，分别说明如何实现并发性分支和汇集的？转移条件是什么？

9．使用顺序指令设计一个交通灯控制程序（参考 3.8.3 节中交通灯的控制要求）。

第5章　S7-200 系列 PLC 功能指令及应用

PLC 作为一个专用的计算机控制装置，不仅可以用基本指令来实现对开关量的控制，而且也能够用于多位数据、模拟量的处理及各类控制系统等特殊领域。几乎所有厂家生产的 PLC 都配备了用于这种特殊控制要求的指令，这些指令称为功能指令或应用指令。

本章主要介绍 S7-200 系列 PLC 功能指令的数据类型、数据传送指令、算术和逻辑运算指令、移位指令、转换指令、中断指令及高速处理指令等，并通过实例介绍功能指令在各类控制中的编程和应用。

5.1　功能指令及数据类型

5.1.1　功能指令格式及使能输入、输出

PLC 功能指令在梯形图中采用指令盒形式表示，也称为"功能块"，指令格式如图 5-1 所示。

图 5-1　功能指令格式

1. 功能块

功能块必须由指令盒左边的使能输入控制信号"EN"驱动指令的执行，ENO 是 LAD 中指令盒的布尔能流位输出端。在指令盒的能流输入 EN 有效，且执行指令盒操作没有出现错误时，ENO 置位（输出），表示指令成功执行。

2. AENO 指令

在应用程序中，可以将 ENO 作为允许位，作为后续使能控制的位信号，使能流按逻辑"与"关系向下传递执行，AENO 指令应用示例如图 5-2 所示。由于语句表没有相应的 EN 输入指令，可用"与"ENO（AENO）指令来产生和指令盒中的 ENO 位相同的功能。

AENO 指令仅在 STL 中使用，它将栈顶值（必须为 1）和 ENO 位进行逻辑运算，运算结果保存到栈顶。

图 5-2 中，在执行整数加法指令 ADD_I（本章后续介绍）没有发生错误时，ENO（输出）置"1"，作为中断连接指令 ATCH（本章后续介绍）的使能控制 EN 的（输入）信号，调用中断子程序 INT_0。

图 5-2 AENO 指令应用示例

5.1.2 功能指令数据类型及寻址范围

功能指令操作数可分为输入（IN）操作数和输出（OUT）操作数，其数据类型及寻址范围必须符合指令的要求。

S7-200 系列 PLC 中绝大多数功能指令的操作数类型及寻址范围如下。

1）字节型数据 B（8 位），可寻址范围：VB、IB、QB、MB、SB、SMB、LB、AC、*VD、*LD、*AC 和常数。

2）整数数据 I（16 位），可寻址范围：VW、IW、QW、MW、SW、SMW、LW、AC、T、C、*VD、*LD、*AC 和常数。

3）双整数数据 DI（32 位），可寻址范围：VD、ID、QD、MD、SD、SMD、LD、AC、*VD、*LD、*AC 和常数。

4）实数数据 R（32 位），可寻址范围：VD、ID、QD、MD、SD、SMD、LD、AC、*VD、*LD、*AC 和常数。

在功能指令的操作数不能满足数据类型的要求时，可以使用转换指令对操作数的不同类型进行转换。

本章对于以上数据类型和寻址方式不再重复，对于个别稍有变化的指令，仅做补充和说明，读者也可参阅 S7-200 编程手册。

5.2 数据传送指令

数据传送指令主要用于各个编程元件之间进行数据传送，主要包括单个数据传送、数据块传送、字节交换与填充指令。

5.2.1 单个数据传送指令

单个数据传送指令每次传送一个数据，传送数据的类型分为字节（B）传送、字（W）传送、双字（D）传送和实数（R）传送，不同的数据类型采用不同的传送指令。

1. 字节传送指令

字节传送指令以字节作为数据传送单元，包括字节传送指令 MOVB 和立即读/写字节传送指令。

（1）字节传送指令 MOVB

字节传送指令的指令格式如图 5-3 所示。

图 5-3　MOVB 指令格式

指令中各标识符含义如下。

MOV_B 为字节传送梯形图指令盒标识符（也称为功能符号，B 表示字节数据类型，下同）；MOVB 为语句表指令操作码助记符；EN 为使能控制输入端（可以是软继电器 I、Q、M、T、C、SM、V、S、L 中的某个位）；IN 为传送数据输入端；OUT 为数据输出端；ENO 为指令和能流输出端（即传送状态位）。

本章后续指令的 EN、IN、OUT、ENO 功能同上，只是 IN 和 OUT 的数据类型不同，不再赘述。

当使能输入端 EN 有效时，将由 IN 指定的一个 8 位字节数据传送到由 OUT 指定的字节单元中。

（2）立即读字节传送指令 BIR

立即读字节传送指令格式如图 5-4 所示。

图 5-4　BIR 指令格式

其中，MOV_BIR 为立即读字节传送梯形图指令盒标识符；BIR 为语句表指令操作码助记符。

当使能输入端 EN 有效时，BIR 指令立即（不考虑扫描周期）读取当前输入继电器中由 IN 指定的字节（IB），并送入 OUT 字节单元（并未立即输出到负载）。

注意：输入端 IN 的数据类型只能为 IB。

（3）立即写字节传送指令 BIW

立即写字节传送指令格式如图 5-5 所示。

图 5-5　BIW 指令格式

其中，MOV_BIW 为立即写字节传送梯形图指令盒标识符；BIW 为语句表指令操作码助记符。

当使能输入端 EN 有效时，BIW 指令立即（不考虑扫描周期）将由 IN 指定的字节数据写入输出继电器中（由 OUT 指定的 QB），输出立即控制负载。

注意：输出端 OUT 的数据类型只能是 QB。

2. 字/双字传送指令

字/双字传送指令以字/双字作为数据传送单元。

字/双字指令格式类同字节传送指令，只是指令中的功能符号（标识符或助记符，下同）中的数据类型符号不同而已。

其中，MOV_W/MOV_DW 为字/双字梯形图指令盒标识符；MOVW/MOVD 为字/双字语句表指令操作码助记符。

【例 5-1】 在 I0.1 控制开关导通时，将 VW100 中的字数据传送到 VW200 中，程序如图 5-6 所示。

梯形图　　　　　　　　　语句表

```
LD      I0.1
MOVW    VW100, VW200
```

图 5-6　字数据传送指令应用示例

【例 5-2】 在 I0.1 控制开关导通时，将 VD100 中的双字数据传送到 VD200 中，程序如图 5-7 所示。

梯形图　　　　　　　　　语句表

```
LD      I0.1
MOVD    VD100, VD200
```

图 5-7　双字数据传送指令应用示例

3. 实数传送指令 MOVR

实数传送指令以 32 位实数双字作为数据传送单元。其指令功能符号 MOV_R 为实数传送梯形图指令盒标识符；MOVR 为实数传送语句表指令操作码助记符。

当使能输入端 EN 有效时，把一个 32 位的实数由 IN 传送到 OUT 所指定的双字存储单元。

【例 5-3】 在 I0.1 控制开关导通时，将常数 3.14 传送到双字单元 VD200 中，程序如图 5-8 所示。

单个数据传送指令操作数的数据寻址范围广，使用方便，同时也要求操作数的数据类型必须与相应的指令匹配。该类指令可用数据类型见表 5-1、表 5-2。

图 5-8　实数数据传送指令应用示例

表 5-1　**MOVB、MOVW、MOVD 和 MOVR 指令可用数据类型**

指令	IN/OUT	操作数寻址范围	数据类型
MOVB	IN	VB、IB、QB、MB、SB、SMB、LB、AC、常数、*VD、*AC、*LD	BYTE
	OUT	VB、IB、QB、MB、SB、SMB、LB、AC、*VD、*AC、*LD	BYTE
MOVW	IN	VW、IW、QW、MW、SW、SMW、LW、AIW、T、C、AC、常数、*VD、*AC、*LD	WORD INT
	OUT	VW、IW、QW、MW、SW、SMW、LW、AQW、T、C、AC、*VD、*AC、*LD	WORD INT
MOVD	IN	VD、ID、QD、MD、SD、SMD、LD、HC、&VB、&IB、&QB、&MB、&SB、&T、&AC、常数、*VD、*AC、*LD	DWORD DINT
	OUT	VD、ID、QD、MD、SD、SMD、LD、AC、*VD、*AC、*LD	DWORD DINT
MOVR	IN	VD、ID、QD、MD、SD、SMD、LD、AC、常数、*VD、*AC、*LD	REAL
	OUT	VD、ID、QD、MD、SD、SMD、LD、AC、*VD、*AC、*LD	REAL

表 5-2　**BIR、BIW 指令可用数据类型**

指令	IN/OUT	操作数寻址范围	数据类型
BIR	IN	IB、*VD、*LD、*AC	BYTE
	OUT	VB、IB、QB、MB、SB、SMB、LB、AC、*VD、*AC、*LD	BYTE
BIW	IN	VB、IB、QB、MB、SB、SMB、LB、AC、*VD、*AC、*LD	BYTE
	OUT	QB、*VD、*LD、*AC	BYTE

5.2.2　块传送指令

块传送指令可用来一次传送多个同一类型的数据，最多可将 255 个数据组成一个数据块，数据块的类型可以是字节块、字块和双字块。

1．字节块传送指令 BMB

字节块传送指令的指令格式如图 5-9 所示。

图 5-9　BMB 指令格式

其中，BLKMOV_B 为字节块传送梯形图指令盒标识符；BMB 为语句表指令操作码助记符；N 为字节型数据，表示块的长度（下同）。

BMB 指令功能是当使能输入端 EN 有效时，以 IN 为字节起始地址的 N 个字节型数据传送到以 OUT 为起始地址的 N 个字节存储单元。

2．字块传送指令 BMW

字块传送指令 BMW 在梯形图标识符为 BLKMOV_W。

3．双字块传送指令 BMD

双字块传送指令 BMD 在梯形图标识符为 BLKMOV_D。

【例 5-4】 在 I0.1 控制开关导通时，将 VB10 开始的 10 个字节单元数据传送到 VB100 开始的数据块中，程序如图 5-10 所示。

图 5-10　字节块数据传送指令应用示例

5.2.3　字节交换与填充指令

1．字节交换指令 SWAP

SWAP 指令专用于对 1 个字长的字型数据进行处理。其指令格式如图 5-11 所示。

图 5-11　SWAP 指令格式

其中，SWAP 为字节交换梯形图指令盒标识符和语句表助记符。

该指令的功能是当 EN 有效时，将 IN 中的字型数据的高位字节和低位字节进行交换。

本指令只对字型数据进行处理，指令的执行结果不影响特殊存储器位。

例如，指令 SWAP　VW10 的指令执行情况见表 5-3。

表 5-3　SWAP 指令执行结果

时　　间	存储单元	数　　据	说　　明
执行前	VW10	11001100　00000010	交换指令前
执行后	VW10	00000010　11001100	将高、低字节内容交换

2．填充指令 FILL

填充指令 FILL 用于处理字型数据。其指令格式如图 5-12 所示。

图 5-12　FILL 指令格式

其中，FILL 为填充梯形图指令盒标识符和语句表指令操作码助记符；N 为填充字单元的个数、字节型数据。

当 EN 有效时，FILL 指令将字型输入数据 IN 填充到从 OUT 开始的 N 个字存储单元。

填充指令只对字型数据进行处理，指令的执行不影响特殊存储器位。

例如，指令 FILL 10，VW100，12 的执行结果是将数据 10 填充到 VW100～VW122 共 12 个字存储单元中。

【例 5-5】　在 I0.0 控制开关导通时，将 VW100 开始的 256 个字节全部清 0。程序如图 5-13 所示。

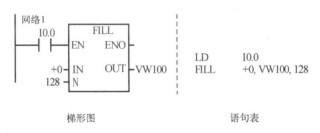

图 5-13　填充指令应用示例

注意：在使用本指令时，OUT 输出端必须为字单元寻址。

5.3　算术和逻辑运算指令

算术运算指令包括加法、减法、乘法、除法及一些常用的数学函数指令；逻辑运算指令包括逻辑与、或、非、异或以及数据比较等指令。

5.3.1　算术运算指令

1．加法指令

加法操作是对两个有符号数进行相加操作，包括整数加法指令+I、双整数加法指令+D 和实数加法指令+R。

（1）整数加法指令+I

整数加法指令的指令格式如图 5-14 所示。

图 5-14　整数加法指令格式

其中，ADD_I 为整数加法梯形图指令盒标识符；+I 为整数加法语句表指令操作码助记符；IN1 为输入操作数 1（下同）；IN2 为输入操作数 2（下同）；OUT 为存放输出运算结果（下同）。操作数和运算结果均为单字长。

当 EN 有效时，该指令将两个 16 位的有符号整数 IN1 与 IN2（或 OUT）相加，产生一个 16 位的整数，结果送到单字存储单元 OUT 中。

整数加法梯形图指令实现功能为 IN1+IN2→OUT，在转换为语句表时要注意以下情况。

1）若 IN2 和 OUT 为同一存储单元，在转为语句表时实现的功能为 OUT+IN1→OUT。

2）若 IN2 和 OUT 不为同一存储单元，在转为语句表时，先把 IN1 传送给 OUT，然后实现 IN2+OUT→OUT。

（2）双字长整数加法指令+D

双字长整数加法指令的操作数和运算结果均为双字（32 位）长。指令格式类同整数加法指令。

双字长整数加法梯形图指令盒标识符为 ADD_DI；双字长整数加法语句表指令助记符为+D。

【例 5-6】　双整数加法示例如图 5-15 所示。

设 VD0=123456，VD4=43210，在 I0.0 为 ON 时，+D 指令执行结果 VD4=166666。

图 5-15　双整数加法指令应用示例

【例 5-7】　在 I0.1 控制开关导通时，将 VD100 的双字数据与 VD110 的双字数据相加，结果送入 VD110 中。程序如图 5-16 所示。

图 5-16　双字数据加法指令应用示例

（3）实数加法指令+R

实数加法指令实现两个双字长的实数相加，产生一个 32 位的实数。指令格式类同整数

154

加法指令。

实数加法梯形图指令盒标识符为 ADD_R；实数加法语句表指令操作码助记符为+R。

上述加法指令运算结果为零时特殊继电器 SM1.0 置 1，溢出时 SM1.1 置 1，为负时 SM1.2 置 1。

2．减法指令

减法指令是对两个有符号数进行减操作。与加法指令类似，减法指令可分为整数减法指令（-I）、双字长整数减法指令（-D）和实数减法指令（-R）。其指令格式类同加法指令。

对于梯形图减法指令实现功能为 IN1-IN2→OUT；对于 STL 减法指令实现的功能为 OUT-IN1→OUT。

【例 5-8】 在 I0.1 控制开关导通时，将 VW100（IN1）整数（16 位）与 VW110（IN2）整数（16 位）相减，其差送入 VW110（OUT）中。程序如图 5-17 所示。

图 5-17　整数减法指令应用示例

【例 5-9】 在 I0.1 控制开关导通时，将 VD100（IN1）整数（32 位）与 VD110（IN2）整数（32 位）相减，其差送入 VD200（OUT）中。程序如图 5-18 所示。

图 5-18　双字长整数减法指令应用示例

在使用减法指令时应注意以下情况。

1）梯形图指令中若 IN2 和 OUT 为同一存储单元，在转为语句表时为

INVW	OUT	//求反
INCW	OUT	//加 1，转换为补码
+I	IN1, OUT	//为补码加法

2）梯形图指令中若 IN2 和 OUT 不为同一存储单元，在转为语句表时为

MOVW	IN1, OUT	//先把 IN1 传送给 OUT
-I	IN2, OUT	//然后实现 OUT←OUT- IN2

减法指令对特殊继电器位的影响同加法指令。

【例 5-10】 设计实现受控的 1 位数倒计时 LED 显示器。

1 位数倒计时 LED 显示器接线如图 5-19 所示。

图 5-19　1 位数倒计时显示器接线图

　　利用输入继电器 IB0 低 4 位（SB3～SB6）设定倒计时起始二进制数据 0000～1001（0～9），开关 SB1 控制 I1.0 为 ON 后开始对数据按秒减 1 倒计时，倒计时时间由 QB0 驱动七段数码管（共阴极）显示，在定时器延时时间（10s）到后停止计时，数码管同时关闭。

　　利用减法器实现倒计时控制程序如图 5-20 所示。梯形图中各行指令功能如下。

梯形图　　　　　　　　　　　　语句表

图 5-20　减法器实现倒计时控制程序

1）定时器 T37 用来实现 10s 的定时。

2）MOVB 指令接收 IB0 输入的数据。

3）SEG 指令将数据转换为七段码并输出到 QB0 显示数据（见 5.6.3 节）。

4）SUB 减法指令按秒（SM0.5）脉冲递减 1。

5）10s 后系统复位。

3．乘法指令

乘法指令是对两个有符号数进行乘法操作。乘法指令可分为整数乘法指令（*I）、完全整数乘法指令（MUL）、双整数乘法指令（*D）和实数乘法指令（*R）。其指令格式类同加减法指令。

对于乘法指令而言，梯形图指令实现的功能为 OUT←IN1*IN2；语句表实现的功能为 OUT←IN1*OUT。

在梯形图指令中，IN2 和 OUT 可以为同一存储单元。

（1）整数乘法指令*I

整数乘法指令的指令格式如图 5-21 所示。

图 5-21　整数乘法指令格式

当 EN 有效时，整数乘法指令将两个 16 位单字长有符号整数 IN1 与 IN2 相乘，运算结果仍为单字长整数，将其送入 OUT 指定的存储单元中。如果运算结果超出 16 位二进制数所表示的有符号数的范围，则产生溢出。

（2）完全整数乘法指令 MUL

完全整数乘法指令将两个 16 位单字长的有符号整数 IN1 和 IN2 相乘，运算结果为 32 位的整数，将其送入 OUT 指定的存储单元中。

梯形图及语句表指令中功能符号均为 MUL。

（3）双整数乘法指令*D

双整数乘法指令将两个 32 位双字长的有符号整数 IN1 和 IN2 相乘，运算结果为 32 位的整数，将其送入 OUT 指定的存储单元中。

梯形图指令功能符号为 MUL_DI；语句表指令功能符号为 DI。

（4）实数乘法指令*R

实数乘法指令将两个 32 位实数 IN1 和 IN2 相乘，产生一个 32 位实数，并将其送入 OUT 指定的存储单元中。

梯形图指令功能符号为 MUL_R；语句表指令功能符号为*R。

上述加法指令运算结果为零时特殊继电器 SM1.0 置 1，溢出时 SM1.1 置 1，为负时 SM1.2 置 1。

【例 5-11】 在 I0.1 控制开关导通时，将 VW100（IN1）整数（16 位）与 VW110（IN2）整数（16 位）相乘，结果为 32 位数据，将其送入 VD200（OUT）中。程序如图 5-22 所示。

图 5-22 完全整数乘法指令应用示例

4. 除法指令

除法指令是对两个有符号数进行除法操作，其指令格式与乘法指令格式类似。

1）整数除法指令用于两个 16 位整数相除，结果只保留 16 位商，不保留余数。其梯形图指令盒标识符为 DIV_I，语句表指令助记符为/I。

2）完全整数除法指令用于两个 16 位整数相除，产生一个 32 位的结果，其中低 16 位存商，高 16 位存余数。其梯形图指令盒标识符与语句表指令助记符均为 DIV。

3）双整数除法指令用于两个 32 位整数相除，结果只保留 32 位整数商，不保留余数。其梯形图指令盒标识符为 DIV_DI，语句表指令助记符为/D。

4）实数除法指令用于两个实数相除，产生一个实数商。其梯形图指令盒标识符为 DIV_R，语句表指令助记符为/R。

除法指令对特殊继电器位的影响同乘法指令。

【例 5-12】 在 I0.1 控制开关导通时，将 VW100（IN1）整数除以 10（IN2）整数，结果为 16 位数据，将其送入 VW200（OUT）中。程序如图 5-23 所示。

图 5-23 整数除法指令应用示例

【例 5-13】 乘除运算指令应用示例如图 5-24 所示。

图 5-24　乘除运算指令应用示例

【例 5-14】 在 PLC 通信应用中，往往需要把接收到的数据分离以便使用，可以用完全整数除法实现。设需要分离的 16 位二进制数据存储在 VW0 中，将分离后的高 4 位数据存放在 VW4 字单元中，低 12 位数据存放在 VW2 字单元中，程序如图 5-25 所示。

图 5-25　完全整数除法指令应用示例

5.3.2　增减指令

增减指令又称为自动加 1 和自动减 1 指令。

增减指令可分为字节增/减指令（INCB/DECB）、字增/减指令（INCW/DECW）和双字增/减指令（INCD/DECD）。下面仅介绍常用的字节增/减指令。

字节加 1 指令的指令格式如图 5-26 所示。

字节减 1 指令的指令格式如图 5-27 所示。

图 5-26　字节加 1 指令格式　　　　　图 5-27　字节减 1 指令格式

字节增/减指令的指令功能：当 EN 有效时，将一个 1 字节长的无符号数 IN 自动加

（减）1，得到的 8 位结果保存在 OUT 中。

在梯形图中，若 IN 和 OUT 为同一存储单元，则执行该指令后，IN 单元字节数据自动加（减）1。

5.3.3 数学函数指令

S7-200 PLC 中的数学函数指令包括指数运算、对数运算、求三角函数的正弦、余弦及正切值，其操作数均为双字长的 32 位实数。下面是几个常用的 PLC 数学函数指令。

（1）平方根函数

平方根函数 SQRT 运算指令的指令格式如图 5-28 所示。

当 EN 有效时，将由 IN 输入的一个双字长的实数开平方，运算结果为 32 位的实数，保存在 OUT 中。

（2）自然对数函数指令

自然对数函数 LN 的指令格式如图 5-29 所示。

图 5-28 平方根函数 SQRT 指令格式   图 5-29 自然对数函数 LN 指令格式

当 EN 有效时，将由 IN 输入的一个双字长的实数取自然对数，运算结果为 32 位的实数送到 OUT 中。

当求解以 10 为底 x 的常用对数时，可以分别求出 LN_x 和 LN_{10}（$LN_{10}=2.302585$），然后用实数除法指令/R 实现相除即可。

【例 5-15】 求 $\log_{10}100$，其程序如图 5-30 所示。

图 5-30 自然对数指令应用示例

（3）指数函数指令

指数函数 EXP 的指令格式如图 5-31 所示。

当 EN 有效时，将由 IN 输入的一个双字长的实数取以 e 为底的指数运算，其结果为 32

位的实数送到 OUT 中。

由于数学恒等式 $y^x=e^{xlny}$，故该指令可与自然对数指令相配合，完成以 y（任意数）为底，x（任意数）为指数的计算。

（4）正弦函数指令

正弦函数 SIN 的指令格式如 5-32 所示。

图 5-31　指数函数 EXP 指令格式　　　　图 5-32　正弦函数 SIN 指令格式

当 EN 有效时，将由 IN 输入的一个字节长的实数弧度值求正弦，运算结果为 32 位的实数送到 OUT 中。

注意：输入字节所表示必须是弧度值（若是角度值应首先转换为弧度值）。

【例 5-16】　计算 130° 的正弦值。

首先将 130° 转换为弧度值，然后输入给函数，程序如图 5-33 所示。

上述数学函数指令运算结果置位特殊继电器 SM1.0（结果为零）、SM1.1（结果溢出）、SM1.2（结果为负）和 SM4.3（运行时刻出现不正常状态）。

当 SM1.1=1（溢出）时，ENO 输出出错标志 "0"。

图 5-33　正弦指令应用示例

5.3.4　逻辑运算指令

逻辑运算指令是对要操作的数据按二进制位进行逻辑运算，主要包括逻辑与、逻辑或、逻辑非以及逻辑异或等操作。逻辑运算指令可实现字节、字、双字运算。其指令格式类同，这里仅介绍一般字节逻辑运算指令。

字节逻辑指令包括下面 4 条。

1）ANDB：字节逻辑与指令。

2）ORB：字节逻辑或指令。

3）XORB：字节逻辑异或指令。

4）INVB：字节逻辑非指令。

其指令格式如图 5-34 所示。

图 5-34　字节逻辑指令格式

当 EN 有效时，逻辑与、逻辑或及逻辑异或指令中的 8 位字节数 IN1 和 8 位字节数 IN2 按对应位相与（或、异或），结果为 1 个字节无符号数送入 OUT 中；在语句表指令中，IN1 和 OUT 按位与，其结果送入 OUT 中。

对于逻辑非指令，把 1 字节长的无符号数 IN 按位取反后送入 OUT 中。

对于字逻辑、双字逻辑指令的格式，只是把字节逻辑指令中表示数据类型的"B"改为"W"或"DW"即可。

逻辑运算指令结果对特殊继电器的影响：结果为零时置位 SM1.0，运行时刻出现不正常状态置位 SM4.3。

【例 5-17】　利用逻辑运算指令实现下列功能：屏蔽 AC1 的高 8 位；然后 AC1 与 VW100 或运算，结果送入 VW100；AC1 与 AC0 进行字异或运算，结果送入 AC0；最后，AC0 字节取反后输出给 QB0。

程序如图 5-35 所示。

图 5-35　逻辑运算指令应用示例

5.4 移位指令

移位指令的作用是对操作数按二进制位进行移位操作，移位指令包括左移位、右移位、循环左移位、循环右移位以及移位寄存器指令。

5.4.1 左移和右移指令

左移和右移指令的功能是将输入数据 IN 左移或右移 N 位，其结果送到 OUT 中。

移位指令使用时应注意以下几点。

1）被移位的数据其字节操作是无符号的；对于字和双字操作，当使用有符号数据类型时，符号位也将被移动。

2）在移位时，存放被移位数据的编程元件的移出端与特殊继电器 SM1.1 相连，移出位送 SM1.1，另一端补 0。

3）移位次数 N 为字节型数据，它与移位数据的长度有关，如果 N 小于实际的数据长度，则执行 N 次移位，如果 N 大于数据长度，则执行移位的次数等于实际数据长度的位数。

4）左、右移位指令对特殊继电器的影响是，结果为零置位 SM1.0，结果溢出置位 SM1.1。

5）运行时刻出现不正常状态置位 SM4.3，ENO=0。

移位指令分字节、字及双字移位指令，其指令格式类同。这里仅介绍一般字节移位指令。

字节移位指令包括字节左移指令 SLB 和字节右移指令 SRB，其指令格式如图 5-36 所示。

图 5-36　字节移位指令格式

a) 字节左移指令　b) 字节右移指令

其中，数据 N 为指令要移动的位数（N≤8）。

当 EN 有效时，将字节型数据 IN 左移或右移 N 位后，送到 OUT 中。在语句表中，OUT 和 IN 为同一存储单元。

对于字移位指令、双字移位指令，只是把字节移位指令中表示数据类型的"B"改为"W"或"DW（D）"，N 值取相应数据类型的长度即可。

【例 5-18】 利用移位指令实现将 AC0 字数据的高 8 位右移到低 8 位，输出给 QB0。

程序如图 5-37 所示。

图 5-37 移位指令应用示例

5.4.2 循环左移和循环右移指令

循环左移和循环右移是指将输入数据 IN 进行循环左移或循环右移 N 位后，把结果送到 OUT 中。

循环左移和循环右移指令在使用时应注意以下几点。

1）被移位的数据其字节操作是无符号的；对于字和双字操作，当使用有符号数据类型时，符号位也将被移动。

2）移位时，存放被移位数据的编程元件的最高位与最低位相连，又与特殊继电 SM1.1 相连。循环左移时，低位依次移至高位，最高位移至最低位，同时进入 SM1.1；循环右移时，高位依次移至低位，最低位移至最高位，同时进入 SM1.1。

3）移位次数 N 为字节型数据，它与移位数据的长度有关，若 N 小于实际的数据长度，则执行 N 次移位；若 N 大于数据长度，将 N 除以实际数据长度取其余数，得到一个有效的移位次数。取模的结果对于字节操作是 0～7，对于字操作是 0～15，对于双字操作是 0～31，如果取模操作的结果为 0，则不进行循环移位操作。

4）循环移位指令对特殊继电器影响是，结果为零置位 SM1.0，结果溢出置位 SM1.1。

运行时刻出现不正常状态置位 SM4.3，ENO=0。

循环移位指令也分字节、字及双字移位指令，其指令格式类同。

字循环移位指令有字循环左移指令 RLW 和字循环右移指令 RRW，其指令格式如图 5-38 所示。

图 5-38 字循环移位指令格式

a) 字循环左移指令　b) 字循环右移指令

当 EN 有效时，字循环移位指令把字型数据 IN 循环左移/右移 N 位后，送到 OUT 指定的字单元中。

【例 5-19】 用字节循环移位指令实现彩灯的循环移动。

设 8 盏灯分别由 PLC 的输出端口 Q0.0～Q.07（QB0）连接控制。根据所需显示的图案，确定 QB0 各位的初始状态（"1"为灯亮，"0"为灯灭）。

假设 8 个灯初始状态为 11100101，则 QB0 的初始值为 229。其程序如图 5-39 所示。

图 5-39　字节循环移位指令应用示例

5.4.3　移位寄存器指令

移位寄存器指令又称自定义位移位指令，可以由用户在指令数据部分设置移位寄存器的起始位和最高位，其指令格式如图 5-40 所示。

图 5-40　移位寄存器指令格式

其中，DATA 为移位寄存器数据输入端，即要移入的位（位数据类型）；S_BIT 为移位寄存器的起始位（位数据类型）；N 的绝对值为移位寄存器的长度，N 的正、负号表示移位方向。

使用移位寄存器指令时应注意以下问题。

1）移位寄存器的操作数据范围由移位寄存器的长度 N（N 的绝对值≤64）任意指定。

2）移位寄存器最低位的地址为 S_BIT；最高位的字节地址为 MSB+S_BIT 的字节号（地址）；最高位的位序号为 MSB_M，计算方法如下：

$$MSB = (|N|-1+(S\_BIT\text{ 的(位序)号}))/8\text{（商）}$$

$$MSB\_M = (|N|-1+(S\_BIT\text{ 的（位序)号}))MOD\ 8\text{（余数）}$$

例如，设 S_BIT=V20.5（字节地址为 20，位序号为 5），N=16。

则 MSB=(16-1+5)/8 的商 MSB=2、余数 MSB_M=4。

移位寄存器的最高位的字节地址为 MSB+S_BIT 的字节号(地址)=2+20=22，位序号为 MSB_M=4，最高位为 22.4，自定义移位寄存器为 20.5～22.4，共 16 位，如图 5-41 所示。

图 5-41 自定义位移位寄存器示意图

3）当 N>0 时，为正向移位，即从最低位依次向最高位移位，最高位移出。

4）当 N<0 时，为反向移位，既从最高位依次向最低位移位，最低位移出。

5）移位寄存器的移出端与 SM1.1 连接。

移位寄存器指令功能是，当 EN 有效时，如果 N>0，则在每个 EN 的上升沿，将数据输入 DATA 的状态移入移位寄存器的最低位 S_BIT；如果 N<0，则在每个 EN 的上升沿，将数据输入 DATA 的状态移入移位寄存器的最高位，移位寄存器的其他位按照 N 指定的方向，依次串行移位。

【例 5-20】 在输入触点 I0.1 的上升沿，从 VB100 的低 4 位（自定义移位寄存器）由低向高移位，I0.2 移入最低位，其梯形图、语句表及时序图如图 5-42 所示。

本例工作过程如下。

1）建立移位寄存器的位范围为 V100.0～V100.3，长度 N=+4。

2）在 I0.1 的上升沿，移位寄存器由低位→高位移位，最高位移至 SM1.1，最低位由 I0.2 移入。

移位寄存器指令对特殊继电器影响为，结果为零置位 SM1.0，溢出置位 SM1.1；运行时刻出现不正常状态置位 SM4.3，ENO=0。

图 5-42 移位寄存器应用示例

【例 5-21】 利用移位寄存器控制由输入端口输入两个数，相加后由输出端口 QB0 控制 7 段 LED 显示器显示结果。程序如图 5-43 所示。

梯形图   语句表

LD	SM0.1
MOVB	16#1, MB0
LD	I1.0
EU	
SHRB	M0.2, M0.0, 3
LD	M0.0
S	Q1.0, 1
R	Q1.1, 1
MOVB	IB0, VB1
SEG	IB0, QB0
LD	M0.1
R	Q1.0, 1
S	Q1.1, 1
MOVB	IB0, VB3
SEG	IB0, QB0
LD	M0.2
S	Q1.0, 2
MOVW	VW0, VW4
+I	VW2, VW4
SEG	VB5, QB0

图 5-43 利用移位寄存器实现数据相加

由移位寄存器控制 M0.0、M0.1、M0.2 轮流为 ON，可以分时通过 IB0 输入 8 位二进制加数、被加数。为方便编程，该程序仅支持 LED 显示器显示 1 位十进制个位数结果。

【例 5-22】 编程实现以下功能。

利用移位寄存器在 I0.0 的控制脉冲下，由 I0.1 串行输入 8 位二进制数据，存放在 VB100 中，同时 QB0 输出显示相应的二进制数。当数据≥64 时，通过 Q1.0 报警，I0.3 用于解除报警信号。梯形图程序如图 5-44 所示。

图 5-44　利用移位寄存器实现串行数据输入

5.5　表功能指令

程序中使用的表是指定义一块连续存放数据的存储区。通过专设的表功能指令可以方便地实现对表中数据的各种操作，S7-200 系列 PLC 表功能指令包括填表指令、查表指令及表中取数指令。

1. 填表指令

填表指令 ATT（Add To Table）用于向表中增加一个数据。

填表指令的指令格式如图 5-45 所示。

图 5-45　填表指令格式

其中，DATA 为字型数据输入端；TBL 为字型表格首地址。

当 EN 有效时，将输入的字型数据填写到指定的表格中。在填表时，新数据填写到表格中最后一个数据的后面。

使用填表指令时应注意以下问题。

1）表中的第一个字存放表的最大长度（TL）；第二个字存放表内实际的项数（EC），如图 5-45 所示。

2）每添加一个新数据，EC 自动加 1。表最多可以装入 100 个有效数据（不包括 LTL 和 EC）。

3）该指令对特殊继电器影响为，表溢出置位 SM1.4，运行时刻出现不正常状态置位 SM4.3，同时 ENO=0（以下同类指令略）。

【例 5-23】　将 VW100 中的数据填入表中（首地址为 VW200），如图 5-46 所示。

图 5-46　填表指令应用示例

本例工作过程如下。

1）设首地址为 VW200 的表存储区，表中数据在执行本指令前已经建立，表中第一字单元存放表的长度为 5，第二字单元存放实际数据项 2 个，表中两个数据项为 1234 和 4321。

2）将 VW100 单元的字数据 5678 追加到表的下一个单元（VW208）中，且 EC 自动加 1。

2．查表指令

查表指令 FND（Table Find）用于查找表中符合条件的字型数据所在的位置编号。

查表指令的指令格式如图 5-47 所示。

图 5-47　查表指令格式

其中，TBL 为表的首地址；PTN 为需要查找的数据；INDX 为用于存放表中符合查表条件的数据的地址；CMD 为比较运算符代码 "1" "2" "3" "4"，分别代表查找条件 "=" " < > " " < " 和 " > "。

在执行查表指令前，首先对 INDX 清 0，当 EN 有效时，从 INDX 开始搜索 TBL，查找符合 PTN 且 CMD 所决定的数据，每搜索一个数据项，INDX 自动加 1；如果发现了一个符合条件的数据，那么 INDX 指向表中该数的位置。为了查找下一个符合条件的数据，在激活查表指令前，必须先对 INDX 加 1。如果没有发现符合条件的数据，那么 INDX 等于 EC。

注意：查表指令不需要 ATT 指令中的最大填表数 TL。因此，查表指令的 TBL 操作数比 ATT 指令的 TBL 操作数高两个字节。例如，ATT 指令创建的表的 TBL=VW200，对该表进行查找指令时的 TBL 应为 VW202。

【例 5-24】 查表找出 3130 数据的位置存入 AC1 中（设表中数据均为十进制数表示），程序如图 5-48 所示。

图 5-48　查表指令应用示例

执行过程如下。

1）表首地址 VW202 单元，内容 "0006" 表示表的长度，表中数据从 VW204 单元开始。

2）若 AC1=0，在 I0.1 有效时，从 VW204 单元开始查找。

3）在搜索到 PTN 数据"3130"时，AC1=2，其存储单元为 VW208。

3．表中取数指令

在 S7-200 中，可以将表中的字型数据按照"先进先出"或"后进先出"的方式取出，并送到指定的存储单元。每取一个数，EC 自动减 1。

（1）先进先出指令 FIFO

先进先出指令的指令格式如图 5-49 所示。

图 5-49　先进先出指令格式

当 EN 有效时，从 TBL 指定的表中，取出最先进入表中的第一个数据，送到 DATA 指定的字型存储单元，剩余数据依次上移。

FIFO 指令对特殊继电器影响为，表空时置位 SM1.5。

【**例 5-25**】　先进先出指令应用示例如图 5-50 所示。

图 5-50　FIFO 指令应用示例

执行过程如下。

1）表首地址 VW200 单元，内容"0006"表示表的长度，数据 3 项，表中数据从 VW204 单元开始。

2）在 I0.0 有效时，将最先进入表中的数据"3256"送入 VW300 单元，下面数据依次上移，EC 减 1。

（2）后进先出指令 LIFO

后进先出指令的指令格式如图 5-51 所示。

当 EN 有效时，从 TBL 指定的表中，取出最后进入表中的数据，送到 DATA 指定的字型存储单元，其余数据位置不变。

图 5-51　后进先出指令格式

LIFO 指令对特殊继电器影响为，表空时置位 SM1.5。

【例 5-26】　后进先出指令应用示例如图 5-52 所示。

图 5-52　LIFO 指令应用示例

执行过程如下。

1）表首地址 VW100 单元，内容"0006"表示表的长度，数据 3 项，表中数据从 VW104 单元开始。

2）在 I0.0 有效时，将最后进入表中的数据"3721"送入 VW200 单元，EC 减 1。

5.6　转换指令

在 S7-200 系列 PLC 中，转换指令是指对操作数的不同类型及编码进行相互转换，以便于操作数类型满足指令的要求，以及操作数据编码满足程序设计的需要。

5.6.1　数据类型转换指令

在 PLC 控制程序中，使用的数据类型主要包括字节数据、整数、双整数和实数，对数据的编码主要有 ASCII 码和 BCD 码。数据类型转换指令是在数据之间、码制之间或数据与码制之间进行转换，以满足程序设计的需要。

1．字节与整数转换指令

字节到整数的转换指令 BIT 和整数到字节的转换指令 ITB 的指令格式如图 5-53 所示。

1）字节到整数的转换指令功能是，当 EN 有效时，将字节型 IN 转换成整数型数据，结果送 OUT 中。

图 5-53 字节与整数转换指令格式

a) 字节到整数的转换指令 b) 整数到字节的转换指令

2）整数到字节的转换指令功能是，当 EN 有效时，将整数型 IN 转换成字节型数据，结果送 OUT 中。

2. 整数与双整数转换指令

整数到双整数的转换指令 ITD 和双整数到整数的转换指令 DTI 的指令格式如图 5-54 所示。

图 5-54 整数与双整数转换指令格式

a) 整数到双整数的转换指令 b) 双整数到整数的转换指令

1）整数到双整数的转换指令功能是，当 EN 有效时，将整数型输入数据 IN，转换成双整数型数据，并且将符号进行扩展，结果送 OUT 中。

2）双整数到整数的转换指令功能是，当 EN 有效时，将双整数型输入数据 IN，转换成整数型数据，结果送 OUT 中。

3. 双整数与实数转换指令

（1）实数到双整数转换

1）实数到双整数转换指令 ROUND 的指令格式如图 5-55 所示。

图 5-55 ROUND 指令格式

当 EN 有效时，将实数型输入数据 IN，转换成 32 位有符号双整数型数据（对 IN 中的小数四舍五入），结果送 OUT 中。

2）实数到双整数转换指令 TRUNC 的指令格式如图 5-56 所示。

当 EN 有效时，将实数型输入数据 IN，转换成双整数型数据（舍去 IN 中的小数部分），结果送 OUT 中。

（2）双整数到实数转换指令 DTR

双整数到实数转换指令的指令格式如图 5-57 所示。

图 5-56　TRUNC 指令格式

图 5-57　DTR 指令格式

当 EN 有效时，将双整数型输入数据 IN 转换成实数型，结果送 OUT 中。

【例 5-27】　将计数器 C10 数值（101 英寸）转换为以厘米为单位的数据，转换系数 2.54 存于 VD8 中，转换结果存入 VD12 中，程序如图 5-58 所示。

图 5-58　转换指令应用示例

4. 整数与 BCD 码转换指令

（1）整数到 BCD 码的转换指令 IBCD

整数到 BCD 码的转换指令 IBCD 的指令格式如图 5-59 所示。

图 5-59　IBCD 指令格式

当 EN 有效时，将整数型输入数据 IN（0～9999）转换成 BCD 码数据，结果送到 OUT 中。

在语句表中，IN 和 OUT 可以为同一存储单元。

上述指令对特殊继电器的影响为，当 BCD 码错误时，置位 SM1.6。

（2）BCD 码到整数的转换指令 BCDI

BCD 码到整数的转换指令 BCDI 的指令格式如图 5-60 所示。

图 5-60　BCDI 指令格式

当 EN 有效时，将 BCD 码输入数据 IN（0～9999）转换成整数型数据，结果送到 OUT 中。

在语句表中，IN 和 OUT 可以为同一存储单元。

上述指令对特殊继电器的影响为，当 BCD 码错误时，置位 SM1.6。

【例 5-28】 将存放在 AC0 中的 BCD 码数 0001 0110 1000 1000（图中使用十六进制数表示为 1688）转换为整数，指令如图 5-61 所示。

图 5-61　BCDI 指令应用示例

转换结果为 AC0=0698（十六进制数）。

5.6.2　编码和译码指令

1. 编码指令 ENCO

在数字系统中，编码是指用二进制代码表示相应的信息位。

ENCO 指令的指令格式如图 5-62 所示。

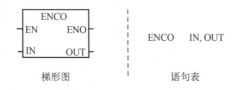

图 5-62　ENCO 指令格式

其中，IN 为字型数据；OUT 为字节型数据低 4 位。

当 EN 有效时，将 16 位字型输入数据 IN 的最低有效位（值为 1 的位）的位号进行编码，编码结果送到由 OUT 指定字节型数据的低 4 位。

例如，设 VW20=0000000 00010000（最低有效位 1 的位号为 4）。

执行指令：ENCO　VW20, VB1

结果：VW20 的数据不变，VB1=xxxx0100（VB1 高 4 位不变）。

2．译码指令 DECO

译码是指将二进制代码用相应的信息位表示。

DECO 指令的指令格式如图 5-63 所示。

梯形图　　　　　　　　语句表

图 5-63　DECO 指令格式

其中，IN 为字节型数据；OUT 为字型数据。

当 EN 有效时，将字节型输入数据 IN 的低 4 位的内容译成位号（00～15），由该位号指定 OUT 字型数据中对应位置 1，其余位置 0。

例如，设 VB1=00000100=4。

执行指令：DECO　VB1, AC0

结果：VB1 的数据不变，AC0=00000000 00010000（第 4 位置 1）。

5.6.3　7 段显示码指令

1．7 段 LED 显示数码管

在一般控制系统中，使用 LED 作数据或状态显示器具有电路简单、功耗低、寿命长及响应速度快等特点。LED 显示器是由若干个发光二极管组成显示字段的显示器件，应用系统中通常使用 7 段（a、b、c、d、e、f、g）LED 显示器，dp 为小数点显示位，如图 5-64 所示。

图 5-64　7 段数码管

a) 共阴型　b) 共阳型　c) 引脚分布

控制显示各数码加在数码管上的二进制数据称为段码，加上小数点位，因此，可以用一个字节数据进行编码。

1）在 LED 共阳极连接时，各 LED 阳极共接电源正极，如果向控制端 abcdefg dp 对应送

176

入 00000011 信号，则该显示器显示"0"字型。

2）在 LED 共阴极连接时，各 LED 阴极共接电源负极（地），如果向控制端 abcdefg dp 对应送入 11111100 信号，则该显示器显示"0"字型。

显示各数码共阴和共阳连接时 LED 数码管所对应的段码见表 5-4。

表 5-4　7 段 LED 数码管的段码

显 示 数 码	共阴型段码	共阳型段码	显 示 数 码	共阴型段码	共阳型段码
0	00111111	11000000	A	01110111	10001000
1	00000110	11111001	b	01111100	10000011
2	01011011	10100100	c	00111001	11000110
3	01001111	10110000	d	01011110	10100001
4	01100110	10011001	E	01111001	10000110
5	01101101	10010010	F	01110001	10001110
6	01111101	10000010			
7	00000111	11111000			
8	01111111	10000000			
9	01101111	10010000			

注：表中段码顺序为"dp gfedcba"。

2. 7 段显示码指令 SEG

7 段显示码指令 SEG 专用于 PLC 输出端外接 7 段数码管（共阴极）的显示控制。

SEG 指令的指令格式如图 5-65 所示。

梯形图　　　　　　语句表

图 5-65　SEG 指令格式

当 EN 有效时，将字节型输入数据 IN 的低 4 位对应的 7 段共阴极显示码，输出到 OUT 指定的字节单元。如果该字节单元是输出继电器字节 QB，则 QB 可直接驱动数码管。

例如，设 QB0.7～QB0.0 分别连接数码管的 dp、g、f、e、d、c、b、a（数码管共阴极连接），显示 VB1 中的数值（设 VB1 的数值在 0～F 范围内）。

若 VB1=00000110=6。

执行指令：SEG　VB1, QB0

执行结果：VB1 的数据"6"保持不变，并将"6"转换的共阴极 7 段码 01111101 送入 QB0，使数码管显示"6"。

5.6.4　字符串转换指令

字符串是指由 ASCII 码所表示的字符的序列，如"ABC"，其 ASCII 码分别为"65、66、67"。通过字符串转换指令，可以实现由 ASCII 码表示字符串数据与其他数据类型之间的数据转换。

1. ASCII 码与十六进制数的转换

1）ASCII 码转换为十六进制数指令为 ATH，其指令格式如图 5-66 所示。

图 5-66　ATH 指令格式

其中，IN 为开始字符的字节首地址；LEN 为字符串长度，字节型，最大长度为 255；OUT 为输出字节首地址。

当 EN 有效时，ATH 指令把从 IN 开始的 LEN（长度）个字节单元的 ASCII 码，相应转换成十六进制数，依次送到 OUT 开始的 LEN 个字节存储单元中。

2）十六进制数转换为 ASCII 码指令为 HTA，其指令格式如图 5-67 所示。

图 5-67　HTA 指令格式

其中，IN 为十六进制开始位的字节首地址；LEN 为转换位数，字节型，最大长度为 255；OUT 为输出字节首地址。

当 EN 有效时，把从 IN 开始的 LEN 个十六进制数的每一数位转换为相应的 ASCII 码，并将结果送到以 OUT 为首地址的字节存储单元。

2. 整数转换为 ASCII 码指令

整数转换为 ASCII 码指令 ITA 的指令格式如图 5-68 所示。

图 5-68　ITA 指令格式

其中，IN 为整数数据输入；FMT 为转换精度或转换格式（小数位或格式整数的表示方式）；OUT 为连续 8 个输出字节的首地址。

当 EN 有效时，ITA 指令把整数输入数据 IN，根据 FMT 指定的转换精度，转换成 8 个字符的 ASCII 码，并将结果送到以 OUT 为首地址的 8 个连续字节存储单元。

操作数 FMT 的定义如下。

	MSB 7						LSB 0
0	0	0	0	c	n	n	n

在 FMT 中，高 4 位必须是 0。c 为小数点的表示方式，当 c=0 时，用小数点来分隔整数和小数；当 c=1 时，用逗号来分隔整数和小数。nnn 表示在首地址为 OUT 的 8 个连续字节中小数的位数，nnn=000～101 分别对应 0～5 个小数位，小数部分的对齐方式为右对齐。

例如，在 c=0，nnn=011 时，其数据格式在 OUT 中的表示方式见表 5-5。

表 5-5　经 FMT 格式化后的数据格式

IN	OUT	OUT+1	OUT+2	OUT+3	OUT+4	OUT+5	OUT+6	OUT+7
12				0	.	0	1	2
−123			−	0	.	1	2	3
1234				1	.	2	3	4
−12345			−	1	2	.	3	4	5

【例 5-29】 ITA 指令应用示例如图 5-69 所示。

图 5-69　ITA 指令应用示例

注：1）图中 VB10～VB17 单元存放的为十六进制表示的 ASCII 码。

2）FMT 操作数 16#0B 的二进制数为 00001011。

双整数转换为 ASCII 码指令 DTA 的指令格式类同 ITA，读者可查阅 S7-200 PLC 编程手册。

3. 实数转换为 ASCII 码指令 RTA

实数转换为 ASCII 码指令 RTA 的指令格式如图 5-70 所示。

图 5-70　RTA 指令格式

其中，IN 为实数数据输入；FMT 为转换精度或转换格式（小数位表示方式）；OUT 为连续 3～15 个输出字节的首地址。

当 EN 有效时，RTA 指令根据 FMT 指定的转换精度，把实数输入 IN 转换成始终是 8 个字符的 ASCII，并将结果送到首地址 OUT 的 3～15 个连续字节存储单元。

操作数 FMT 的定义如下。

```
MSB                          LSB
7                            0
s  s  s  s  c  n  n  n
```

在 FMT 中，高 4 位 ssss 表示以 OUT 为首地址的连续存储单元的字节数，ssss=3～15。c 及 nnn 与前面 FMT 相同。

例如，在 ssss=0110，c=0，nnn=001 时，用小数点进行格式化处理的数据格式，在 OUT 中的表示格式见表 5-6。

表 5-6　经 FMT 后的数据格式

IN	OUT	OUT+1	OUT+2	OUT+3	OUT+4	OUT+5
1234.5	1	2	3	4	.	5
0.0004				0	.	0
1.96				2	.	0
−3.6571			−	3	.	7

【例 5-30】 RTA 指令应用示例如图 5-71 所示。

图 5-71　RTA 指令应用示例

其中，16#A3 的二进制数为 10100011，高 4 位 1010 表示以 OUT 为首地址连续 10 个字节存储单元存放转换结果。

5.7　中断指令

当 PLC 在执行正常程序时，由于系统中出现了某些急需处理的特殊情况或请求，使 PLC 暂时停止现行程序的执行，转去对这种特殊情况或请求进行处理（即执行中断服务程序），当处理完毕后，自动返回到原来被中断的程序处继续执行，这一过程称为中断。采用中断技术，可以提高程序的执行效率。

S7-200 系列 PLC 的中断系统包括中断源、中断事件号、中断优先级及中断控制指令。

5.7.1　中断源、中断事件号及中断优先级

S7-200 系列 PLC 对申请中断的事件、请求及其中断优先级在硬件上都做了明确的规定和分配，通过软中断指令可以方便地对中断进行控制和调用。

1．中断源及中断事件号

中断源是请求中断的来源。在 S7-200 系列 PLC 中，中断源分为通信中断、输入/输出中断和时基中断 3 大类，共 34 个中断源。每个中断源都分配一个编号，称为中断事件号，中断指令是通过中断事件号来识别中断源的。中断事件号及优先级顺序见表 5-7。

表 5-7　中断事件号及优先级顺序

中断事件号	中断源描述	优先级	组内优先级
8	端口 0：接收字符	通信中断（最高）	0
9	端口 0：发送完成		0
23	端口 0：接收信息完成		0
24	端口 1：接收信息完成		1
25	端口 1：接收字符		1
26	端口 1：发送完成		1
19	PTO 0 完成中断	I/O 中断（中等）	0
20	PT0 1 完成中断		1
0	上升沿 I0.0		2
2	上升沿 I0.1		3
4	上升沿 I0.2		4
6	上升沿 I0.3		5
1	下降沿 I0.0		6
3	下降沿 I0.1		7
5	下降沿 I0.2		8
7	下降沿 I0.3		9
12	HSC0 CV=PV（当前值=预置值）		10
27	HSC0 输入方向改变		11
28	HSC0 外部复位		12
13	HSC1 CV=PV（当前值=预置值）		13
14	HSC1 输入方向改变		14
15	HSC1 外部复位		15
16	HSC2 CV=PV（当前值=预置值）		16
17	HSC2 输入方向改变		17
18	HSC2 外部复位		18
32	HSC3 CV=PV（当前值=预置值）		19
29	HSC4 CV=PV（当前值=预置值）		20
30	HSC4 输入方向改变		21
31	HSC4 外部复位		22
33	HSC5 CV=PV（当前值=预置值）		23
10	定时中断 0 SMB34	定时中断（最低）	0
11	定时中断 1 SMB35		1
21	定时器 T32 CT=PT 中断		2
22	定时器 T96 CT=PT 中断		3

（1）通信中断

PLC 与外部设备或上位机进行信息交换时可以采用通信中断，它包括 6 个中断源，其中，通信口 0 接收字符对应的中断事件号为 8；通信口 0 发送字符完成对应的中断事件号为 9；通信口 0 接收信息完成对应的中断事件号为 23。

通信中断源在 PLC 的自由通信模式下，通信口的状态可由程序来控制。用户可以通过编程来设置协议、波特率和奇偶校验等参数。

（2）I/O 中断

I/O 中断是由外部输入信号控制引起的中断，中断源有以下 3 种。

1）外部输入中断。利用 I0.0～I0.3 的上升沿可以产生 4 个外部中断请求；利用 I0.0～I0.3 的下降沿可以产生 4 个外部中断请求。

2）脉冲输入中断。利用高速脉冲输出 PTO0、PTO1 的串输出完成可以产生 2 个中断请求。

3）高速计数器中断。利用高速计数器 HSCn 的计数当前值等于设定值、输入计数方向的改变、计数器外部复位等事件，可以产生 14 个中断请求。

在使用 I/O 中断编程时，必须注意以下几点。

1）由于 PLC 采用了循环扫描工作方式，申请 I/O 中断外部开关脉冲的有效宽度必须大于一个循环扫描工作周期才能中断有效。

2）在整个程序运行过程中，中断处理程序执行的次数取决于 I/O 有效脉冲产生的次数。

3）在中断处理程序一次执行过程中，如果存在定时器、计数器等类指令，由于受扫描工作方式限制，它们的功能是无法体现的。因此，对于 PLC 的 I/O 中断处理程序，要求尽可能简单。

（3）时基中断

通过定时和定时器的时间到达设定值引起的中断称为时基中断。

1）定时中断。设定定时时间以 ms 为单位（范围为 1～255ms），当时间到达设定值时，对应的定时器溢出产生中断，在执行中断处理程序的同时，继续下一个定时操作，周而复始地执行中断处理程序。因此，该定时时间也称为周期时间。定时中断有定时中断 0 和定时中断 1 两个中断源。设置定时中断 0 需要把周期时间值写入 SMB34；设置定时中断 1 需要把周期时间写入 SMB35。

与 I/O 中断不同的是，时基中断是定时时间周而复始地执行中断处理程序，因此，中断处理程序可以不受扫描工作周期的影响。时基中断常应用在实时控制系统中输入数据采集、PID 控制等系统。

2）定时器中断。利用定时器定时时间到达设定值时产生中断，定时器只能使用分辨率为 1ms 的 TON/TOF 定时器 T32 和 T96。当定时器的当前值等于设定值时，在主机正常的定时刷新中，执行中断程序。

2．中断优先级

在 PLC 应用系统中通常需要多个中断源，给各个中断源指定处理的优先次序称为中断优先级。这样，当多个中断源同时向 CPU 申请中断时，CPU 将优先响应处理优先级高的中断源的中断请求。SIEMENS 公司的 CPU 规定的中断优先级由高到低依次是通信中断、输入/输出中断和定时中断，而每类中断的中断源又有不同的优先权，详见表 5-7。

经过中断判优后，将优先级最高的中断请求送给 CPU，CPU 响应中断后首先自动保护现场数据（如逻辑堆栈、累加器和某些特殊标志寄存器位），然后暂停正在执行的程序（断点），转去执行中断处理程序。中断处理完成后，又自动恢复现场数据，最后返回断点继续执行原来的程序。在相同的优先级内，CPU 是按先来先服务的原则以串行方式处理中断，因此，任何时间内，只能执行一个中断程序。对于 S7-200 系统，一旦中断程序开始执行，它不会被其他中断程序及更高优先级的中断程序所打断，而是一直执行到中断程序的结束。当另一个中断正在处理中，新出现的中断需要排队，等待处理。

5.7.2 中断指令格式及功能

中断功能及操作通过中断指令来实现，S7-200 提供的中断指令有 5 条：中断允许指令、中断禁止指令、中断连接指令、中断分离指令及中断返回指令，指令格式及功能见表 5-8。

表 5-8 中断类指令的指令格式及功能

LAD	STL	功能描述
—(ENI)	ENI	中断允许指令： 开中断指令，输入控制有效时，全局地允许所有中断事件中断
—(DISI)	DISI	中断禁止指令： 关中断指令，输入控制有效时，全局地关闭所有被连接的中断事件
ATCH EN ENO INT EVNT	ATCH INT, EVENT	中断连接指令： 又称中断调用指令，使能输入有效时，把一个中断源的中断事件号 EVENT 和相应的中断处理程序 INT 联系起来，并允许这一中断事件
DTCH EN ENO EVNT	DTCH EVENT	中断分离指令： 使能输入有效时，切断一个中断事件号 EVENT 和所有中断程序的联系，并禁止该中断事件
—(RETI)	CRETI	有条件中断返回指令： 输入控制信号（条件）有效时，中断程序返回

中断指令使用说明如下。

1）操作数 INT：输入中断服务程序号 INT n（n=0～127），该程序为中断要实现的功能操作，其建立过程与子程序相同。

2）操作数 EVENT：输入中断源对应的中断事件号（字节型常数 0～33）。

3）当 PLC 进入正常运行 RUN 模式时，系统初始状态为禁止所有中断，在执行中断允许指令 ENI 后，允许所有中断，即开中断。

4）中断分离指令 DTCH 禁止该中断事件 EVENT 和中断程序之间的联系，即用于关闭该事件中断；全局中断禁止指令 DISI，禁止所有中断。

5）RETI 为有条件中断返回指令，需要用户编程实现；Setp-Micro/WIN 自动为每个中断处理程序的结尾设置无条件返回指令，不需要用户书写。

6）多个中断事件可以调用同一个中断程序，但一个中断事件不能同时连续调用多个中断程序。

5.7.3　中断设计步骤

为实现中断功能操作，执行相应的中断程序（也称中断服务程序或中断处理程序），在 S7-200 系列 PLC 中，中断设计步骤如下。

1）确定中断源（中断事件号）。申请中断所需要执行的中断处理程序，并建立中断处理程序 INT n，其建立方法类同子程序，唯一不同的是，在子程序建立窗口中的 Program Block 中选择 INT n 即可。

2）在上面所建立的编辑环境中编辑中断处理程序。中断服务程序由中断程序号 INT n 开始，以无条件返回指令结束。在中断程序中，用户亦可根据前面逻辑条件使用条件返回指令返回主程序。注意，PLC 系统中的中断指令与一般微机中的中断有所不同，它不允许嵌套。

中断服务程序中禁止使用以下指令：DISI、ENI、CALL、HDEF、FOR/NEXT、LSCR、SCRE、SCRT、END。

3）在主程序或控制程序中，编写中断连接（调用）指令（ATCH），操作数 INT 和 EVENT 由步骤 1）所确定。

4）设中断允许指令（开中断 ENI）。

5）在需要的情况下，可以设置中断分离指令（DTCH）。

【例 5-31】　用 I0.0 上升沿中断使 Q0.0 置位，下降沿使 Q0.0 复位。中断控制程序如图 5-72 所示。

| 梯形图 | 语句表 |

图 5-72　中断控制程序示例

【例 5-32】 编写实现中断事件 0 的控制程序。

中断事件 0 是中断源 I0.0 上升沿产生的中断事件。

当 I0.0 有效且开中断时，系统可以对中断 0 进行响应，执行中断服务程序 INT0，中断服务程序的功能是在 I1.0 接通时，则 Q1.0 为 ON。

若 I0.0 发生错误（自动 SM5.0 接通有效），则立即禁止其中断。

主程序及中断处理程序如图 5-73 所示。

图 5-73 中断程序示例

【例 5-33】 利用定时中断（100ms），编写采样模拟输入信号的控制程序。

1）由主程序调用子程序 SBR_0。

2）子程序中设定定时中断 0（中断事件 10 号），时间间隔为 100ms（即将 100 送入 SMB34）。

通过 ATCH 指令把 10 号中断事件和中断处理程序 INT_0 连接起来；允许全局中断，从而实现子程序每隔 100ms 调用一次中断处理程序 INT_0。

3）中断处理程序中，读取模拟通道输入寄存器的值送入 VW4 字单元。

控制程序如图 5-74 所示。

图 5-74 定时中断周期性读取模拟输入信号示例

5.8 高速处理指令

前面所介绍的 PLC 指令，大都受到 PLC 扫描工作周期的限制，工作频率较低，一般在 100Hz 以下。S7-200 系列 PLC 配置了专用于对较高脉冲事件进行处理的高速处理指令。

高速处理指令有高速计数指令和高速脉冲输出指令两类。

5.8.1 高速计数指令

高速计数器 HSC（High Speed Counter）用来累计比 PLC 扫描频率高得多的脉冲输入（30kHz），适用于自动控制系统的精确定位等领域。高速计数器通过在一定的条件下产生的中断事件完成预定的操作。

1. S7-200 高速计数器

不同型号 PLC 主机，高速计数器的数量不同，使用时每个高速计数器都有地址编号 HCn，其中 HC（或 HSC）表示该编程元件是高速计数器，n 为地址编号。S7-200 系列中 CPU 221 和 CPU 222 支持 4 个高速计数器，它们是 HC0、HC3、HC4 和 HC5；CPU 224 和 CPU 226 支持 6 个高速计数器，它们是 HC0～HC5。每个高速计数器包含有两方面的信息：计数器位和计数器当前值，高速计数器的当前值为双字长的有符号整数，且为只读值。

2. 中断事件类型

高速计数器的计数和动作可采用中断方式进行控制。不同型号的 PLC 采用高速计数器的中断事件有 14 个，大致可分为以下 3 种类型。

1）计数器当前值等于预设值中断。

2）计数输入方向改变中断。

3）外部复位中断。

所有高速计数器都支持当前值等于预设值中断，但并不是所有的高速计数器都支持这 3 种类型，高速计数器产生的中断源、中断事件号及中断源优先级见表 5-7。

3．工作模式和输入点的连接

（1）工作模式

每种高速计数器有多种功能不同的工作模式，高速计数器的工作模式与中断事件密切相关。使用任一个高速计数器，首先要定义高速计数器的工作模式（可用 HDEF 指令来进行设置）。

在指令中，高速计数器使用 0～11 表示 12 种工作模式。

不同的高速计数器有不同的模式，见表 5-9、表 5-10。

表 5-9　计数器 HSC0、HSC3、HSC4、HSC5 工作模式

计数器名称 计数器工作模式	HSC0			HSC3	HSC4			HSC5
	I0.0	I0.1	I0.2	I0.1	I0.3	I0.4	I0.5	I0.4
0：带内部方向控制的单向计数器	计数			计数	计数			计数
1：带内部方向控制的单向计数器	计数		复位		计数		复位	
2：带内部方向控制的单向计数器								
3：带外部方向控制的单向计数器	计数	方向			计数	方向		
4：带外部方向控制的单向计数器	计数	方向	复位		计数	方向	复位	
5：带外部方向控制的单向计数器								
6：增、减计数输入的双向计数器	增计数	减计数			增计数	减计数		
7：增、减计数输入的双向计数器	增计数	减计数	复位		增计数	减计数	复位	
8：增、减计数输入的双向计数器								
9：A/B 相正交计数器（双计数输入）	A 相	B 相			A 相	B 相		
10：A/B 相正交计数器（双计数输入）	A 相	B 相	复位		A 相	B 相	复位	
11：A/B 相正交计数器（双计数输入）								

表 5-10　计数器 HSC1、HSC2 工作模式

计数器名称 计数器工作模式	HSC1				HSC2			
	I0.6	I0.7	I1.0	I1.1	I1.2	I1.3	I1.4	I1.5
0：带内部方向控制的单向计数器	计数				计数			
1：带内部方向控制的单向计数器	计数		复位		计数		复位	
2：带内部方向控制的单向计数器	计数		复位	启动	计数		复位	启动
3：带外部方向控制的单向计数器	计数	方向			计数	方向		
4：带外部方向控制的单向计数器	计数	方向	复位		计数	方向	复位	
5：带外部方向控制的单向计数器	计数	方向	复位	启动	计数	方向	复位	启动
6：增、减计数输入的双向计数器	增计数	减计数			增计数	减计数		
7：增、减计数输入的双向计数器	增计数	减计数	复位		增计数	减计数	复位	
8：增、减计数输入的双向计数器	增计数	减计数	复位	启动	增计数	减计数	复位	启动
9：A/B 相正交计数器（双计数输入）	A 相	B 相			A 相	B 相		
10：A/B 相正交计数器（双计数输入）	A 相	B 相	复位		A 相	B 相	复位	
11：A/B 相正交计数器（双计数输入）	A 相	B 相	复位	启动	A 相	B 相	复位	启动

例如，模式 0（单相计数器）：一个计数输入端，计数器 HSC0、HSC1、HSC2、HSC3、HSC4、HSC5 可以工作在该模式。HSC0～HSC5 计数输入端分别对应为 I0.0、I0.6、I1.2、I0.1、I0.3、I0.4。

例如，模式 11（正交计数器）：两个计数输入端，只有计数器 HSC1、HSC2 可以工作在该模式，HSC1 计数输入端为 I0.6（A 相）和 I0.7（B 相），所谓正交即指，当 A 相计数脉冲超前 B 相计数脉冲时，计数器执行增计数；当 A 相计数脉冲滞后 B 相计数脉冲时，计数器执行减计数。

（2）输入点的连接

在使用一个高速计数器时，除了要定义它的工作模式外，还必须注意系统定义的固定输入点的连接。如 HSC0 的输入连接点有 I0.0（计数）、I0.1（方向）、I0.2（复位）；HSC1 的输入连接点有 I0.6（计数）、I0.7（方向）、I1.0（复位）、I1.1（启动）。

使用时必须注意，高速计数器输入点及输入/输出中断的输入点都在一般逻辑量输入点的编号范围内。一个输入点只能作为一种功能使用，即一个输入点可以作为逻辑量输入或高速计数输入或外部中断输入，但不能重叠使用。

4. 高速计数器控制字、状态字、当前值及设定值

（1）控制字

在设置高速计数器的工作模式后，可通过编程控制计数器的操作要求，如启动和复位计数器及设定计数器计数方向等参数。

S7-200 为每一个计数器提供一个控制字节存储单元，并对单元的相应位进行参数控制定义，这一定义称其为控制字。编程时，只需要将控制字写入相应计数器的存储单元即可。控制字定义格式及各计数器使用的控制字存储单元见表 5-11。

表 5-11　高速计数器控制字格式

位地址	控制字各位功能	HSC0 SM37	HSC1 SM47	HSC2 SM57	HSC3 SM137	HSC4 SM147	HSC5 SM157
0	复位电平控制 0：高电平 1：低电平	SM37.0	SM47.0	SM57.0		SM147.0	
1	启动控制 1：高电平启动 0：低电平启动	SM37.1	SM47.1	SM57.1		SM147.1	
2	正交速率 1：1 倍速率 0：4 倍速率	SM37.2	SM47.2	SM57.2		SM147.2	
3	计数方向 0：减计数 1：增计数	SM37.3	SM47.3	SM57.3	SM137.3	SM147.3	SM157.3
4	计数方向改变 0：不能改变 1：改变	SM37.4	SM47.4	SM57.4	SM137.4	SM147.4	SM157.4
5	写入预设值允许 0：不允许 1：允许	SM37.5	SM47.5	SM57.5	SM137.5	SM147.5	SM157.5
6	写入当前值允许 0：不允许 1：允许	SM37.6	SM47.6	SM57.6	SM137.6	SM147.6	SM157.6
7	HSC 指令允许 0：禁止 HSC 1：允许 HSC	SM37.7	SM47.7	SM57.7	SM137.7	SM147.7	SM157.7

例如，选用计数器 HSC0 工作在模式 3，要求复位和启动信号为高电平有效、1 倍计数速率、减方向不变、允许写入新值及允许 HSC 指令，则其控制字节为 SM37=2#11100100。

（2）状态字

每个高速计数器都配置一个 8 位字节单元，每一位用来表示这个计数器的某种状态，在程序运行时自动使某些位置位或清 0，这个 8 位字节称其为状态字。HSC0～HSC5 配备相应的状态字节单元为特殊存储器 SM36、SM46、SM56、SM136、SM146、SM156。

各字节的 0～4 位未使用；第 5 位表示当前计数方向（1 为增计数）；第 6 位表示当前值是否等于预设值（0 为不等于，1 为等于）；第 7 位表示当前值是否大于预设值（0 为小于等于，1 为大于），在设计条件判断程序结构时，可以读取状态字判断相关位的状态，来决定程序应该执行的操作（参看 S7-200 用户手册——特殊存储器）。

（3）当前值

各高速计数器均设 32 位特殊存储器字单元为计数器当前值（有符号数），计数器 HSC0～HSC5 当前值对应的存储器为 SMD38、SMD48、SMD58、SMD138、SMD148、SMD158。

（4）预设值

各高速计数器均设 32 位特殊存储器字单元为计数器预设值（有符号数），计数器 HSC0～HSC5 预设值对应的存储器为 SMD42、SMD52、SMD62、SMD142、SMD152、SMD162。

5．高速计数指令

高速计数指令有两条：HDEF 和 HSC，其指令格式和功能见表 5-12。

表 5-12　高速计数指令的格式和功能

LAD	STL	功能及参数
HDEF —EN　ENO— —HSC —MODE	HDEF　HSC, MODE	高速计数器定义指令： 使能输入有效时，为指定的高速计数器分配一种工作模式 HSC：输入高速计数器编号（0～5） MODE：输入工作模式（0～11）
HSC —EN　ENO— —N	HSC　N	高速计数器指令： 使能输入有效时，根据高速计数器特殊存储器的状态，并按照 HDEF 指令指定的模式，设置高速计数器并控制其工作 N：高速计数器编号（0～5）

在使用该类指令时注意以下方面。

1）每个高速计数器都有固定的特殊功能存储器与之配合，完成高速计数功能。这些特殊功能寄存器包括 8 位状态字节、8 位控制字节、32 位当前值和 32 位预设值。

2）对于不同的计数器，其工作模式是不同的。

3）HSC 的 EN 是使能控制，不是计数脉冲，外部计数输入端见表 5-9、表 5-10。

6．高速计数器初始化程序

使用高速计数器必须编写初始化程序，其编写步骤如下。

1）人工选择高速计数器并确定工作模式。根据计数的功能要求，选择 PLC 主机型号，如 S7-200 中，CPU 222 有 4 个高速计数器（HC0、HC3、HC4 和 HC5）；CPU 224 有 6 个高速计数器（HC0～HC5），由于不同的计数器其工作模式是不同的，故主机型号和工作模式应统筹考虑。

2）编程写入设置的控制字。根据控制字（8 位）的格式，设置控制计数器操作的要求，并根据选用的计数器号将其通过编程指令写入相应的 SMBxx 中（见表 5-11）。

3）执行高速计数器定义指令 HDEF。在该指令中，输入参数为所选计数器的号值（0～5）及工作模式（0～11）。

4）编程写入计数器当前值和预设值。将 32 位的计数器当前值和 32 位的计数器的预设值写入与计数器相应的 SMDxx 中，初始化设置当前值是指计数器开始计数的初值。

5）执行中断连接指令 ATCH。在该指令中，输入参数为中断事件号 EVENT 和中断处理程序 INTn，建立 EVENT 与 INTn 的联系（一般情况下，可根据计数器的当前值与预设值的比较条件是否满足产生中断）。

6）执行全局开中断指令 ENI。

7）执行 HSC 指令。在该指令中，输入计数器编号，在 EN 信号的控制下，开始对计数器对应的计数输入端脉冲计数。

【例 5-34】 设置外部方向控制的单向计数器，要求增计数、外部低电平复位、外部低电平启动、允许更新当前值、允许更新预设值、初始计数值=0、预设值=50、1 倍计数速率，当计数器当前值（CV）等于预设值（PV）时，响应中断事件（中断事件号为 13），连接（执行）中断处理程序 INT_0。

编程步骤如下。

1）根据题目要求，选用高速计数器 HSC1；定义为工作模式 5。

2）控制字（节）为 16#FC，写入 SMB47。

3）HDEF 指令定义计数器，HSC=1，MODE=5。

4）当前值（初始计数值=0）写入 SMD48；预设值 50 写入 SMD52。

5）执行中断连接指令 ATCH：INT=INT_0，EVENT=13。

6）执行 ENI 指令。

7）执行 HSC 指令，N=1。

中断控制的初始化程序如图 5-75 所示。中断处理程序 INT_0 的设计略。

图 5-75　高速计数器初始化程序

5.8.2 高速脉冲输出

高速脉冲输出功能是在 PLC 的某些输出端产生高速脉冲，用来驱动负载实现高速输出和精确控制。

1．高速脉冲的输出方式和输出端子的连接

（1）高速脉冲的输出方式

高速脉冲输出可分为高速脉冲串输出（PTO）和宽度可调脉冲输出（PWM）两种方式。

1）高速脉冲串输出（PTO）主要是用来输出指定数量的方波，用户可以控制方波的周期和脉冲数，其参数为占空比为 50%。

周期变化范围：以 μs 或 ms 为单位，50～65 535μs 或 2～65 535ms（16 位无符号数据），编程时周期值一般设置为偶数。

脉冲串的个数范围：1～4 294 967 295 之间（双字长无符号数）。

2）宽度可调脉冲输出（PWM）主要用来输出占空比可调的高速脉冲串，用户可以控制脉冲的周期和脉冲宽度，PWM 的周期或脉冲宽度以 μs 或 ms 为单位，周期变化范围同高速脉冲串（PTO）。

（2）输出端子的连接

每个 CPU 有两个 PTO/PWM 发生器产生高速脉冲串或脉冲宽度可调的波形，系统为其分配两个位输出端 Q0.0 和 Q0.1。PTO/PWM 发生器和输出映像寄存器共同使用 Q0.0 和 Q0.1，但一个位输出端在某一时刻只能使用一种功能，若在执行高速输出指令中使用了 Q0.0 和 Q0.1，则这两个位输出端就不能作为通用输出使用，或者说任何其他操作及指令对其操作无效。如果 Q0.0 或 Q0.1 设定为 PTO 或 PWM 功能输出但未执行其输出指令时，仍然可以将 Q0.0 和 Q0.1 作为通用输出使用，但一般是通过操作指令将其设置为 PTO 或 PWM 输出时的起始电位为 0。

2．相关的特殊功能寄存器

1）每个 PTO/PWM 发生器都有 1 个控制字节来定义其输出位的操作。

Q0.0 的控制字节位为 SMB67，Q0.1 的控制字节位为 SMB77。

2）每个 PTO/PWM 发生器都有 1 个单元（或字或双字或字节）定义其输出周期时间、脉冲宽度及脉冲计数值等，例如，Q0.0 周期时间数值为 SMW68，Q0.1 周期时间数值为 SMW78。

其他相关的特殊功能寄存器及参数定义可参看附录，其理解及使用方式类同高速计数器。一旦这些特殊功能寄存器的值被设成所需操作，可通过执行脉冲指令 PLS 来执行这些功能。

3．脉冲输出指令

脉冲输出指令可以输出两种类型的方波信号，在精确位置控制中有很重要的应用，其指令格式见表 5-13。

表 5-13 脉冲输出指令的格式

LAD	STL	功　能
PLS –EN　ENO– –Q0.X	PLS　Q	脉冲输出指令,当使能端输入有效时,检测用程序设置的特殊功能寄存器位,激活由控制位定义的脉冲操作。从 Q0.0 或 Q0.1 输出高速脉冲

在使用脉冲指令时应注意以下方面。

1)脉冲串输出 PTO 和宽度可调脉冲输出 PWM 都由 PLC 指令来激活输出。

2)输入数据 Q 必须为字型常数 0 或 1。

3)脉冲串输出 PTO 可采用中断方式进行控制,而宽度可调脉冲输出 PWM 只能由指令 PLS 来激活。

【例 5-35】 编写实现脉冲宽度调制 PWM 的程序。根据要求控制字节(SMB77)=16#DB 设定周期为 10000ms,通过 Q0.1 输出。

PWM 控制程序如图 5-76 所示。

梯形图　　　　　　　　　　　　　　　　语句表

图 5-76 PWM 控制程序

【例 5-36】 高速脉冲输出指令的应用示例如图 5-77 所示。

分析:该程序是单段管线高速脉冲串输出 PTO。首次扫描时,将 Q0.0 复位为 0,并调用子程序 SBR_0。在子程序中设置控制字节 SMBB67=16#8D(不更新周期值;不更新脉冲宽度;允许更新输出脉冲数;周期单位是 ms;选择单端管线 PTO 模式;允许 PTO 脉冲输出),PTO 脉冲周期是 ms,脉冲数目是 4 个,使用脉冲串输出完成中断事件(事件号 19)来连接一个中断子程序 INT_0,允许全局中断,执行 PTO 脉冲输出。

图 5-77　高速脉冲输出指令应用示例

5.9　时钟指令

利用时钟指令可以方便地设置并读取时钟时间，以实现对控制系统的实时监视等操作。

5.9.1　读实时时钟指令 TODR

TODR 指令的指令格式如图 5-78 所示。

图 5-78　TODR 指令格式

其中，操作数 T 用于指定 8 个字节缓冲区的首地址，T 存放"年"、T+1 存放"月"、T+2 存放"日"、T+3 存放"小时"、T+4"分钟"、T+5 存放"秒"、T+6 单元保留（存放 0）、T+7 存放"星期"。

在 EN 有效时，该指令读取当前时间和日期存放在以 T 开始的 8 个字节的缓冲区。

在使用该指令时应注意以下方面。

1）S7-200 CPU 不检查和核实日期与星期是否合理，例如，对于无效日期 February 30（2月 30 日）可能被接受，因此必须确保输入的数据是正确的。

2）不要同时在主程序和中断程序中使用时钟指令，否则中断程序中的时钟指令不会被执行。

3）S7-200 PLC 只使用年信息的后两位。

4）日期和时间数据表示均为 BCD 码，例如，用 16＃09 可以表示 2009 年。

5.9.2 写实时时钟指令 TODW

TODW 指令的指令格式如图 5-79 所示。

图 5-79 TODW 指令格式

其中，操作数 T 含义与 TODR 指令中的操作数相同。

在 EN 有效时，该指令将以地址 T 开始的 8 个字节的缓冲区中设定的当前时间和日期写入硬件时钟。

注意事项同 TODR。

5.10 实验 5 功能指令应用编程

5.10.1 具有时间设置及显示功能的 PLC 延时继电器

1. 实验目的

1）掌握常用功能指令的作用和使用方法。

2）掌握功能指令与逻辑指令的综合应用，熟悉系统设计方法。

2. 控制系统要求

延时继电器功能要求如下。

1）可以由人工设定延时时间。

由输入开关对计数器进行加 1、减 1 延时时间的设定，并显示设定时间。

2）启动运行启动继电器为 ON，同时进行倒计时延时时间显示，延时时间到，启动继电器为 OFF，延时继电器为 ON，同时计数器复位。

该延时继电器程序在增加电动机主电源电路接触器控制程序段后，可以方便地实现电动机星-三角延时起动功能。

3. 设备及元器件

1）S7-200 PLC 实验工作台或 PLC 装置、信号灯等。

2）安装有 STEP 7-Micro/WIN 编程软件的 PC。

3）PC/PPI+通信电缆线。

4）继电器及常开、常闭按钮若干个，指示灯、导线等必备元器件。

4. 控制系统设计

（1）PLC 控制系统 I/O 资源分配

PLC 控制系统 I/O 资源分配见表 5-14。

表 5-14　系统 I/O 资源分配表

名称	代码	地址	名称	代码	地址
时间设定加 1 按钮	SB1	I0.0	7 段显示器	LED	QB0
时间设定减 1 按钮	SB2	I0.1	启动继电器	KM1	Q1.0
启动及延时按钮	SB3	I1.0	延时继电器	KM2	Q1.1
复位及停止按钮	SB4	I1.2			

（2）选定 PLC 型号

根据 I/O 资源的配置可知，系统共有 4 个开关量输入点、2 个开关量输出点。考虑到 I/O 点的利用率及以后扩展使用的需要和 PLC 的价格，可选用西门子公司的 S7-200 PLC CPU 224CN。

（3）控制系统接线图

按表 5-14 系统 I/O 资源分配外围接线图如图 5-80 所示。PLC 的输入继电器 I0.0、I0.1、I1.0、11.2 检测来自按钮 SB1、SB2、SB3 和 SB4 输入信号，PLC 的输出继电器 Q1.0、Q1.1，用于驱动外部控制继电器 KM1、KM2，QB0 用于启动 7 段 LED 数码管显示。

图 5-80　具有时间设置及显示功能的 PLC 延时继电器控制接线图

（4）控制系统软件设计

控制系统梯形图程序如图 5-81 所示。

图 5-81　多功能延时继电器

5.实验操作步骤

1）将 PC/PPI+通信电缆线与 PC 连接。

196

2）按图 5-80 连接 PLC 外部控制开关和东西南北信号灯 I/O 设备接线（注意，该图 PLC 工作电源为 DC 24V）。

3）启动编程软件，编辑输入图 5-81 所示交通灯控制程序。

4）编译、保存并下载梯形图程序到 S7-200 PLC 中。

5）启动运行 PLC，观察运行结果，发现运行错误或需要修改程序则重复上面过程。

6．注意事项

1）正确选用定时器的分辨率和设定值。

2）注意电源极性、电压值是否符合所使用 PLC 工作电源、输入、输出电路及指示灯的要求。

7．实验操作报告

1）整理出运行调试后的梯形图程序。

2）写出该程序的调试步骤和观察结果。

5.10.2　步进电动机运动控制

1．实验目的

1）了解步进电动机的工作原理，学习步进电动机运动控制的方法。

2）进一步掌握 S7-200 PLC 的编程方法。

3）掌握 PLC 控制系统的设计方法。

2．实验内容

利用 STEP 7-Micro/WIN V4.0 编写步进电动机运动控制的梯形图程序。

3．实验设备及元器件

1）S7-200 PLC 实验工作台或 PLC 装置。

2）安装有 STEP 7-Micro/WIN 编程软件的 PC。

3）PC/PPI+通信电缆线。

4）按钮式开关、小型步进电动机及导线等必备元器件。

4．实验操作步骤

1）将 PC/PPI+通信电缆线与 PC 连接；由 Q0.0、Q0.1、Q0.2、Q0.3 分别（或经驱动器）控制步进电动机的 A、B、C、D 相线圈，步进电动机结构如图 5-82 所示。

图 5-82　步进电动机结构及开关控制图

2）运行 STEP 7-Micro/WIN 编程软件，编辑相应实验内容的梯形图程序。

步进电动机运动控制梯形图程序如图 5-83 所示。

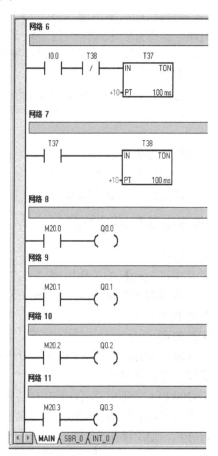

图 5-83　步进电动机运动控制梯形图程序

3）编译、保存并下载梯形图程序到 S7-200 PLC 中。

4）启动运行 PLC，观察运行结果，发现运行错误或需要修改程序则重复上面过程。

5．注意事项

1）PLC 输出端（或经驱动器）应符合步进电动机对电源、极性、电压及驱动电流的要求。

2）注意用电安全。

6．实验操作报告

1）整理出运行调试后的梯形图程序。

2）写出该程序的调试步骤和观察结果。

5.10.3　中断等功能指令编程练习

1．实验目的

1）掌握常用功能指令的作用和使用方法。

2）掌握如何利用中断指令和中断处理程序完成其功能操作。

2．实验内容

按序分别完成以下功能指令编程。

（1）实现时基中断 0

编写实现时基中断 0（中断事件号为 10）的控制程序，要求每 100ms 周期性执行中断处理程序，采集模拟通道 AIW0 数据（输入 0～20mA，数字输出为 0～32000），程序中可以用 IW0 设置数字信号作为 AIW0 通道的数据，并送入处理单元 VW100。当读入的数据小于 3mA（4800）或大于 10mA（16000）时，令 Q0.0 或 Q0.1 驱动系统报警，并由人工清除。梯形图参考程序如图 5-84 所示。

图 5-84　时基中断 0 采样控制程序

（2）实现中断事件 0

编写实现中断事件 0 的控制程序，当 I0.0 有效（上升沿）且开中断时，系统可以对中断事件 0 进行响应，执行中断服务程序 INT-0。中断处理程序功能如下。

1）从 VW200 开始的 256 个字节全部清 0。

2）将 VB20 开始的 10 个字节数据传送到 VB100 开始的存储区。

3）报警信号使 QB0.0～QB0.7 全部点亮，将当前时间和日期存放在 VB300 开始的缓冲区。

梯形图参考程序如图 5-85 所示。

图 5-85　主程序及中断处理程序

3．实验设备及元器件

1）S7-200 PLC 实验工作台或 PLC 装置、EM 235 扩展模块。

2）安装有 STEP 7-Micro/WIN 编程软件的 PC。

3）PC/PPI+通信电缆线。

4）常开、常闭按钮若干个、指示灯及导线等必备元器件。

4．实验操作步骤

1）将 PC/PPI+通信电缆线与 PC 连接。

2）启动 STEP 7-Micro/WIN 编程软件，编辑相应实验内容的梯形图程序。

3）编译、保存并下载梯形图程序到 S7-200 PLC 中。

4）启动运行 PLC，观察运行结果，发现运行错误或需要修改程序则重复上面过程。

5．注意事项

1）要计算出模拟量报警信号（3mA、10mA 等）对应的数字量，以方便编程。也可以使用 IW0 开关量（16 位二进制数字）替代 AIW0 输出的数字量进行实验。

2）注意电源极性、电压值是否符合所使用 PLC 输入、输出电路及指示灯的要求。

6．实验操作报告

1）整理出运行调试后的梯形图程序。

2）写出该程序的调试步骤和观察结果。

5.11　思考与练习

1. 什么是 PLC 功能指令，常见的功能指令有哪些？

2. 字节传送、字传送、双字传送、实数传送指令的功能和指令格式有什么异同？

3. 简述左、右移位指令和循环左、右移位指令的异同。

4. 编程分别实现以下功能。

1）从 VW200 开始的 256 个字节全部清 0。

2）将 VB20 开始的 100 个字节数据传送到 VB200 开始的存储区。

3）当 I0.1 接通时，记录当前的时间，时间秒值送入 QB0。

5. 使用 ATT 指令创建表，表格首地址为 VW100，使用表指令找出 2000 数据的位置，存入 AC1 中。

6. 当 I1.1=1 时，将 VB10 的数值（0～7）转换为（译码）7 段显示器码送入 QB0 中。

7. 在输入触点 I0.0 脉冲作用下，读取 4 次 I0.1 的串行输入信号（最先输入的是二进制数的高位），移位存放在 VB100 的低 4 位；QB0 外接 7 段数码管用于显示串行输入的数据，当 VB100≥9 时系统报警，编写梯形图程序。

8. 设 4 个行程开关（I0.0、I0.1、I0.2、I0.3）分别位于 1～4 层位置，开始由 Q1.1 控制电动机起动，当某一行程开关闭合时，数码管显示相应层号，到达 4 层时，电动机停，Q1.0 为 ON，延时 5s 钟后，Q1.0 为 OFF，电动机再次起动，编写梯形图程序。

9. 什么是中断源、中断事件号、中断优先级和中断处理程序？S7-200 PLC 中断与其他计算机中断系统有什么不同？

10. 为什么 PLC 中断程序不能完全按照计算机（单片机）中断程序的处理方式设计？

11. 在 PLC 一次 I/O 中断过程中，如果中断程序设置了延时程序，请根据 PLC 扫描工作原理分析程序执行过程。

12. 定时中断和定时器中断有什么不同？主要应用在哪些方面？

13. 编写实现中断事件 1 的控制程序，当 I0.1 有效且开中断时，系统可以对中断 1 进行响应，执行中断服务程序 INT1（中断服务程序功能根据需要确定）。

14. 利用中断 0 实现下列功能。

当 I0.1 有效且开中断时，系统将 IB0 输入的二进制数据每秒采样 10 次周期性送给 VB100，当 IB0≥100 时，点亮 Q0.0 报警，5s 后自动解除报警。

15. 说明中断程序的设计步骤。

16. 高速脉冲的输出方式有哪几种，其作用是什么？

17. 编写实现脉冲调宽 PWM 的程序，设定周期为 500ms，通过 Q0.0 输出。

第6章　PLC 模拟量采集及 PID 控制回路

在自然界（生产过程）中，有许多连续变化的物理量，如温度、压力、流量、液位、产品的成分含量、电压及电流等，所谓连续，是指这些物理量在时间上、数值上都是连续变化的。这种连续变化的物理量通常称为模拟量。而计算机接收、处理和输出的只能是离散的、二进制表示的数字量。

在计算机控制系统中，需要检测的模拟量必须首先转换为数字量（称为模/数转换或 A/D 转换），然后输入给计算机进行处理。在闭环控制系统中，常用的处理方式是 PID 控制回路。而计算机输出的数字量（控制信号），需要转换为模拟量（称为数/模转换或 D/A 转换），以实现对外部执行部件的控制。

6.1　模拟量及闭环控制系统

6.1.1　模拟信号获取及变换

世界已经进入信息时代。在利用信息的过程中，首先要解决的就是获取准确、可靠的信息，而传感器是获取信息的主要途径与手段。

在工业生产过程中，有许多物理量是连续变化的模拟量。在 PLC 作为主控设备的系统中，当需要获取这些模拟量信息时，必须首先经过传感器将其物理量转换为相应的电量（如电流、电压或电阻），然后进行信号处理，变换成相应的标准电量。该标准电量通过模/数转换单元（A/D），将其转换为相应的二进制码表示的数字量后，PLC 才能识别并进行处理。模拟信号的获取过程如图 6-1 所示。

图 6-1　模拟信号获取过程

1. 传感器

能够感受规定的被测量并按照一定的规律转换成相应的输出信号的器件或装置称为传感器。传感器通常由敏感元件和转换元件组成。顾名思义，传感器的功能是一感二传，即感受被测信息，并传送出去。传感器一般应由敏感元件、转换元件和转换电路组成。

在工业生产过程中常用传感器有电阻应变式传感器、热电阻传感器、热电偶传感器、霍尔传感器、光电传感器、压力传感器及涡轮流量传感器等。

（1）电阻应变式传感器

电阻应变式传感器可以将位移、形变、力和加速度等被测物理量转换式成与之对应的电阻值。

（2）热电阻传感器

热电阻传感器利用电阻值随温度变化而变化这一特性来测量温度及与温度有关的参数。在温度检测精度要求比较高的场合，这种传感器比较适用。目前，较为广泛的热电阻材料为铂、铜、镍等，它们具有电阻温度系数大、线性好、性能稳定、使用温度范围宽及加工容易等特点，用于测量-200～+500℃范围内的温度。经常使用的热电阻按其分度号有 PT100、PT1000、Cu50 及 Cu100。S7-200 系列 PLC 配备了直接用热电阻测温作为输入信号的输入扩展模块。

（3）热电偶传感器

热电偶传感器利用两种不同金属导体的接点电势随温度变化而变化这一特性来测量温度。通常用于测量 0～+1800℃范围内的温度。经常使用的热电偶分度号有 B、E、J、K 和 S 型等。S7-200 系列 PLC 配备了直接用热电偶测温作为输入信号的输入扩展模块。

（4）霍尔传感器

霍尔传感器是根据霍尔效应制作的一种磁场传感器，广泛地应用于工业自动化技术、检测技术及信息处理等方面。压力、流量和加速度等物理量常常需要先变换为位移，然后通过霍尔式位移传感器进行测量。霍尔效应是研究半导体材料性能的基本方法。通过霍尔效应实验测定的霍尔系数，能够判断半导体材料的导电类型、载流子浓度及载流子迁移率等重要参数。

（5）光电传感器

光电传感器是采用光电元件作为检测元件的传感器。它首先把被测量的变化转换成光信号的变化，然后借助光电元件将光信号转换成电信号。

（6）涡轮流量传感器

涡轮流量传感器可以实现对流量的精密测量，与相应的流量计算仪表配套可用于测量流量的显示值和总量计算。

2．变送器

变送器的功能是将物理量或传感器输出的信息量，转换为便于传送、显示和设备接收的直流电信号。

变送器输出的单极性直流电信号有 0～5V、0～10V、1～5V、0～20mA 和 4～20mA 等。目前，工业上最广泛采用的是用 4～20mA 标准直流电流来传输模拟量。S7-200 系列 PLC 模拟量输入/输出扩展模块支持多种不同的单极性（如 0～20mA 电流）信号和双极性（如±5V 电压）信号。

变送器将物理量转换成 4～20mA 电流输出，必然要有外电源为其供电，其接线方式一般有二线制、三线制和四线制，如图 6-2 所示。所谓四线制是指变送器需要两根电源线，加上两根电流输出线；所谓二线制是指变送器需要的电源线和电流输出线公用两根线。目前二线制传感器在工业控制系统中得到广泛应用。

图 6-2　变送器接线方式

a) 四线制变送器　b) 二线制变送器

由图 6-2 可以看出，二线制变送器的供电电源、输出电流信号与负载（这里是电流表）是串联在一个回路中，其主要优点如下。

1）二线制传感器不易受热电偶及传输电线电阻压降和温漂的影响，尤其在长距离传送时，可节省大量电缆线和安装费用。

2）在电流源输出电阻足够大时，经磁场耦合感应到导线环路内的电压不会产生显著影响，因为干扰源引起的电流极小，一般利用双绞线加屏蔽就能大大降低干扰的影响。

3）电容性干扰会导致接收器电阻产生误差，对于 4~20mA 二线制环路，接收器电阻通常为 250Ω（取样 U_{out}=1~5V），这个电阻小到不足以产生显著误差，因此，可以允许的电线长度比电压遥测系统更长更远。

4）各个单台示读装置或记录装置可以在电线长度不等的不同通道间进行换接，不会因电线长度的不等而造成精度的差异，便于实现分散采集和集中控制。

5）传感器输出电流下限为 4mA（信号 0），便于区别是信号 0 还是传感器故障状态（0mA）。

图 6-3 所示为基于热电偶传感器的二线制变送器接线图。

图 6-3　热电偶变送器二线制接线方式

在图 6-3 中，被测温度通过热电偶传感器将其转换为相应的热电势（mV）输入给热电偶变送器，变送器采用二线制供电兼输出接线方式，DC 24V 电源的正极与变送器的 V+连接、负极通过负载（一般为 250Ω 电阻）与变送器的 V-连接，变送器电流输出为与被测温度成线性关系的 4~20mA 标准信号电流。该电流通过 250Ω 电阻将其转换为 1~5V 电压，作为 A/D 转换器的模拟量输入信号，A/D 转换器输出的数字量信号可以直接输入给计算机进行处理。

6.1.2　计算机闭环控制系统

所谓闭环控制，是根据控制对象输出参数的负反馈来进行校正的一种控制方式。工业中常用的计算机闭环 PID 控制系统框图如图 6-4 所示。

图 6-4　计算机闭环 PID 控制系统框图

一个闭环控制系统一般由以下基本单元组成。

1）测量装置。测量装置由传感器、变送器完成对系统输出参数（被控物理量）的测量。

2）控制器。控制器由控制设备或计算机实现对输出量与输入量（给定值）比较后的控制算法运算（如 PID 运算）。

3）执行器。执行器对控制器输出的控制信号进行放大，驱动执行机构（如调节阀、电动机或加热器等）实现对被控参数（输出量）的控制。

4）对象。对象是需要控制的设备或生产过程。

被控设备（对象）输出的物理量（即被控参数或称系统输出参数），经传感器、变送器、A/D 转换后反馈到输入端，与期望值（即给定值或称系统输入参数）进行相减比较，当两者产生偏差时，对该偏差进行决策或 PID 运算处理，其处理后的信号经 D/A 转换器转换为模拟量输出，控制执行器进行调节，从而使输出参数按输入给定的条件或规律变化。由于系统是闭合的，被控物理量（输出量）的变化经变送器反馈到输入端，与输入量相位相反并进行比较，所以也称为闭环控制负反馈系统。

图 6-5 为典型（多参数）计算机闭环控制应用系统结构图，其工作过程简述如下。

图 6-5　典型计算机闭环控制应用系统

在测控系统中，被控对象中的各种非电量的模拟量（如温度、压力及流量等），必须经传感器转换成规定的电压或电流信号，如把 0～500℃温度转换成 4～20mA 标准直流电流输出等。在应用程序的控制下，多路采样开关分时地对多个模拟量进行采样、保持并送入 A/D 转换器进行模/数转换。A/D 转换器将某时刻的模拟量转换成相应的数字量，然后该数字量输入计算机。计算机根据程序所实现的功能要求，对输入的数据进行运算处理后，由输出通道的 D/A 转换器，将计算机输出的数字信号形式的控制信息转换为相应的模拟量，该模拟量经保持器控制相应的执行机构，对被控对象的相关参数进行调节，如此周而复始，从而控制被调参数按照程序给定的规律变化。

6.1.3 PID 控制算法及应用特点

在模拟量作为被控参数的控制系统中，为了使被控参数按照一定的规律变化，需要在控制回路中设置比例（P）、积分（I）、微分（D）运算及其运算组合作为控制器的输出信号。S7-200 设置了专用于 PID 运算的回路表参数和 PID 回路指令，可以方便地实现 PID 运算操作。

1. PID 算法

在一般情况下，控制系统主要针对被控参数 PV（又称过程变量）与期望值 SP（又称给定值）之间产生的偏差 e 进行 PID 运算。其数学函数表达式为

$$M(t) = K_p e + K_i \int e \mathrm{d}t + K_d \mathrm{d}e/\mathrm{d}t$$

式中 $M(t)$——PID 运算的输出，M 是时间 t 的函数；

    e——控制回路偏差，PID 运算的输入参数；

    K_p——比例运算系数（增益）；

    K_i——积分运算系数（增益）；

    K_d——微分运算系数（增益）。

使用计算机处理该表达式，必须将其由模拟量控制的函数通过周期性地采样偏差 e，使其函数各参数离散化，为了方便算法实现，离散化后的 PID 表达式可整理为

$$M_n = K_c e_n + K_c (T_s/T_i) e_n + MX + K_c (T_d/T_s)(e_n - e_{n-1})$$

式中 M_n——时间 $t=n$ 时的回路输出；

    e_n——时间 $t=n$ 时采样的回路偏差，即 SP_n 与 PV_n 之差；

    e_{n-1}——时间 $t=n-1$ 时采样的回路偏差，即 SP_{n-1} 与 PV_{n-1} 之差；

    K_c——回路总增益，比例运算参数；

    T_s——采样时间；

    T_i——积分时间，积分运算参数；

    T_d——微分时间，微分运算参数。

比较以上两式可以看出，$K_c=K_p$，$K_c(T_s/T_i)=K_i$，$K_c(T_d/T_s)=K_d$，MX 是所有积分项前值之和，每次计算出 $K_c(T_s/T_i)e_n$ 后，将其值累计入 MX 中。

由上式可以看出：

1）$K_c e_n$ 为比例运算项 P。

2）$K_c(T_s/T_i)e_n$ 为积分运算项 I（不含 n 时刻前积分值）。

3）$K_c(T_d/T_s)(e_n - e_{n-1})$ 为微分运算项 D。

4）比例回路增益 K_p 将影响 K_i 和 K_d。

在控制系统中，常使用的控制运算有以下几种。

1）比例控制（P）：不需要积分和微分，可设置积分时间 $T_i=\infty$，使 $K_i=0$；微分时间 $T_d=0$，使 $K_d=0$。其输出

$$M_n = K_c e_n$$

2）比例、积分控制（PI）：不需要微分，可设置微分时间 $T_d=0$，$K_d=0$。其输出

$$M_n=K_c e_n+ K_c(T_s/T_i)e_n$$

3）比例、积分、微分控制（PID）：可设置比例系数 K_p、积分时间 T_i 及微分时间 T_d。其输出

$$M_n=K_c e_n+K_c(T_s/T_i)e_n+K_c(T_d/T_s)(e_n-e_{n-1})$$

2．PID 控制参数的物理意义

（1）比例控制（P）

比例控制是控制系统最基本的控制方式，其控制器的输出量与控制器输入量（偏差）成比例关系，输出量由比例系数 K_p 控制，比例系数越大，比例调节作用越强，系统的稳态误差就会越少。但是比例系数过大，调节作用强，会降低系统的稳定性。比例控制的特点是算法简单、控制及时，但系统会存在稳态偏差。

（2）积分控制（I）

积分控制是指控制器的输出量与控制器输入量（偏差）成积分关系，只要偏差不为 0，积分输出就会逐渐变化，一直要到偏差消失。系统偏差为 0 处于稳定状态时，积分部分不再变化而处于保持状态。因此，积分控制可以消除偏差，提高控制精度。积分控制输出量由积分时间常数 T_i 控制，T_i 越小，积分控制作用就越强，消除偏差的速度就越快，但增加了系统的不稳定性。积分控制一般不单独使用，通常和比例控制组成比例积分（PI）控制器，以实现消除系统稳态偏差。

（3）微分控制（D）

微分控制是指控制器的输出量与控制器输入量（偏差）成微分关系，或者说，只要系统有偏差的变化率，控制器输出量就按偏差变化率的大小变化（而不管其偏差的大小），即使在偏差很小时，只要其偏差的变化率存在，控制器输出仍然会产生较大的变化。微分控制反映了系统变化的趋势，因此，微分控制具有超前控制作用，即把可能即将要产生的较大的偏差提前预测到而实现超前控制。微分控制输出量由微分时间 T_d 控制，微分时间常数越大，微分控制作用就越强，系统动态性能得到改善。但如果微分时间常数过大，系统输出量会出现小幅度振荡，系统的不稳定性增加。微分控制一般和比例、积分控制组成比例积分微分（PID）控制器。

3．数字化 PID 算法的改善

计算机在实现数字化的 PID 算法时，必须考虑数字化的特征，改进和完善 PID 控制算法，以求数字化 PID 控制算法具有有效的控制效果。为此，在数字化 PID 算法中，通常采用了如下措施。

（1）一阶惯性数字滤波

在系统对模拟量信号 PV 信息采集后，采用一阶惯性数字滤波算法滤除 PV 中可能存在的干扰和噪声，然后 PV 再与 SV（设定值）进行比较。

可以编程实现数字滤波常数 $\alpha =T_f/(T_f+T_s)$ 的设置，α 为 0～1。其中，T_f 为滤波器的时间常数，T_s 为采样周期，时间常数 T_f 越大，则滤波效果越好，但系统的动态性能会变差。

（2）不完全微分 PID

数字化 PID 算法在进行微分运算时，对于阶跃信号等高频（噪声）信号输入时，很容易引起调节过程产生振荡。同时，由于采样频率必须数倍于（一般选 3～7 倍以上）输入信号的频率，导致数字 PID 的微分作用只在第 1 个采样周期内有输出。在第 2 个采样周期，由于输入信号基本不变，所以微分不起作用，这样，使 PID 的微分项输出不能按照偏差的变化趋势

产生微分控制作用。

为此，可以在数字 PID 算法中加入低通滤波器，即一阶惯性环节 $G_\mathrm{f}(s)$，组成不完全微分 PID 控制算法，如图 6-6 所示。

$$E(s) \longrightarrow \boxed{标准PID调节器} \xrightarrow{U'(s)} \boxed{G_\mathrm{f}(s)} \xrightarrow{U(s)}$$

图 6-6　不完全微分控制算法

其中，　$G_\mathrm{f}(s) = \dfrac{U(s)}{U'(s)} = \dfrac{1}{T_\mathrm{f}s + 1}$。

经整理推导，不完全微分 PID 的增量算式为
$$\Delta u(k) = \alpha \Delta u(k-1) + (1-\alpha)\Delta u'(k)$$
其中
$$\alpha = \frac{T_\mathrm{f}}{T_s + T_\mathrm{f}}$$

不完全微分的第 k 次采样的 PID 输出为 $\Delta u(k)$，$\Delta u'(k)$ 为 PID 增量算式的输出。引入不完全微分后，微分输出在第一个采样周期内的脉冲高度下降，PID 控制器的微分作用在其后的采样周期内输出逐渐减弱，这样既起到微分作用，又不易引起振荡，极大地改善了控制效果，标准微分和不完全微分输出响应如图 6-7 所示。

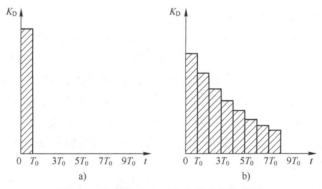

图 6-7　标准微分和不完全微分输出响应

a) 标准微分输出响应　b) 不完全微分输出响应

（3）反馈量微分措施

微分输出是与系统偏差的变化率成正比关系，在计算机控制系统中，有时需要改变系统的设定值，这样必然使得偏差（设定值-反馈量）产生阶跃变化，使微分输出突变，不利于系统的稳定运行。为了消除设定值变化对系统的影响，PID 算法的微分作用只响应反馈量的变化，而对设定值的变化无效，这种算法称为反馈量微分 PID 算法。

4. PID 控制算法（规律）的选择

对于不同的控制对象和要求，可以选择不同的 P-I-D 组合控制（规律）算法。

（1）P 控制

P 控制是最基本的控制，一般应用在允许（或需要）偏差存在的控制系统，如某液位控制系统。

（2）PI 控制

PI 控制一般应用在系统稳态下不允许偏差存在控制系统，如流量控制系统。

（3）PD 控制

PD 控制一般应用在允许偏差存在，但动态偏差不允许有较大脉动的控制系统。

（4）PID 控制

PID 控制应用在稳态下不允许存在偏差，且系统有较大滞后作用或要求动态偏差较小的控制系统，如某电加热炉的温度控制系统。

6.2　S7-200 系列 PLC 对模拟信号的处理

6.2.1　模拟量输入/输出模块

在 S7-200 CPU 系列中，能够实现模拟信号处理的仅有 CPU 224XP，内置 2 输入/1 输出模拟量端口。S7-200 还配备了 3 种模拟量扩展模块，分别为 EM 231、EW 232、EW 235，以满足系统需要。考虑到当前工业生产过程中广泛使用热电偶、热电阻传感器实现对温度的测量，S7-200配备了 EM 231 热电偶输入扩展模块，该模块直接以热电偶输出的电势作为输入信号；配备了EM 231 热电阻输入扩展模块，该模块提供了与多种热电阻作为输入信号的连接接口。

S7-200 提供的以上模拟量处理模块的技术指标在第 2 章中已做详细介绍。

1．模拟量模块使用注意事项

模拟量控制模块在使用时需要注意如下一些问题。

（1）12 位数字信号

S7-200 模拟量输入/输出模块中使用的（A/D 或 D/A）转换器的数字量位数为 12 位，因此，CPU 对模拟量数据设定为一个字长（2 个字节单元 16 位，其最大数字量范围 65536），但能够反映模拟量变化的最小单位（分辨率）是满量程的 $1/2^{12}$。

（2）单极性和双极性模拟输入信号

对于模拟量输入模块，单极性模拟信号全量程输入所对应的数字量输出设定为 0～32000，则对应的二进制数为 00000000 00000000～01111101 10000000。

双极性模拟信号全量程输入所对应的数字量输出范围设定为-32000～+32000。模拟输入信号若为电压，则扩展模块的输入阻抗为 10MΩ；模拟输入信号若为电流，则扩展模块的输入电阻为 250Ω，A/D 转换时间小于 250μs，模拟量阶跃输入的响应时间为 1.5ms。

（3）模拟量输出信号

S7-200 对模拟量输出模块中使用的 D/A 转换器，其输出模拟量为电流 0～20mA 或电压±5V 等，其对应的数字量分别为 0～32000 或-32000～+32000，其输出稳定时间分别为 2ms 或100μs。在电流输出时，其输出回路负载电阻应小于 500Ω，电压输出时其负载电阻应大于 5kΩ。

（4）模拟量端口的编址

S7-200 模拟量端口的地址必须从偶数字节开始。

对于模拟量输入模块，CPU 按模块的先后顺序进行地址分配，每个模块占有固定的地址空间。输入通道地址为 AIW0、AIW2、AIW4、…；输出通道地址为 AQW0、AQW2、AQW4、…。CPU 分配地址时，每个模拟量扩展模块至少占用两个通道地址，因此，在使用多个扩展模块时需要注意。

例如，若第一个模块（EM 235）只有一个输出通道，但占用地址为 AQW0 和 AQW2，则对应第二个模块的模拟量输出地址应从 AQW4 开始寻址。

（5）模拟量滤波

一般情况下可以在系统块中设置 S7-200 的模拟量滤波功能，包括采样数、死区电压及需要滤波的模拟量输入通道（如 AIW0）。

如果对某个通道选用了模拟量滤波，CPU 将在每一程序扫描周期前自动读取模拟量输入值，这个值是所设置的采样数的平均值，用户不必再另行编制滤波程序。如果实际模拟量采样值超出平均值一个死区电压以上，则平均值被实际值取代。

死区电压设为 0，表示禁止死区功能，即所有的值都进行平均值计算，不管该值有多大的变化。对于快速响应要求，不要把死区值设为 0，可以将其设为可预期的最大扰动值（满量程 32000 的 1%，即 320）。

模拟量的参数设置（采样数及死区值）对所有模拟量信号输入通道有效。

如果对某个通道不设置滤波功能，则 CPU 不会在程序扫描周期开始时读取平均滤波值，而只在用户程序访问此模拟量通道时，直接读取当时实际值。

（6）模拟输入模块接线

为了保证模拟量输入数据的准确可靠，需要注意以下几点。

1）应确保设备接线安装正确、DC 24V 传感器电源无噪声及环境无磁场干扰。

2）传感器需使用屏蔽的双绞线并且线路尽可能短。

3）未用输入通道端口应短接。

4）为确保输入信号范围在所规定的共模电压之内，电源端子 M 应与所有输入通道 A-、B-等相连接。

2. EM 235 模拟量扩展模块

在 S7-200 模拟量扩展模块中，EM 235 是最常用的模拟量扩展模块，它实现了 4 路模拟量输入和 1 路模拟量输出功能。其常用技术参数见表 6-1。

表 6-1　EM 235 的常用技术参数

模拟量输入特性	
模拟量输入点数	4
输入范围	电压（单极性）0～10V　0～5V　0～1V　0～500mV　0～100mV　0～50mV
	电压（双极性）±10V　±5V　±2.5V　±1V　±500mV　±250mV　±100mV　±50mV ±25mV
	电流 0～20mA
数据字格式	双极性　全量程范围-32000～+32000 单极性　全量程范围 0～32000
分辨率	12 位 A/D 转换器
模拟量输出特性	
模拟量输出点数	1
信号范围	电压输出　±10V 电流输出 0～20mA
数据字格式	电压-32000～+32000 电流 0～32000
分辨率	电压 12 位　　电流 11 位

EM 235 模拟量输入/输出扩展模块接线如图 6-8 所示。

图 6-8　EM 235 模拟量扩展模块接线图

在图 6-8 中可以看出，扩展模块供电电源电压为 DC 24V（端口 L+ 为电源正极、M 为电源负极），各通道接线如下。

1）输入通道 A。输入通道 A 为电压输入信号，按正、负极直接接入端口 A+ 和 A−。

2）输入通道 B。输入通道 B 未连接输入信号，则通道要将 B+ 和 B− 短接。

3）输入通道 C。输入通道 C 为 0～20mA 电流输入信号，按其电流方向由端口 C+ 流入、C− 流出接线，将端口 RC 和 C+ 短接后接入电流输入信号的"＋"端。

4）输入通道 D。输入通道 D 为 4～20mA 电流输入信号，按其电流方向由 D+ 流入、D− 流出接线，将 RD 和 D+ 短接后接入电流输入信号的"＋"端，这里提供通道 D 电流输入的显然是二线制变送器的输出电流。

5）输出通道。输出通道电流输出范围为 0～20mA，其负载电阻连接输出端口 I0 和 M0；电压输出范围为 ±10V，其负载电阻连接端口 V0 和 M0。

对于某一模块，只能将输入端同时设置为一种量程和格式，即相同的输入量程和分辨率。

6.2.2　模拟量/数字量与物理量的标度变换

在模拟通道中，传感器将其检测到的物理量转换为标准电信号输出（如 4～20mA 电流），该信号需要进行 A/D（模/数）转换，其转换结果（数字量）输入计算机；计算机输出的数字量需要进行 D/A（数/模）转换，其转换结果（模拟量）用来控制外部设备。这样，对于不同的转换信号，在模拟量、数字量及物理量之间存在着不同的对应关系。S7-200 CPU 内部用数字量表示外部的模拟量信号，两者之间有一定的数学关系。因此，计算机必须对模拟量/数字量之间进行换算或标度变换。

例如，模拟量信号输入信号为 0～20mA，则在 S7-200 CPU 内部，0～20mA 对应于数字量的范围为 0～32000（十进制表示，下同）；对于 4～20mA 的信号，由于线性关系，则对应的内部数字量应为 6400～32000。

又如，有两个压力传感器（含变送器），其输入压力量程都是 0～10MPa，其中一个输出信号是 0～20mA，另一个输出信号是 4～20mA，在相同的输入压力下，其模拟量输出电流大小不同，显然，在 S7-200 内部的数值表示也不同，两者之间必然存在换算关系。

模拟量输出也存在类似情况。

模拟量转换的目的不仅仅是在 S7-200 CPU 中得到一个 0～-32000 之类的数值，对于编程和操作人员来说，得到具体的物理量数值（如压力值、流量值），或者对应物理量占量程的百分比数值，这是换算的最终目标。

注意，如果使用编程软件 Micro/WIN32 中的PID Wizard（PID 向导）生成 PID 功能子程序（见 6.4 节），就不必进行 0～20mA 与 4～20mA 信号之间的换算，只需进行简单的设置。

设模拟量的标准电信号 A 是 4～20mA（A_0～A_m），A/D 转换后数字量 D 为 6400～32000（D_0～D_m），设模拟量的输入电流信号是 X（mA），A/D 转换后的相应数字量为 D，则函数关系 $A=f(D)$ 可以表示为如下数学方程

$$X=(D-D_0)(A_m-A_0)/(D_m-D_0)+A_0$$

根据该方程式，可以方便地得出函数关系 $D=f(A)$ 数学方程如下

$$D=(A-A_0)(D_m-D_0)/(A_m-A_0)+D_0$$

【例 6-1】 压力传感器（含变送器）量程为 $P=P_{max}-P_{min}=(16-0)MPa=16MPa$，输出信号是 4～20mA，模拟量输入模块设置为单极性输入信号 0～20mA，转换为 0～32000 数字量。

由线性关系得，0～16MPa（输出信号是 4～20mA）对应的数字量为 6400～32000。

1）假设数字量为 $D=12800$，则对应的压力值为多少？

传感器输出电流：$X=[(12800-6400)(20-4)/(32000-6400)+4]mA=8mA$

传感器输入压力：$P=[(X-4)(16-0)/(20-4)]MPa =4MPa$

将 X 代入 P：$P =((D-D_0)(A_m-A_0)/(D_m-D_0))(P_{max}-P_{min})/(A_m-A_0)$

假设该模拟量输入模块与 AIW0 对应，则当 AIW0 的值为 12800 时，相应的模拟电信号为 8mA，相应的压力值为 4 MPa，则用户可以编程实现对压力 P 直接显示。

2）假设输入压力为 8 MPa，则对应的数字量是多少？

传感器输出电流：$X=\{8/[(16-0)/(20-4)]+4\}mA=12mA$

数字量：$D=(12-4)(32000-6400)/(20-4)+6400=19200$

【例 6-2】 模拟量编程示例。采用 CPU 222 PLC，仅带一个模拟量扩展模块 EM 235，该模块的第一个通道地址为 AIW0，输入端连接一块温度变送器，该变送器输入量程 $T_{max}-T_{min}=100℃$，输出电流为 4～20mA。则温度 T 与 AIW0 单元数字量 D 转换关系为

$$T = ((D-D_0)(A_m-A_0)/(D_m-D_0))(T_{max}-T_{min})/(A_m-A_0)$$
$$= ((AIW0-6400)(20-4)/(32000-6400))\times(100-0)/(20-4)$$
$$= (AIW0-6400)/256$$

数字量转换为温度值梯形图程序如图 6-9 所示。

图 6-9　数字量转换为温度值梯形图程序

编译并运行程序，观察程序状态，VW30 即为实际温度值。

6.3　PID 控制指令及应用

S7-200 系列 PLC 设置了专用于 PID 运算的回路表参数和 PID 回路指令，可以较为方便地实现闭环 PID 控制系统。

6.3.1　PID 回路输入转换及标准化数据

1．PID 回路

S7-200 为用户提供了 8 条 PID 控制回路，回路号为 0～7，即可以使用 8 条 PID 指令实现 8 个回路的 PID 运算。

2．回路输入转换及标准化数据

每个 PID 回路有两个输入量，给定值（SP）和过程变量（PV）。一般控制系统中，给定值通常是一个固定的值。由于给定值和过程变量都是现实世界的某一物理量值，其大小、范围和工程单位都可能有差别，所以，在 PID 指令对这些物理量进行运算之前，必须对它们及其他输入量进行标准化处理，即通过程序将它们转换成标准的浮点型（0.0～1.0）表达形式，以便于 PID 指令进行运算，其过程如下。

1）首先将 PLC 读取的输入参数（16 位整数值）转成浮点型实数值，其实现方法可通过下列指令序列实现：

```
ITD AIW0，AC0          //将输入值转换为双整数
DTR AC0，  AC0          //将 32 位双整数转换为实数
```

2）然后将实数值表达形式转换成 0.0～1.0 之间的标准化值，可采用下列公式实现：
$$R_{Norm}=(R_{Raw}/S_{span})+Offset$$
式中，R_{Norm} 为经标准化处理后对应的实数值；R_{Raw} 为没有标准化的实数值或原值；R_{Norm} 变化范围在 0.0～1.0 时 Offset 为 0.0（单极性），R_{Norm} 在 0.5 上下变化时 Offset 为 0.5（双极

性）；S_{span} 为值域大小，即可能的最大值减去可能的最小值，单极性典型值为 32 000，双极性典型值为 64 000。

把双极性实数标准化为 0.0~1.0 之间实数的实现方法可通过下列指令序列实现：

```
/R 64000.0, AC0      //累加器中的标准化值
+R 0.5, AC0          //加上偏置，使其在 0.0~1.0 之间
MOVR AC0, VD100      //标准化的值存入回路表
```

上述指令/R、+R 功能参看附录。

6.3.2　PID 回路输出值转换成标定数据

PID 回路输出值一般是用来控制系统的外部执行部件（如电炉丝加热、电动机转速等），由于执行部件 PID 回路输出的是 0.0~1.0 之间标准化的实数值，对于模拟量控制的执行部件，回路输出在驱动模拟执行部件之前，必须将标准化的实数值转换成一个 16 位的标定整数值，这一转换是上述标准化处理的逆过程。转换过程如下。

1）首先将回路输出转换成一个标定的实数值，转换公式为

$$R_{scal}=(M_n-\text{Offset})\times S_{pan}$$

式中，R_{scal} 为回路输出按工程标定的实数值；M_n 为回路输出的标准化实数值；Offset 为 0.0（单极性）或 0.5（双极性）；S_{pan} 为值域大小，单极性典型值为 32 000，双极性典型值为 64 000。

实现这一过程的指令序列如下：

```
MOVR VD108, AC0      //把回路输出值移入累加器（PID 回路表首地址为 VB100）
−R   0.5,  AC0       //仅双极性有此句
*R   64000.0, AC0    //在累加器中得到标定值
```

上述指令/R、*R 功能参看附录。

2）然后把回路输出标定实数值转换成 16 位整数，可通过下面的指令序列来完成：

```
ROUND AC0，AC0       //把 AC0 中的实数转换为 32 位整数
DTI   AC0, LW0       //把 32 位整数转换为 16 位整数
MOVW  LW0，AQW0      //把 16 位整数写入模拟输出寄存器
```

6.3.3　正作用和反作用回路

由于系统的各个环节（执行器、对象）输入/输出之间的正、反作用是由生产工艺需求决定的，因此，必须确定包括 PID 回路在内的闭环控制系统为负反馈，才能保证控制质量指标。如果系统为正反馈，则系统输出得不到控制，反而愈演愈烈甚至引起系统崩溃。

为了保证系统实现负反馈，在控制对象、执行机构的正、反作用确定后，必须正确选择 PID 控制器（回路）输入与输出之间的正、反作用。在程序设计时，如果选择为正作用，PID 输出表达式为（回路增益）正号；如果选择为反作用，PID 输出表达式（回路增益）为负号。对于增益值为 0.0 的 I 或 D 控制，如果设定积分时间、微分时间为正，就是正作用回路；如果设定其为负值，就是反作用回路。

例如，某制冷系统的执行机构是控制电动机的转速。各环节正反作用如下。

1）电动机转速上升，对象的温度下降，对象环节为反作用。

2）执行机构电动机的（输入）控制信号（即 PID 控制器输出信号）上升，电动机转速上升，显然执行机构为正作用。

3）温度传感器一般为正作用。

如何确定确定控制器的正、反作用呢？根据偏差的产生（或计算公式）有以下两种情况。

1）设偏差 $e=SV$（给定值）$-PV$（测量值）。

工作过程如下。

① 当系统输出温度的测量值上升，偏差 e 下降（反方向变化）。

② 如果选择 PID 控制器为正作用，则控制器输出信号也下降。

③ 执行机构输入信号下降，电动机转速下降，对象的温度上升，显然系统为正反馈。

因此，在这种情况下，该系统的 PID 控制必须取反作用才能保证控制系统为负反馈。

2）设偏差 $e=PV$（测量值）$-SV$（给定值）。

工作过程如下。

① 当系统输出温度的测量值上升，偏差 e 上升。

② 如果选择 PID 控制器为正作用，则控制器输出信号上升。

③ 执行机构输入信号也上升，电动机转速上升，对象的温度下降，显然系统为负反馈。

因此，在这种情况下，该系统的 PID 必须取正作用才能保证控制系统为负反馈。

在 PLC 的 PID 控制指令中对 PID 正反动作的一般规定如下。

1）反动作（作用）是指当前值（测量值 PV）大于设定值 SV 时，PID 控制器输出量增加。例如，对空调（执行机构）的控制，空调未起动时室温上升，超过设定值，则起动空调。

2）正动作（作用）是指当前值（测量值 PV）小于设定值 SV 时，PID 控制器输出量增加。例如，当加热炉的炉温低于设定值时控制器输出信号增加，控制加热装置以升高炉温。

显然，S7-200 PLC 的 PID 指令中的偏差是按 $e=SV$（给定值）$-PV$（测量值）来计算的。

6.3.4 回路输出变量范围、控制方式及特殊操作

1. 过程变量及范围

过程变量和给定值是 PID 运算的输入值，因此回路表中的这些变量只能被 PID 指令读而不能被改写，而输出变量是由 PID 运算产生的，所以在每一次 PID 运算完成之后，需更新回路表中的输出值，输出值被限定在 0.0～1.0。当输出由手动转变为自动控制时，回路表中的输出值可以用来初始化输出值。

如果使用积分控制，积分项前值要根据 PID 运算结果更新。这个更新了的值用作下一次 PID 运算的输入，当计算输出值超过范围（大于 1.0 或小于 0.0），那么积分项前值必须根据下列公式进行调整。

当输出 $M_n > 1.0$ 时，有

$$MX = 1.0 - (MP_n + MD_n)$$

当输出 $M_n < 0.0$ 时，有

$$MX=-(MP_n+MD_n)$$

式中，MX 为积分前项值；MP_n 为第 n 个采样时刻的比例项值；MD_n 为第 n 个采样时刻的微分项值；M_n 为第 n 采样时刻的输出值。

这样调整积分前项值，一旦输出回到范围后，可以提高系统的响应性能。而且积分前项值限制在 0.0～0.1 之间，在每次 PID 运算结束时，把积分前项值写入回路表，以备在下次 PID 运算中使用。

在实际运用中，用户可以在执行 PID 指令以前修改回路表中积分项前值，以求对控制系统的扰动影响最小。手工调整积分前值时，应保证写入的值在 0.0～1.0。

回路表中的给定值与过程变量的差值（e）主要用于 PID 运算中的差分运算，用户最好不要去修改此值。

2．控制方式

S7-200 的 PID 回路没有设置控制方式，只有当 PID 盒接通时，才执行 PID 运算。在这种意义上说，PID 运算存在一种"自动"运行方式。当 PID 运算不被执行时，称为"手动"模式。

同计数器指令相似，PID 指令有一个使能位，当该使能位检测到一个信号的正跳变（从 0 到 1），PID 指令执行一系列的动作，使 PID 指令从手动方式无扰动地切换到自动方式。为了达到无扰动切换，在转变到自动控制前，必须把手动方式下的输出值填入回路表中的输出栏中。PID 指令对回路表中的值进行下列动作，以保证当使能位正跳变出现时，从手动方式无扰动切换到自动方式：

置给定值(SP_n)=过程变量(PV_n)

置过程变量前值(PV_{n-1})=过程变量现值(PV_{n-1})

置积分项前值(MX)=输出值(M_n)

3．特殊操作

特殊操作是指故障报警、回路变量的特殊计算及跟踪检测等操作。虽然 PID 运算指令简单、方便且功能强大，但对于一些特殊操作，仍须使用 S7-200 支持的基本指令来实现。

6.3.5　PID 回路表

回路表用来存放控制和监视 PID 运算的参数，每个 PID 控制回路都有一个确定起始地址（TBL）的回路表。每个回路表长度为 80B，0～35B（36～79B 保留给自整定变量）用于填写 PID 运算公式的 9 个参数，这些参数分别是过程变量当前采样值（PV_n）、过程变量前一采样值（PV_{n-1}）、给定值（SP_n）、输出值（M_n）、增益（K_c）、采样时间（T_s）、积分时间（T_i）、微分时间（T_d）和积分项前值（MX），其回路表格式见表 6-2。

表 6-2　PID 回路表

地址	参数（域）	数据格式	类型	数据说明
表起始地址+0	过程变量（PV_n）	实数	IN	0.0～1.0
表起始地址+4	设定值（SP_n）	实数	IN	0.0～1.0
表起始地址+8	输出（M_n）	实数	IN/OUT	0.0～1.0

地址	参数（域）	数据格式		类型	数据说明
表起始地址+12	增益（K_c）	实数	IN		比例常数可大于 0 或小于 0
表起始地址+16	采样时间（T_s）	实数	IN		单位：s（正数）
表起始地址+20	积分时间（T_i）	实数	IN		单位：min（正数）
表起始地址+24	微分时间（T_d）	实数	IN		单位：min（正数）
表起始地址+28	积分前项（MX）	实数	IN/OUT		0.0～1.0
表起始地址+32	过程变量前值（PV_{n-1}）	实数	IN/OUT		上一次执行 PID 指令时的过程变量

注：表中偏移地址是指相对于回路表的起始地址的偏移量。

其中，采样时间（周期 T_s）是指在一次采样周期内进行一次数字化的 PID 运算，周而复始地连续执行 PID 控制程序。

采样周期越小，采样值越能反映模拟量的真实变化情况，但采样频率过高，在采样值发生突变但其相邻两次的采样值几乎不变时，其数字化的微分控制将失去作用。采样周期的选择应保证在被控量最大变化时，有足够多的采样点数再现模拟量中比较完整的信息。一般采样频率应在被采样模拟信号频率的 7 倍以上。

根据过程控制应用实例中的经验数据，常用过程控制测量参数的采样周期数据如下：温度 8s；流量 1s；压力 4s；液位 6s；成分分析 8s。

注意：PID 的 8 个回路都应有对应的回路表，可以通过数据传送指令完成对回路表的操作。

6.3.6 PID 回路指令

PID 运算通过 PID 回路指令来实现，其指令格式如图 6-10 所示。

图 6-10 PID 回路指令格式

其中，EN 为启动 PID 指令输入信号；TBL 为 PID 回路表的起始地址（由变量存储器 VB 指定字节性数据）；LOOP 为 PID 控制回路号（0～7）。

在输入有效时，根据回路表（TBL）中的输入配置信息，对相应的 LOOP 回路执行 PID 回路计算，其结果经回路表指定的输出域输出。

在使用 PID 回路指令时，应注意以下方面。

1）在使用该指令前，必须建立回路表，因为该指令是以回路表 TBL 提供的过程变量、设定值、增益、积分时间、微分时间及输出等进行运算的。

2）PID 指令不检查回路表中的一些输入值，必须保证过程变量和设定值为 0.0～1.0。

3）该指令必须使用在以定时产生的中断程序中。

4）如果指令指定的回路表起始地址或 PID 回路号操作数超出范围，则在编译期间，CPU 将产生编译错误（范围错误），从而编译失败；如果 PID 算术运算发生错误，则特殊存储器标志位 SM1.1 置 1，并且中止 PID 指令的执行。在下一次执行 PID 运算之前，应改变引起算术运算错误的输入值。

6.3.7　PID 参数工程整定

在稳定系统中，如果系统受到干扰，偏离了平衡状态，但系统经过控制器的调整仍然能够恢复到一个新的稳态（静态），这个所谓的调整就是对 PID 参数进行设置。

如何确定 PID 算法中的比例增益 K_p、积分时间 T_i 及微分时间 T_d（PID 参数设置），是决定系统动态过程及静态指标的重要因素。

PID 参数设置又称为 PID 参数工程整定，常用的整定方法有临界比例（度）法、衰减曲线法、反应曲线法及经验法。

1．临界比例（度）整定方法

临界比例（度）法整定步骤如下。

1）在系统闭环的情况下，置控制器的积分时间 $T_i=\infty$，微分时间 $T_d=0$，比例放大倍数 $K_c=1$。

2）然后使 K_c 由小向大逐步改变。每改变一次 K_c 值时，给定系统施加一个阶跃干扰，同时观察被控变量的变化情况。若测量值（被控变量）的过渡过程呈衰减振荡，则继续增大 K_c 值；若被控变量的过渡过程呈发散振荡，则应减小 K_c 值，直至过渡过程出现等幅振荡，如图 6-11 所示。

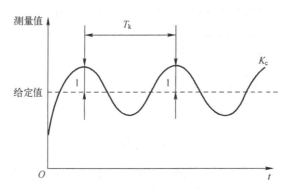

图 6-11　测量值的临界等幅振荡

3）这时过渡过程称为临界振荡过程。这时的 K_c 为临界放大倍数，振荡周期 T_k 则称为临界周期。可以根据 K_c 和 T_k 试验数据，按表 6-3 给出的经验公式，计算出当采用不同类型的控制器时，使系统的过渡过程峰值呈 4：1 衰减振荡状态（希望的动态过程）的控制器参数值。

表 6-3　临界比例（度）整定 PID 参数整定经验公式

控制算法	控制算法参数		
	P	I	D
P	$0.5K_c$	∞	0
PI	$0.4 K_c$	$0.8T_k$	0
PID	$0.6 K_c$	$0.5 T_k$	$0.12T_k$

由表 6-3 中的 PID 参数可以看出，纯比例控制的比例系数是临界比例系数 K_c 的 0.5 倍。这表明在系统等幅振荡的情况下，要想获得系统衰减振荡状态的过渡过程，应该降低 K_c，使控制作用适当减弱。

2. 经验整定方法

工程中广泛使用的是 PID 参数的经验整定方法。所谓的经验整定方法，不仅仅是长期 PID 整定经验的总结和体现，而且要遵循控制系统的基本规律。

设第 n 次采样时的标准 PID 输出为

$$M_n=K_c e_n+K_c(T_s/T_i)e_n+K_c(T_d/T_s)(e_n-e_{n-1})$$

其中，比例增益、积分时间和微分时间分别为 K_c、T_i 和 T_d。可以看出，K_c 越大、T_i 越小，T_d 越大，则 PID 输出 M_n 就越大，反之越小。M_n 越大，代表 PID 控制作用越强。PID 控制作用越强，消除偏差的能力越强，但系统输出的工作频率增加（即不稳定性增加）。反之，M_n 越小，代表 PID 控制作用越弱，系统消除偏差的能力越弱，系统输出的工作频率减小。

根据以上思想，经验法整定可以依据系统参数曲线进行 PID 参数整定，以使系统达到最佳状态，可以根据以下方面进行。

1）为了保证系统的安全，在调试开始时应设置比例增益系数不要太大，积分时间不要太小，微分时间不要太大，即设置 PID 输出量小一些，控制作用弱一些，以避免出现异常情况。

2）在干扰作用下，当系统测定值产生较大偏差时，说明控制作用太弱，可以适当选择增加比例增益或减小积分时间或增加微分时间及其组合。

3）当系统测定值产生振荡时，说明控制作用太强，可以适当选择减小比例增益或增大积分时间或减小微分时间及其组合。

4）微分作用强可以减小系统的最大偏差，但系统容易产生振荡且频率较高。

5）如果系统消除偏差的时间长，需要增强积分作用，即适当减小积分时间；如果积分作用太强，系统消除偏差的能力强，但系统的振荡频率提高，即不稳定性增加。

6）如果是纯比例控制，比例作用太强，则系统偏差减小，但系统稳态时不能消除偏差。

PID 参数的整定是一个综合的、各参数互相影响的过程，实际调试过程中需要多次尝试，对其反复调整，才能得到比较好的效果。

6.3.8 PID 编程步骤及应用

综合前面几节所述，下面结合某一水箱的水位控制来说明 PID 控制程序的编写步骤。

水箱控制要求如下。

1）被控参数（过程变量）：水箱水位，通过液位变送器产生与水位下限～上限线性对应的单极性模拟量。

2）设定值：满水箱水位液位的 60%。

3）调节参数：通过控制水箱进水调节阀门的开度调节水位，回路输出单极性模拟量控制调节阀开度（0～100%）。

4）要求水位维持在设定值，在水位发生变化时，快速消除余差。

根据以上要求，控制系统宜采用 PI 或 PID 控制回路，设正回路可构成控制系统为闭合负反馈系统，依据工程设备特点及经验参数，初步设置 PID 回路参数为

增益：K_c=0.5

积分时间：T_i=35min

微分时间：T_d=20min

采样时间：T_s=0.2s（采用定时中断周期为 200ms 实现）

PID 回路参数主要是设置增益 K_c、积分时间 T_i、微分时间 T_d，这些参数直接影响控制系统的调节性能，由前已述及的 PID 调节输出数学表达式可知，增益 K_c 增大、积分时间 T_i 减小、微分时间 T_d 增加，其输出量增加，调节作用增强，对被调参数变化的影响就大，但系统的不稳定性就会增加。因此，要根据被控对象的动态特性及系统运行时被调参数变化情况对 PID 回路参数进行反复调整，直至系统达到所期望的工作状态。对 PID 参数进行调整的这一过程通常称为 PID 参数工程整定。

在实际工程中，系统的输入信号（如量程、零点迁移、A/D 转换等）、输出信号（如 D/A 转换、负载所需物理量等）及 PID 参数整定等工程问题都要综合考虑及处理。读者应参考相关技术资料做相应处理。

下面仅给出 PID 控制回路的编程步骤及程序。

1）首先指定内存变量区回路表的首地址（设为 VB200）。

2）根据表 6-2 格式及地址，设定值 SP_n 写入 VD204（双字，下同），为使系统为负反馈，增益 K_c 以正值写入 VD212，采样时间 T_s 写入 VD216，积分时间 T_i 写入 VD220，微分时间 T_d 写入 VD224，PID 输出值由 VD208 输出。

3）设置定时中断初始化程序，PID 指令必须使用在定时中断程序中（中断事件号为 10 或 11）。

4）读取过程变量模拟量 AIW2，并进行回路输入转换及标准化处理后写入回路表首 VD200。

5）执行 PID 回路运算指令。

6）对 PID 回路运算的输出结果 VD208 进行数据转换后送入模拟量输出 AQW0，作为控制调节阀的信号。

在实际工程中，还要设置参数报警、手动/自动无扰动切换等操作。

PID 回路表和定时 0 中断初始化程序如图 6-12 所示；PID 运算中断处理程序如图 6-13 所示。

图 6-12　PID 回路表及定时 0 中断初始化子程序

图 6-13 PID 运算中断处理程序

6.4 PID 指令向导

S7-200 系列 PLC 的 PID 功能是通过 PID 指令来实现的。PID 指令执行前后，需要编程设置 PID 回路表、进行各种数据类型的转换等操作。为了更方便地应用 PID 指令，在 SETP 7-Micro/WIN V4.0 编程环境中，提供了通过 PID 向导生成 PID 指令和程序，而不需要进行烦琐的数据转换，用户可以通过程序直接调用 PID 指令。

1. 利用 PID 指令向导生成 PID 指令（子程序）

下面通过 PID 指令向导介绍 PID 指令的生成过程。

1）运行 SETP 7-Micro/WIN V4.0，在如图 6-14 所示的指令树中，单击"向导"→"PID"（或单击菜单"工具"→"指令向导"→选择"PID"→单击按钮"下一步"），弹出 PID 回路选择对话框，如图 6-15 所示。

图 6-14　指令树　　　　　　　　　　　图 6-15　PID 指令向导-PID 回路选择

在对话框中，设置 PID 回路（0~8），可以选择"0"回路。

2）单击按钮"下一步"，弹出"PID 参数设置"对话框，如图 6-16 所示。

这里可以设置给定值的实数范围（0.0~100.0，表示占测量值的百分比）；输入回路 PID 参数及采样时间。

3）单击按钮"下一步"，弹出回路输入/输出参数项对话框，如图 6-17 所示。

图 6-16　PID 参数设置　　　　　　　　　　图 6-17　输入/输出参数

这里可以根据用户需要选择输入量类型和输出量类型。

4）单击按钮"下一步"，弹出"回路报警对话框"如图 6-18 所示。

这里分别选择反映控制过程的低限报警、高限报警和模拟量输入模块报错（在使用 CPU 模块自带的模拟量时不需要选择该项）。

5）单击按钮"下一步"，弹出"为配置分配数据存储区"对话框，如图 6-19 所示。

图 6-18　设置回路报警值　　　　　　　　　图 6-19　分配数据存储区

这里需要为 PID 指令指定一个 120B 的 V 数据存储区（处理 PID 运算工作），并且定义一个起始地址（默认 VB0）。

6）单击按钮"下一步"，弹出对话框如图 6-20 所示。该对话框可以输入初始化子程序和中断程序的名称，也可以使用向导提供的默认名称。可以选择是否需增加 PID 回路的手动输出（不执行 PID 运算）模式。

7）单击按钮"下一步"，在弹出的对话框中，单击按钮"完成"，将自动生成以上 PID 子程序、中断程序及符号表等项，如图 6-21 所示。

图 6-20　定义 PID 子程序、中断程序名称及手动控制　　　图 6-21　生成 PID 子程序及中断程序等

8）完成 PID 向导配置后，在 SETP 7-Micro/WIN V4.0 编程窗口的指令树中，单击"指令"→"调用子程序"，增加 PID 子程序 PID0_INIT，如图 6-22 所示。

2．PID 子程序的调用

用户在编辑 PLC 应用程序中需要调用 PID 子程序时，可以直接双击指令树中的"PID_INIT"，然后输入 PID 子程序各参数值，即完成 PID 编程，如图 6-23 所示。

图 6-22 指令树中生成的 PID 子程序

图 6-23 在程序中调用 PID 子程序

在图 6-23 中的 PID 指令（子程序）各参数含义如下。

1）EN：使能位，必须使用 SM0.0 控制。

2）PV_I：PID 回路的过程变量（设为 AIW0 输入）。

3）Setpoint_R：PID 回路设定值[设为 50，表示过程变量量程（测量范围）的 50%]。

4）AUTO：PID 手动/自动方式（设为 I1.0 为"1"时为自动 PID 输出，I1.0 为"0"时，PID 停止计算，AQW0 输出为 ManualOutput 中的设定值）。

5）ManualOutput：手动模式下的输出值（0.5 表示输出范围的 50%）。

6）Output：PID 输出（AQW0 为模拟量输出）。

7）HighAlarm：高限报警（Q1.0 输出"1"）。

8）LowAlarm：低限报警（Q1.1 输出"1"）。

9）ModuleErr：模拟量输入模块报错（Q1.2 输出"1"）。

由 PID 指令向导生成的 PID 指令中的 PID 参数整定，可以使用 SETP 7-Micro/WIN V4.0 工作菜单中的"PID 调节控制面板"进行在线设置和整定，读者可以参考 S7-200 相关资料。

6.5 实验 6 PLC 模拟信号采集及 PID 闭环控制系统

6.5.1 PLC 模拟信号采样系统

1. 实验目的

1）熟悉模拟信号采集的方法及模拟量扩展模块的使用。

2）掌握利用定时中断实现模拟量采集的编程方法。

2. 控制系统要求

某压力变送器量程为 0～10MPa，输出信号为 DC 4～20mA，S7-200 模拟量扩展模块 EM 235 将 DC 0～20mA 转换为 0～32000 的数字量。

要求采样频率为每秒 10 次，使用一位 7 段 LED 显示器显示相应压力值，当压力

P<4MPa 时，进行下限报警；当压力 P>9MPa 时，进行上限报警。

3．实验设备及元器件

1）S7-200 PLC 实验工作台或 PLC 装置、EM 235 扩展模块。

2）安装有 STEP7-Micro/WIN 编程软件的 PC。

3）PC/PPI+通信电缆线。

4）常开、常闭按钮若干个，指示灯及导线等必备元器件。

4．控制系统设计

1）EM 235 扩展模块接线参考如图 6-8 所示，模拟输入通道 A、B、C、D 的地址分别为 AIW0、AIW2、AIW4、AIW6；LED 显示器由输出端口 QB0 驱动。

2）编写实现定时中断 0（中断事件号为 10）的控制程序，要求每 100ms 周期性执行中断处理程序，采集模拟量输入信号（4～20mA）到 PLC 模拟通道 AIW0，并送入处理单元 VW100。下限报警驱动 Q1.0，上限报警驱动 Q1.1，并有人工清除功能。模拟信号采样上下限报警梯形图程序如图 6-24 所示。

主程序   中断程序

图 6-24　模拟信号采样上下限报警梯形图程序

5．实验操作步骤

1）将 PC/PPI+通信电缆线与 PC 连接。

2）将 EM 235 扩展模块通过 PLC 扩展槽口连接在一起。

3）连接模拟信号及工作电源。

4）启动 STEP 7-Micro/WIN 编程软件，编辑相应实验内容的梯形图程序。

5）编译、保存并下载梯形图程序到 S7-200 PLC 中。

6）启动运行 PLC，观察运行结果，发现运行错误或需要修改程序则重复上面过程。

6. 注意事项

1）主程序中的取指令使用的是 SM0.1，不能使用 SM0.0，否则，系统不能正常工作。

2）需要对 AIW0 进行标度变换（程序中由 IW0 开关（数字）量替代 AIW0 作为输入信号），压力 P 与数字量 D 的转换公式如下：

$$P =[(D-D_0)(A_m-A_0)/(D_m-D_0)]\times(P_{max}-P_{min})/(A_m-A_0)$$
$$=[(AIW0-6400)(20-4)/(32000-6400)]\times(10-0)/(20-4)$$
$$=(AIW0-6400)/256$$

3）注意电源极性、电压值是否符合所使用 PLC 输入、输出电路及指示灯的要求。

7. 实验操作报告

1）整理出运行调试后的梯形图程序。

2）写出该程序的调试步骤和观察结果。

6.5.2 PID 闭环控制系统

1. 实验目的

熟悉使用西门子 S7-200 PLC 的 PID 闭环控制，通过对实例的模拟，熟练地掌握 PLC 控制的流程和程序调试。

2. 控制系统要求

使用带有模拟量输入/输出的 CPU 224XP，通过热电阻传感器经温度变送器输出给模拟输入通道，模拟输出通道输出 0～5V 电压，通过驱动模块控制加热器，以控制其温度值达到设定值。

设置 PID 回路参数，包括过程变量（被调参数）、设定值、采样时间、比例增益、积分时间及微分时间等。

3. 设备及元器件

1）S7-200 CPU 224XP PLC 装置（自带模拟输入/输出通道）、PT100 热电阻传感器及热电阻温度变送器、驱动模块输入电压信号 0～5V，输出电压及电流可根据选用加热器功率确定。

2）安装有 STEP 7-Micro/WIN 编程软件的 PC。

3）PC/PPI+通信电缆线、线路连接导线。

4. 控制系统设计

1）采用 Pt100 热电阻传感器测温，经温度变送器输出给 PLC 模拟通道 A。

闭环温度控制系统硬件电路如图 6-25 所示。

图 6-25　闭环温度控制硬件电路

2）PID 控制程序如图 6-26 所示（供参考）。

图 6-26　PID 控制程序

INT_0 10号（定时中断0）处理程序
INT-0

图 6-26 PID 控制程序（续）

5．实验操作步骤

1）建立闭环温度控制系统硬件电路。

2）将 PC/PPI+通信电缆线与 PC 连接。

3）运行 STEP 7-Micro/WIN 编程软件，编辑主程序、子程序及中断处理程序直至编译成功。

4）保存、下载梯形图程序到 S7-200 PLC 中。

5）启动运行 PLC，观察运行结果，发现运行错误或需要修改程序则重复上面过程。

6. 注意事项

1）CPU 224XP 外部接线可以参考图 2-23。

2）温度变送器、驱动模块在选择时要确定其输入/输出控制参数及电源是否符合系统要求。

7. 实验操作报告

1）整理出运行调试后的梯形图程序。

2）写出该程序的调试步骤和观察结果。

6.6　思考与练习

1．某压力变送器，压力测量范围为 0.1～1MPa，其相应输出电流是 DC 4～20mA，模拟量输入模块将 0～20mA 转换为 0～32000 的数字量。设转换后的数字量为 12800，送入 VW100，编写实现模拟量采样的梯形图程序，并计算对应的压力值是多少？

2．试画出 EM 235 模拟量扩展模块 I/O 端口接线图，指出其应用注意要点。

3．指出 PID 控制算法的物理意义。简述比例系数、积分时间及微分时间对系统的影响。

4．PID 回路指令能否工作在任何程序段中？

5．指出 PID 回路表各参数的含义及数据范围。

6．设置 PID 回路表中的采样时间后，PLC 控制程序通过什么方法完成模拟量采样的，应注意哪些问题？

7．PID 控制程序中，模拟量-数字量-标准量是如何进行标度变换的？

8．举例使用 PID 指令向导产生 PID 指令并用于编程。

9．为什么要进行 PID 参数的工程整定？

10．如何确定和实现 PID 回路的正、反作用？

11．根据 6.5.2 实验项目的梯形图程序，简述 PID 控制回路的程序结构及注意要点。

第7章 S7-200 PLC 网络通信及应用

随着自动化技术的提高和网络应用迅猛发展的需求，PLC 与 PLC、PLC 与 PC 以及 PLC 与其他控制设备之间能迅速、准确地进行通信已成为自动控制领域的热门技术。将传统的单机集中自动控制系统发展为分级分布式控制系统，能降低系统成本，分散系统风险，提高系统速度，增强系统可靠性和灵活性。本章首先介绍 PLC 常用通信接口，然后介绍 S7-200 PLC 的通信网络、通信组态、通信指令及应用等内容，同时还详细阐述如何利用 STEP 7-Micro/WIN 建立和配置网络。

7.1 PLC 常用通信接口

1. 串行通信接口标准

数据通信主要有并行通信和串行通信两种方式，PLC 通信主要采用串行异步通信，其常用的串行通信接口标准有 RS-232C、RS-422A 和 RS-485 等。

RS-232、RS-422 与 RS-485 均为串行数据接口标准，最初都是由美国电子工业协会（EIA）制订并发布的，RS-232 在 1962 年发布，命名为 EIA-232-E，作为工业标准，以保证不同厂家产品之间的兼容。RS-422 由 RS-232 发展而来，它是为弥补 RS-232 之不足而提出的。为改进 RS-232 通信距离短、速率低的缺点，RS-422 定义了一种平衡通信接口，将传输速率提高到 10Mbit/s，传输距离延长到 4000ft（速率低于 100kbit/s 时），并允许在一条平衡总线上连接最多 10 个接收器。RS-422 是一种单机发送、多机接收的单向、平衡传输规范，被命名为 TIA/EIA-422-A 标准。为扩展应用范围，EIA 又于 1983 年在 RS-422 基础上制定了 RS-485 标准，增加了多点、双向通信能力，即允许多个发送器连接到同一条总线上，同时增加了发送器的驱动能力和冲突保护特性，扩展了总线共模范围，后命名为 TIA/EIA-485-A 标准。由于 EIA 提出的建议标准都是以"RS"作为前缀，所以在通信工业领域，仍然习惯将上述标准以 RS 作前缀称谓。其有关电气参数参见表 7-1。

表 7-1 RS-232、RS-422 与 RS-485 电气参数

参　数	RS-232	RS-422	RS-485
工作方式	单端	差分	差分
节点数	1 收、1 发	1 发 10 收	1 发 32 收
最大传输电缆长度/ft	50	400	400
最大传输速率	20kbit/s	10Mbit/s	10Mbit/s
最大驱动输出电压	+/-25V	-0.25～+6V	-7～+12V
驱动器输出信号电平（负载最小值）	+/-5～+/-15V	+/-2.0V	+/-1.5V
驱动器输出信号电平（空载最大值）	+/-25V	+/-6V	+/-6V

参　数	RS-232	RS-422	RS-485
驱动器负载阻抗	3～7kΩ	100Ω	54Ω
摆率（最大值）	30V/μs	N/A	N/A
接收器输入电压范围	+/-15V	−10～+10V	−7～+12V
接收器输入门限	+/-3V	+/-200mV	+/-200mV
接收器输入电阻	3～7kΩ	4kΩ（最小）	≥12kΩ
驱动器共模电压		−3～+3V	−1～+3V
接收器共模电压		−7～+7V	−7～+12V

RS-232、RS-422 与 RS-485 标准只对接口的电气特性做出规定，而不涉及接插件、电缆或协议，在此基础上用户可以建立自己的高层通信协议。因此在视频界的应用中，许多厂家都建立了一套高层通信协议，或公开或厂家独家使用。不同厂家的接口控制协议是有差异的，视频服务器上的控制协议则更多了，如 Louth、Odetis 协议是公开的，而 ProLINK 则是基于 Profile 上的。

2．RS-232C

RS-232C 是美国电子工业协会于 1969 年公布的通信协议，它的全称是"数据终端设备（DTE）和数据通信设备（DCE）之间串行二进制数据交换接口技术标准"。RS-232C 接口标准是目前计算机和 PLC 中最常用的一种串行通信接口。

RS-232C 采用负逻辑，用-5～-15V 表示逻辑"1"，用+5～+15V 表示逻辑"0"。噪声容限为 2V，即要求接收器能识别低至+3V 的信号作为逻辑"0"，高到-3V 的信号作为逻辑"1"。RS-232C 只能进行一对一的通信，RS-232C 可使用 9 针或 25 针的 D 型连接器进行连接，表 7-2 列出了 RS-232C 接口各引脚信号的定义以及 9 针与 25 针引脚的对应关系。PLC一般使用 9 针的连接器。

表 7-2　RS-232C 接口各引脚信号的定义

引脚号（9 针）	引脚号（25 针）	信号	方向	功　能
1	8	DCD	IN	数据载波检测
2	3	RXD	IN	接收数据
3	2	TXD	OUT	发送数据
4	20	DTR	OUT	数据终端装置（DTE）准备就绪
5	7	GND		信号公共参考地
6	6	DSR	IN	数据通信装置（DCE）准备就绪
7	4	RTS	OUT	请求传送
8	5	CTS	IN	清除传送
9	22	CI（RI）	IN	振铃指示

由于发送电平与接收电平的差仅为 2～3V，另外 RS-232C 的电气接口采用单端驱动、单端接收的电路，容易受到公共地线上的电位差和外部引入的干扰信号的影响，其共模抑制能力差，再加上双绞线上的分布电容，其传送距离不能太长。

RS-232C 标准规定：当误码率小于 4%时，要求导线的电容值应小于 2500pF。对于普通导线，其电容值约为 170pF/m，则允许距离 L=2500pF/（170pF/m）=15m。这一距离的计算，是偏于保守的，实际应用中，当使用 9600bit/s、普通双绞屏蔽线时，距离可达 30～35m。RS-232C 最高速率为 20kbit/s。RS-232C 是为点对点（即只用一对收、发设备）通信而设计的，其驱动器负载为 3～7kΩ。所以 RS-232C 适合本地设备之间的通信。当然，在使用 MODEM 时，传输距离会比较远。

RS-232C 接口随应用方式的不同其连接方式也不相同。

当通信距离较近时，可不需要 MODEM，通信双方可以直接连接，这种情况下，只需使用少数几根信号线。最简单的通信情况，在通信中根本不需要 RS-232C 的控制联络信号，只需三根线（发送线、接收线及信号地线）便可实现全双工异步串行通信。RS-232 近距离标准连接如图 7-1a 所示。

在直接连接时，如果需要考虑到 RS-232C 的联络控制信号，则采用零 MODEM 方式的标准连接方法。图 7-1b 是零 MODEM 方式的最简单连接（即三线连接），可以看出，只要请求发送 RTS 有效和数据终端准备好 DTR 有效就能开始发送或接收。

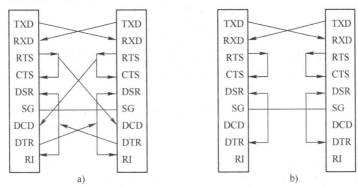

图 7-1　RS-232C 近距离通信连接方法

3．RS-422 与 RS-485 串行接口标准

RS-422、RS-485 串行接口标准的数据信号采用差分传输方式，也称作平衡传输，它使用一对双绞线，将其中一线定义为 A，另一线定义为 B，如图 7-2 所示。

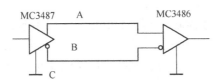

图 7-2　平衡驱动差分接收电路

通常情况下，发送驱动器 A、B 之间的正电平为+2～+6V，是一个逻辑状态，负电平为 -2～6V，是另一个逻辑状态。另有一个信号地 C，在 RS-485 中还有一"使能"端，而在 RS-422 中这是可用可不用的。"使能"端是用于控制发送驱动器与传输线的切断与连接。当"使能"端起作用时，发送驱动器处于高阻状态，称作"第三态"，即它是有别于逻辑"1"与"0"的第三态。

接收器也做了与发送端相对的规定，收、发端通过平衡双绞线将 AA 与 BB 对应相连，当在接收端 AB 之间有大于+200mV 的电平时，输出正逻辑电平，小于-200mV 时，输出负逻辑电平。接收器接收平衡线上的电平范围通常为 200mV～6V。

由于采用平衡驱动、差分接收电路，从根本上取消了信号地线，大大减少了地电平所带来的共模干扰。平衡驱动器相当于两个单端驱动器，其输入信号相同，两个输出信号互为反相信号，图 7-2 中的小圆圈表示反相。外部输入的干扰信号是以共模方式出现的，两极传输线上的共模干扰信号相同，因接收器是差分输入，共模信号可以互相抵消。只要接收器有足够的抗共模干扰能力，就能从干扰信号中识别出驱动器输出的有用信号，从而克服外部干扰的影响。

（1）RS-422 电气规定

RS-422 标准全称是"平衡电压数字接口电路的电气特性"，它定义了接口电路的特性。图 7-3a 是其 DB9 连接器引脚定义，图 7-3b 是典型的 RS-422 四线接口（加上公共信号 GND，共 5 根线）。由于接收器采用高输入阻抗和发送驱动器，因此 RS-422 比 RS-232 具有更强的驱动能力，故允许在相同传输线上连接多个接收节点，最多可接 10 个节点。即一个主设备（Master），其余为从设备（Salve），从设备之间不能通信，所以 RS-422 支持点对多的双向通信。接收器输入阻抗为 4kΩ，故发送端最大负载能力是 10×4kΩ+100Ω（终接电阻）。RS-422 四线接口由于采用单独的发送和接收通道，因此不必控制数据方向，各装置之间信号交换均可以按软件方式（XON/XOFF 握手）或硬件方式（一对单独的双绞线）进行。

图 7-3　RS-422 四线接口

RS-422 的最大传输距离为 4000ft（约 1219m），最大传输速率为 10Mbit/s。其平衡双绞线的长度与传输速率成反比，在 100kbit/s 速率以下，才可能达到最大传输距离。只有在很短的距离下才能获得最高速率传输。一般 100m 长的双绞线上所能获得的最大传输速率仅为 1Mbit/s。

RS-422 需要一终接电阻，终接电阻接在传输电缆的最远端，要求其阻值约等于传输电缆的特性阻抗。在短距离（300m 以内）传输时可不需终接电阻。RS-422 有关电气参数见表 7-1。

（2）RS-485 电气规定

由于 RS-485 是从 RS-422 基础上发展而来的，所以 RS-485 许多电气规定与 RS-422 相仿，如都采用平衡传输方式、都需要在传输线上接终接电阻等。RS-485 可以采用二线或四线方式，二线制可实现真正的多点双向通信。

而采用四线连接时，与 RS-422 一样只能实现点对多的通信，即只能有一个主（Master）设备，其余为从设备，但它比 RS-422 有改进，无论四线还是二线连接方式，总线上都可接多达 32 个设备，如图 7-4 所示。

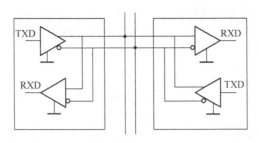

图 7-4　RS-485 连接方式

RS-485 与 RS-422 的不同还在于其共模输出电压是不同的，RS-485 是−7～+12V，而 RS-422 是−7～+7V，RS-485 接收器最小输入阻抗为 12kΩ。RS-485 满足所有 RS-422 的规范，所以 RS-485 的驱动器可以用在 RS-422 网络中应用。RS-485 有关电气规定参见表 7-1。

RS-485 最大传输距离约为 1219m，最大传输速率为 10Mbit/s。平衡双绞线的长度与传输速率成反比，在 100kbit/s 速率以下，才可能使用规定最长的电缆长度。只有在很短的距离下才能获得最高速率传输。一般 100m 长双绞线最大传输速率仅为 1Mbit/s。

RS-485 需要 2 个终接电阻，其阻值要求等于传输电缆的特性阻抗。在短距离传输时可不需终接电阻，即一般在 300m 以下不需终接电阻。终接电阻接在传输总线的两端。

RS-422/RS-485 接口一般采用使用 9 针的 D 型连接器。普通微机一般不配备 RS-422 和 RS-485 接口，但工业控制微机基本上都有配置。RS-232C/RS-422 转换器的电路原理如图 7-5 所示。

图 7-5　RS-232C/RS-422 转换器电路原理

7.2　S7-200 PLC 网络通信实现

S7-200 PLC 提供了方便、简洁、开放的通信功能，能满足用户各种通信和网络的需求，利用 S7-200 PLC 既可组成简单的网络，也能组成比较复杂的网络。

7.2.1　S7-200 网络通信概述

1．通信接口

S7-200 PLC CPU 226 有两个通信口（地址 0、1），其余均只有一个通信口（地址 0）。

S7-200 支持多种类型的通信网络，能通过多主站 PPI 电缆、CP 通信卡或以太网通信卡访问这些通信网络。用户可在 STEP 7-Micro/WIN 编程软件中为 STEP 7-Micro/WIN 选择通信接口，步骤如下。

1）S7-200 CPU 使用的是 RS-485 串行通信标准端口，而 PC 的 COM 口采用的是 RS-232C 串行通信标准端口，两者的电气规范并不相容，需要用中间电路进行匹配。PC/PPI 其实就是一根 RS-485/RS-232 的匹配电缆。首先通过 PC-PPI 通信电缆建立 S7-200 PLC 与上位机的通信线路，如图 7-6 所示。

图 7-6　上位机与 S7-200 PLC 通信连接

2）在上位机进入 STEP 7-Micro/WIN 环境后，在其操作栏中单击"通信"图标，然后在通信设置窗口中双击"PC/PPI cable(PPI)"图标或单击"设置 PG/PC 接口"按钮，如图 7-7 所示。

图 7-7　STEP 7-Micro/WIN 通信对话框

3）在弹出的设置 PG/PC 接口对话框中，可以看到 STEP 7-Micro/WIN 提供了多种通信接口供用户选择，如 PC/PPI 电缆、TCP/IP 等，如图 7-8a 所示。其中，PC/PPI 电缆可以通过

COM 或 USB 端口与 S7-200 通信。在 "Properties" 对话框中单击 "Local Connection" 选项卡，用户可以选择 COM 端口或 USB 端口，如图 7-8b 所示。

图 7-8　多主站 PPI 电缆选择

a) 多种通信接口选择　b) 选择端口

4）在弹出的设置 PG/PC 接口对话框中，用户还可以使用安装/删除接口对话框安装或删除计算机上的通信接口。在 7-9a 图中单击 "Select" 按钮，弹出安装/删除接口对话框。选择框中列出了可以使用的接口，安装框 "Installed" 中显示计算机上已经安装了的接口。

5）如果用户需要添加一个接口，可以在 "Installed" 栏中选择需要删除的通信硬件，单击 "Install-->" 按钮安装，如图 7-9b 所示。当关闭安装/删除接口对话框后，新安装的接口会在设置 PG/PC 接口对话框中的 "Interface Parameter Assignment Used" 框中显示。

图 7-9　安装/删除通信接口对话框

a) PG/PC 接口对话框　b) 安装通信接口　c) 删除通信接口

6）如果用户需要删除一个接口，可以在 "Selection" 栏中选择合适的通信硬件，单击 "<--Uninstall" 按钮删除，如图 7-9c 所示。当关闭安装/删除接口对话框后，设置 PG/PC 接口对话框中会在 "Interface Parameter Assignment Used" 框中删除该接口。

2．主站和从站

（1）主站

网络上的主站器件可以向网络上的其他器件发出要求，也可以对网络上的其他主站的要求做出响应。例如，S7-200 与 PC 的通信网络中，PC 中的 STEP 7-Micro/WIN 是主站。

典型的主站器件除了 STEP 7-Micro/WIN 外，还有 S7-300 PLC、S7-400 PLC 和 HMI 产品（TD200、TP 或 OP 等）。

（2）从站

网络上的从站器件只能对其他主站的要求做出响应，自己不能发出要求。S7-200 与 PC 的通信网络中，S7-200 是从站。

一般 S7-200 都被配置为从站，用于负责响应来自某网络主站器件（如 STEP 7-Micro/WIN 或人机操作员面板 HMI）的请求。

在 PROFIBUS 网络中，S7-200 也可以充当主站，但只能向其他 S7-200 发出请求以获得信息。

（3）主站与从站连接方式

主站和从站之间主要有单主站和多主站两种连接方式。单主站是指只有一个主站，一个或多个从站的网络结构，如图 7-10 所示。多主站是指有两个或两个以上的主站，一个或多个从站的网络结构，如图 7-11 所示。

图 7-10　单主站网络结构

a) 单个从站　b) 多个从站

图 7-11　多主站网络结构

a) 单个从站　b) 多个从站

3．波特率和站地址

（1）波特率

所谓波特率是指数据通过网络传输的速度，常用单位为 kbit/s 或 Mbit/s。波特率是用于度量给定时间传输数据多少的重要性能指标，如 9.6kbit/s 的波特率表示传输速率为每秒 9600bit，即 9600bit/s。

在同一个网络中通信的器件必须被配置成相同的波特率，而且，网络的最高波特率取决于连接在该网络上的波特率最低的设备。S7-200 不同的网络器件支持的波特率范围不同，如标准网络可支持的波特率范围为 9.6～187.5kbit/s，而使用自由口模块的网络只能支持 1.2～115.2kbit/s 的波特率范围。

（2）站地址

在网络中每个设备都要被指定唯一的站地址，这个唯一的站地址可以确保数据发送到正确的设备或来自正确的设备。S7-200 PLC 支持的网络地址范围为 0～126，如果某个 S7-200 PLC 带多个端口，那么每个端口都会有一个唯一的网络地址。在网络中，上位机 STEP 7-Micro/WIN 系统默认的站地址为 0，HMI 系统默认的站地址为 1，S7-200 CPU 系统默认的站地址为 2。用户在使用到这些设备时，可以不必修改它们的站地址。

（3）配置波特率和站地址

在使用 S7-200 PLC 设备之前，必须正确配置设备的波特率和站地址，此处以如何设置 STEP 7-Micro/WIN 和 S7-200 CPU 为例说明。

1）配置 STEP 7-Micro/WIN 通信参数。

在使用 STEP 7-Micro/WIN 前，必须为其配置波特率和站地址。STEP 7-Micro/WIN 的波特率必须与网络上其他设备的波特率一致，而且其站地址必须唯一。通常情况下，用户不需要改变 STEP 7-Micro/WIN 的默认站地址 0。如果网络上还有其他的编程工具包，可改动 STEP 7-Micro/WIN 的站地址。

配置 STEP 7-Micro/WIN 通信参数的界面如图 7-12 所示。首先在操作栏中单击"通信"图标，打开"设置 PG/PC 接口"对话框。然后在弹出的设置 PG/PC 接口对话框中单击"Properties"按钮，如图 7-12a 所示；在 PC/PPI 属性对话框中为 STEP 7-Micro/WIN 选择站地址和波特率，如图 7-12b 所示。

a)   b)

图 7-12　配置 STEP 7-Micro/WIN 通信参数

a) 设置 PG/PC 接口对话框　b) PC/PPI 属性对话框

2）配置 S7-200 CPU 通信参数。

在使用 S7-200 CPU 前，必须为其配置波特率和站地址。S7-200 CPU 的波特率和站地址存储在系统块中，S7-200 CPU 配置参数后，必须将系统块下载到 S7-200 CPU 中。S7-200 CPU 通信口的波特率默认值为 9600，站地址默认值为 2。

STEP 7-Micro/WIN 编程工具使配置网络变得简便易行，用户可以在 STEP 7-Micro/WIN 编程工具中为 S7-200 CPU 设置波特率和站地址。在操作栏中单击"系统块"图标，或者选择菜单"查看"→"组件"→"系统块"命令，然后为 S7-200 CPU 选择站地址和波特率，如图 7-13 所示。

图 7-13　配置 S7-200 CPU 通信参数

用户可以改变 S7-200 CPU 通信口的波特率值，但是在下载系统块时，STEP 7-Micro/WIN 会验证用户所选的波特率，如果该波特率妨碍了 STEP 7-Micro/WIN 与其他 S7-200 CPU 的通信，将会拒绝下载。

7.2.2　S7-200 PLC 网络通信协议

S7-200 PLC 支持的通信协议很多，如点对点接口协议 PPI、多点接口协议 MPI、PROFIBUS-DP 协议、自由口通信协议、AS-I 协议、USS 协议、MODBUS 协议以及以太网协议等。其中 PPI、MPI、PROFIBUS 是 S7-200 CPU 所支持的通信协议，其他通信协议需要有专门的 CP 模块或 EM 模块支持。如果带有扩展模块 CP243-1 和 CP243-1 IT 的 S7-200 CPU 也能运行在以太网上。

1. PPI 协议

PPI 是一个主-从协议，当主站向从站发出申请或查询时，从站才响应。

从站不主动发出信息，而是等候主站向其发出请求或查询，并对请求或查询做出响应。

从站不需要初始化信息，一般情况下，网络上的多数 S7-200 CPU 都为从站，如图 7-14 所示。

主站利用一个 PPI 协议管理的共享连接来与从站通信，PPI 不限制能够与任何一台从站通信的主站数目，但是一个网络中主站的个数不能超过 32 个。

用户可以在 STEP 7-Micro/WIN 编辑软件中配置 PPI 的参数，设置步骤如下。

1）在 PC/PPI 电缆属性对话框中，为 STEP 7-Micro/WIN 配置站地址，系统默认值为 0。网络上的第一台 PLC 的默认站地址是 2，网络上的其他设备（PC、PLC 等）都有一个唯一的站地址，相同的站地址不允许指定给多台设备。

2）在"Timeout"方框中选择一个数值。该数值代表用户希望通信驱动程序尝试建立连接花费的时间，默认值为 1s，如图 7-15 所示。

3）如果用户希望将 STEP 7-Micro/WIN 用在配备多台主站的网络上，需要选中"Multiple Master Network"复选框。在与 S7-200 CPU 通信时，STEP 7-Micro/WIN 默认值是多台主站 PPI 协议，该协议允许 STEP 7-Micro/WIN 与其他主站（文本显示和操作面板）同时在网络中存在。在使用单台主站协议时，STEP 7-Micro/WIN 假设 PPI 协议是网络上的唯一主站，不与其他主站共享网络。用调制解调器或噪声很高的网络传输时，应当使用单台主站协议。可取消"Multiple Master Network"复选框内的选中符号，从而改成单台主站模式。

图 7-14　PPI 网络示意图

4）设置 STEP 7-Micro/WIN 的波特率。PPI 电缆支持 9.6kbit/s、19.2kbit/s 和 187.5kbit/s。

5）单击"Local Connection"选项卡，选择 COM 端口连接方式。如果用户需要使用调制解调器，还需要选中"使用调制解调器"复选框，如图 7-16 所示。

图 7-15　PPI 选项卡

图 7-16　"Local Connection"选项卡

6）单击"OK"，退出设置 PG/PC 接口对话框。

如果选择"PPI 高级协议"，则允许网络设备在设备之间建立逻辑连接。但使用"PPI 高级协议"，每台设备可提供的连接数目有限，表 7-3 列出了由 S7-200 PLC 提供的连接数目。

表 7-3　S7-200 提供的连接数目

模块	波特率	连接	协议
S7-200 CPU 0 号端口	9.6kbit/s、19.2kbit/s 或 187.5kbit/s	4 个	PPI、PPI 高级协议、MPI 和 PROFIBUS
S7-200 CPU 1 号端口	9.6kbit/s、19.2kbit/s 或 187.5kbit/s	4 个	PPI、PPI 高级协议、MPI 和 PROFIBUS
EM 277 模块	9.6kbit/s～12Mbit/s	每个模块 6 个	PPI 高级协议、MPI 和 PROFIBUS
CP243-1 以太网模块	9.6kbit/s～12Mbit/s	每个模块 8 个	TCP/IP 以太网

如果要在用户程序中启用 PPI 主站模式，S7-200 CPU 能在运行模式下作为主站。启用 PPI 主站模式后，可以使用"网络读取"（NETR）或"网络写入"（NETW）从其他 S7-200 CPU 读取数据或向 S7-200 CPU 写入数据。当 S7-200 PLC 作为 PPI 主站时，它仍然可以作为从站应答其他主站的请求。

2. MPI 协议

MPI 协议支持主-主通信和主-从通信。与 S7-200 CPU 通信时，STEP 7-Micro/WIN 建立主-从连接，如图 7-17 所示。MPI 协议不能与作为主站的 S7-200 CPU 通信。

网络设备通过任何两台设备之间的连接进行通信，设备之间通信连接个数受 S7-200 CPU 所支持的连接数目的限制，可参阅表 7-3 中的 S7-200 支持的连接数目。

关于 MPI 通信参数的设置，用户可参阅 PPI 的参数设置步骤。

对于 MPI 协议，S7-300 和 S7-400 PLC 使用 XGET 和 XPUT 指令（有关这些指令的信息，请参阅 S7-300 或 S7-400 编程手册）来读写 S7-200 PLC 的数据。

3. PROFIBUS 协议

PROFIBUS 协议用于实现与分布式 I/O（远程 I/O）设备进行高速通信。各类制造商提供了多种 PROFIBUS 设备，如简单的输入/输出模块、电动机控制器等。

通常，在 S7-200 中，PROFIBUS 网络有一台主站和几台 I/O 从站，如图 7-18 所示。主站器件通过配置，可获得连接的 I/O 从站的类型以及连接的地址，而且主站通过初始化网络使网络上的从站器件与配置相匹配。主站不断将输出数据写入从站，并从从站设备读取输入数据。

图 7-17　MPI 网络示意图

图 7-18　PROFIBUS 网络连接

当一台 DP（Decentralized Periphery）主站成功配置了一台 DP 从站后，该主站就拥有了这个从站器件。如果网络上还有第二台主站，那么它对第一台主站拥有的从站的访问将会受到限制。

4. 用户自定义协议

S7-200 PLC 还具有允许用户在自由口模式下使用自定义的通信协议的功能。用户自定义协议又称为自由口通信模式，用户自定义协议是指用户通过应用程序来控制 S7-200 CPU 的通信口，并且自己定义通信协议（如 ASCII 协议和二进制协议）。用户自定义协议只能在 S7-200 处于 RUN 模式时才能被激活，如果将 S7-200 设置为 STOP 模式，所有的自由口通信都将中断，而且通信口会按照 S7-200 系统块中的配置转换到 PPI 协议。

　　PPI 通信协议是 S7-200 PLC 专用的一种通信协议，一般不对外开放。但是用户自定义协议则是对用户完全开放的，在自由口模式下通信协议是由用户自定义的。应用用户自定义协议，S7-200 PLC 可以与任何通信协议已知且具有串口的智能设备和控制器进行通信，当然也可以用于两个 CPU 之间简单的数据交换。

　　要使用自定义协议，用户需要使用特殊存储器字节 SMB30（端口 0）和 SMB130（端口 1）确定网络通信设置方式。在自定义协议通信模式下 PC 与 PLC 之间是主从关系，PC 始终处于主导地位，PC 通过串行口发送指令到 PLC 的通信端口，PLC 通过 RCV 指令接收信息，对指令译码后再调用相应的子程序，实现 PC 发出的指令要求，然后再通过 XMT 指令返回指令执行的状态信息。

7.2.3　网络通信配置实例

　　本节主要以使用 PPI 通信协议的 S7-200 PLC 网络为例进行说明。

　　PPI 通信协议是西门子公司专为 S7-200 PLC 开发的一个通信协议，既支持单主站网络，也支持多主站网络。

　　为了实现把更多的设备连接到网络中，西门子 PLC 提供了两种网络连接器，一种是标准网络连接器，另一种是带编程接口的连接器，这两种连接器都配有网络偏置和终端匹配的选择开关，在网络连接中电缆的两个末端必须接通终端和偏置，即开关位置置 "On"，典型的网络连接器连接方式如图 7-19 所示，终端和偏置如图 7-20 所示。

图 7-19　网络连接器

图 7-20　网络连接器终端和偏置

1. 单主站 PPI 网络

对于简单的单台主站网络，STEP 7-Micro/WIN 和 S7-200 CPU 通过 PC/PPI 电缆或安装在 STEP 7-Micro/WIN 中的通信处理器（CP 卡）连接。其中，STEP 7-Micro/WIN 是网络中的主站。另外，人机接口（HMI）设备（例如 TD、TP 或 OP）也可以作为网络主站，如图 7-21 所示，S7-200 CPU 是从站，对来自主站的请求做出应答。

图 7-21　单主站 PPI 网络示意图

对于单台主站 PPI 网络，需要将 STEP 7-Micro/WIN 配置为使用 PPI 协议，而且尽量不要选择多主站网络复选框和 PPI 高级复选框。

2. 多主站 PPI 网络

多主站 PPI 网络又可细分为单从站和多从站网络两种。单从站多主站 PPI 网络示意图如图 7-22 所示。在图 7-22 中，S7-200 CPU 是从站，STEP 7-Micro/WIN 和 HMI 设备都是网络的主站，它们共享网络资源，但是它们必须有不同的网络地址。如果使用 PPI 多主站电缆，那么该电缆将作为主站，并使用 STEP 7-Micro/WIN 提供给它的网络地址。

多从站多主站 PPI 网络示意图如图 7-23 所示。在图 7-23 中，STEP 7-Micro/WIN 和 HMI 设备是主站，可以对任意 S7-200 CPU 从站读写数据，STEP 7-Micro/WIN 和 HMI 共享网络资源。网络中的主站和从站设备都有不同的网络地址。如果使用 PPI 多主站电缆，那么该电缆将作为主站，并且使用 STEP 7-Micro/WIN 提供给它的网络地址。

图 7-22　单从站多主站 PPI 网络示意图　　　图 7-23　多从站多主站 PPI 网络示意图

对于单/多从站与多主站组成的网络，需要配置 STEP 7-Micro/WIN 使用 PPI 协议，而且要尽量选中多主站网络复选框和 PPI 高级复选框。如果使用的电缆是 PPI 多主站电缆，电缆无须配置即会自动调整为适当的设置，因此多主站网络复选框和 PPI 高级复选框可以忽略。

3. 复杂 PPI 网络

如图 7-24 所示为带点对点通信的多主站复杂 PPI 网络。图 7-24a 中 STEP 7-Micro/WIN

和 HMI 通过网络读写 S7-200 CPU，同时 S7-200 CPU 之间使用网络读写指令相互读写数据，即点对点通信。图 7-24b 中每个 HMI 监控一个 S7-200 PLC 的 CPU，S7-200 PLC 的 CPU 之间使用网络读写指令相互读写数据。

图 7-24 带点对点通信的多主站复杂 PPI 网络示意图

7.3 S7-200 PLC 通信指令和应用

在 PLC 通信网络中，PLC 通过专设的通信指令进行信息交换。S7-200 PLC 提供的通信指令有网络读指令与网络写指令（PPI 通信模式）、发送指令与接收指令（自由口通信模式）、获取指令与设置通信口地址指令。

7.3.1 网络读与写指令

1. 网络读与写指令工作条件

在 S7-200 网络通信中，使用网络读/网络写指令来读写其他 S7-200 CPU 的数据，就必须在用户程序中允许 PPI 主站模式，此外还需使 S7-200 CPU 作为 RUN 模式下的主站设备。

S7-200 网络通信的协议类型，是由 S7-200 的特殊继电器 SMB30 和 SMB130 的低 2 位决定的，可以设置 S7-200 PLC 的 CPU 为 4 种不同的网络通信的协议类型。在 S7-200 的特殊继电器 SM 中，SMB30 用于控制端口 0 的通信方式和设置，如果 CPU 模块有两个端口，SMB130 用于控制端口 1 的通信方式和设置，其设置方式见表 7-4。用户可以对 SMB30 和 SMB130 进行读/写操作。

表 7-4 SMB30/SMB130 网络通信设置方式

数据位	D7	D6	D5	D4	D3	D2	D1	D0	协议类型（端口 0 或端口 1）
标志	D7D6=00:不校验 D7D6=01:奇校验 D7D6=10:不校验 D7D6=11:偶校验		D5=0: 8 位数据/字符 D5=1: 7 位数据/字符	D4D3D2=000, 38400bit/s D4D3D2=001, 19200bit/s D4D3D2=010, 9600bit/s D4D3D2=011, 4800bit/s D4D3D2=100, 2400bit/s D4D3D2=101, 1200bit/s D4D3D2=110, 600bit/s D3D2D1=111, 300bit/s			D1D0=00 点到点接口协议（PPI 从站模式） D1D0=01 自由口协议 D1D0=10 PPI 主站模式 D1D0=11 保留自由口协议 （默认为 PPI 从站模式）		

从表 7-4 可知，只要将 SMB30/SMB130 的低 2 位设置为 2#10，就能允许该 PLC 的 CPU

为 PPI 主站模式，可以执行网络读/网络写指令，实现对网络中其他 S7-200 PLC 的访问。

例如，设 $SMB30=(00001000)_2=(8)_{10}$，则设置为不校验、8 位数据、波特率=9600bit/s、PPI 从站模式。设 $SMB30=(00001010)_2=(10)_{10}$，则设置为不校验、8 位数据、波特率=9600bit/s、PPI 主站模式。

2. 网络读与写指令格式

网络读/网络写指令（NETR/NETW）的指令格式如图 7-25 所示。

图 7-25　网络读/网络写指令格式

其中，TBL 是数据缓冲区首地址，操作数可以为 VB、MB、*VD 或*AC 等，数据类型为字节；PORT 是操作端口，0 用于 CPU 221/222/224 的 PLC，0 或 1 用于 CPU 226/226XM 的 PLC，数据类型为字节。

网络读（NETR）指令，在梯形图中以指令盒形式表示，当允许输入 EN 有效时，初始化通信操作，通过指令指定的端口 PORT，从远程设备上接收数据，并将接收到的数据存储在指定的数据表 TBL 中。在语句表 STL 中，NETR 指令的指令格式为 NETR TBL，PORT。

网络写（NETW）指令，在梯形图中以功能框形式表示，当允许输入 EN 有效时，初始化通信操作，通过指令指定的端口 PORT，将数据表 TBL 中的数据发送到远程设备。在语句表 STL 中，NETW 指令的指令格式为 NETW TBL，PORT。

NETR 指令可从远程站最多读取 16 个字节信息，NETW 指令可向远程站最多写入 16 个字节信息。在程序中，用户可以使用任意数目的 NETR/NETW 指令，但在同一时间最多只能有 8 条 NETR/NETW 指令被激活。例如，在用户选定的 S7-200 CPU 中，可以有 4 条 NETR 指令和 4 条 NETW 指令，或 2 条 NETR 指令和 6 条 NETW 指令在同一时间被激活。

3. 网络读与写指令的 TBL 参数

在执行网络读、写指令时，PPI 主站与从站间传送数据的数据表 TBL（首地址自设，如 VB100）参数见表 7-5，其中首字节的各标志位及错误码（4 位）的含义见表 7-6。

表 7-5　数据表 TBL 参数格式

地址	字节名称	功能描述							
字节 0	状态字节	反映网络通信指令的执行状态及错误码							
		D	A	E	0	E1	E2	E3	E4
字节 1	远程站地址	远程站地址（被访问的 PLC 地址）							
字节 2	远程站的数据区指针	被访问数据的间接指针，指针可以指向 I、Q、M 或 V 数据区							
字节 3									
字节 4									
字节 5									
字节 6	数据长度	数据长度 1～16（远程站点被访问数据的字节数）							
字节 7～字节 22	数据字节 0～数据字节 15	接收或发送数据区，1～16 个字节，其长度在字节 6 中定义。执行 NETR 后，从远程读到的数据放在这个数据区；执行 NETW 后，要发送到远程站的数据要放在这个数据区							

表 7-6　TBL 首字节标志位含义

标志位		定义	说明
D		操作已完成标志位	0=未完成，1=功能完成
A		操作已排队标志位	0=无效，1=有效
E		错误标志位	0=无错误，1=有错误
错误码 E1E2E3E4	0	无错误	
	1	时间溢出错误	远程站点无响应
	2	接收错误	奇偶校验出错，响应时帧或校验和出错
	3	离线错误	相同的站地址或无效的硬件引发冲突
	4	队列溢出错误	激活超过了 8 个 NETR/NETW 指令
	5	违反通信协议	没有在 SMB30 或 SMB130 中允许 PPI，就试图执行 NETR/NETW 指令
	6	非法参数	NETR/NETW 表中包含非法或无效的参数值
	7	没有资源	远程站点正在忙中，如在上载或下载程序处理中
	8	第 7 层错误	违反应用协议
	9	信息错误	错误的数据地址或不正确的数据长度
	A~F	未用	为将来的使用保留

【例 7-1】　在 PPI 主站模式下，其数据表 TBL 字节 0 地址单元为 VB400，设计主站 TBL 表。已知从站 PLC 站地址为 2，编写将从站 VB200 单元开始的 4 个字节数据读入主站地址为 VB407~VB410 单元中的程序段。

由表 7-5 可知，主站 TBL 表分配如下。

401 字节单元存放从站站地址 2；402~405 字节单元存放从站数据指针 VB200 地址；406 字节单元存放数据长度 4；407~410 字节单元为读入的数据。

其梯形图程序及主站、从站数据单元如图 7-26 所示。

图 7-26　PPI 主站读从站数据示例

【例 7-2】　在 PPI 主站模式下，其数据表 TBL 字节 0 地址单元为 VB400，设计主站 TBL 表。已知从站 PLC 站地址为 2，编写将主站 4 个字节单元数据写入从站 VB200 单元中的程序段。

由表 7-5 可知，主站 TBL 表分配如下。

401 字节单元存放从站站地址 2；402~405 字节单元存放从站数据指针 VB200 地址；406 字节单元存放数据长度 4；407~410 字节单元为写入从站的数据。

其梯形图程序及主站、从站数据单元如图 7-27 所示。

图 7-27 PPI 主站写入从站数据示例

【例 7-3】 在 PPI 单主站模式下，主站地址为 6，从站 PLC 地址为 7。

要求实现从站 IW0 输入单元状态控制主站 QW0 输出单元；主站 IW0 输入单元状态控制从站 QW0 输出单元。

PPI 主站梯形图程序如图 7-28 所示。

图 7-28 例 7-3 PPI 主站梯形图程序

PPI 从站梯形图程序如图 7-29 所示。

【例 7-4】 主站地址为 6，从站 PLC 地址为 7。

PPI 模式下实现远程控制三相笼型异步电动机点动控制和自锁控制。

图 7-29　例 7-3 PPI 从站梯形图程序

要求实现从站 IW0 输入单元状态控制主站 QW0 输出单元；主站 IW0 输入单元状态控制从站 QW0 输出单元。

PPI 从站梯形图程序如图 7-30 所示。

图 7-30　例 7-4 PPI 从站梯形图程序

PPI 主站梯形图程序如图 7-31 所示。

4. 网络读与写指令应用实例

某瓶装饮料生产线，主要包括瓶提升机、理瓶机、空气输送机、盖提升机、贴标机及装箱机等工序。其中，装箱工序是将成品的瓶装水饮料输送到装箱机上进行打包，瓶装饮料装箱机网络配置示意图如图 7-32 所示。在图 7-32 中，主要由 3 台装箱机和 1 台分流机组成。分流机控制着瓶装饮料流向各个装箱机，装箱机把 24 瓶饮料包装在一个纸箱中。3 台装箱机分别由 3 台 CPU 222 控制，分流机由 CPU 224 控制，在 CPU 224 上还安装了 TD200 操纵器接口。

分流机 CPU 224（站 5）主要负责将瓶装饮料、黏结剂和纸箱分配给不同的装箱机，用 NETR 指令连续地读取各个装箱机的控制字节和包装数量，每当某个装箱机包装完 24 瓶（每箱 24 瓶饮料）时，分流机用 NETW 指令发送一条信息，复位该装箱机的计数器。

在每台装箱机的 CPU 222（站 2、站 3、站 4）中，VB100 存放控制字节，如图 7-33 所示。VW101（VB101 和 VB102）存放包装完的纸箱数（计数器的当前值）。

图 7-31　例 7-4 PPI 主站梯形图程序

图 7-32　瓶装饮料装箱机网络配置示意图

F　错误指示：F=1，装箱机检测到错误

EEE　错误码：识别出现的错误类型的错误代码

G　黏结剂供应慢：G=1，30min内必须增加黏结剂

B　纸箱供应慢：B=1，30min内必须增加纸箱

T　没有可打包的瓶装饮料：T=1，无产品

图 7-33　VB100 中控制字节位

　　在分流机的 CPU 224（站 5）中，为了能在 PPI 主站模式下接收和发送数据，设置了接收缓冲区和发送缓冲区。对站 2 其接收缓冲区首地址为 VB200，发送缓存区首地址为 VB300；站 3 的接收缓冲区首地址为 VB210，发送缓存区首地址为 VB310；站 4 的接收缓冲区首地址为 VB220，发送缓存区首地址为 VB320。

　　本实例中，分流机的程序应包括控制程序、与 TD200 的通信程序以及与其他站的通信程序，而各个装箱机只有控制程序。此处仅以分流机（站 5）与装箱机 No.1（站 2）间的通信程序为例说明，其他程序可以根据控制要求编写。

　　分流机和装箱机 No.1 网络通信的 TBL 数据格式如图 7-34 所示。对于另外两个装箱机，分流机的网络通信的 TBL 数据表格式，只是首地址与装箱机 No.1 不同，偏移地址与装箱机 No.1 完全相同。

　　分流机网络读写装箱机 No.1（站 2）的梯形图和语句表程序如图 7-35 所示。

读取装箱机 No.1 的分流机接收缓冲区

	7				0
VB200	D	A	E	0	错误代码
VB201			远程站地址=3		
VB202 ⋮ VB205			&VB100 指向远程 站的数据区指针		
VB206			数据长度=3B		
VB207			存放装箱机 No.1 的控制字节		
VB208			存放装箱机 No.1 计数器高位字节		
VB209			存放装箱机 No.1 计数器低位字节		

清除装箱机 No.1 读数的分流机发送缓冲区

	7				0
VB300	D	A	E	0	错误代码
VB301			远程站地址=3		
VB302 ⋮ VB305			&VB100 指向远程 站的数据区指针		
VB306			数据长度=2B		
VB307			装箱机 No.1 计数器高位字节清零		
VB308			装箱机 No.1 计数器高位字节清零		

图 7-34 装箱机 No.1 的 TBL 数据

Network 1	//通信初始化	
LD SM0.1		
MOVB 2, SMB30	//使能 PPI 主站模式	
FILL +0, VW200, 68	//清除所有的接收和发送缓冲区	
Network 2	//完成包装 24 箱时，复位包装箱数计数器	
LDW= VW208, 24		
MOVB 2, VB301	//装载包装箱 No.1 的站地址	
MOVD &VB101, VD302	//装载指向远程站数据的指针	
MOVB 2, VB306	//装载发送数据的长度	
MOVW 0, VW307	//装载需要发送的数据	
NETW VB300, 0	//复位包装箱 No.1 包装的箱数	
Network 3	//读打包机的状态与完成箱数	
LD SM0.0		
MOVB 2, VB201	//装载包装箱 No.1 的站地址	
MOVD &VB100, VD202	//装载远程站数据的指针	
MOVB 3, VB206	//装载要接收数据的长度	
NETR VB200, 0	//读包装箱 No.1 的控制和状态数据	

图 7-35 网络读写指令应用实例程序图

251

分流机（站 5）与装箱机 No.1（站 2）间的通信程序的工作过程如下。

1）网络 1 完成通信初始化设置。在第一个扫描周期，使能 PPI 主站模式，并且对所有接收缓冲区和发送缓冲区进行清零。

2）网络 2 实现对远程站 2 的网络写操作。装箱机 No.1 完成包装 24 箱任务时，复位包装箱数存储器。

3）网络 3 实现对远程站 2 的网络读操作。程序在第 1 个扫描周期以后并且没有错误发生时，读取装箱机 No.1 的状况和完成箱数。

7.3.2 发送与接收指令

在 S7-200 PLC 定义为自由口通信模式时，用户程序通过使用接收中断及发送中断、发送指令及接收指令来进行通信。

1. 发送与接收指令格式

发送与接收指令（XMT/RCV）的指令格式如图 7-36 所示。发送与接收指令只有在 S7-200 PLC 被定义为自由口通信模式时，才能发送或接收数据。

图 7-36　发送与接收指令

其中，TBL 是数据缓冲区首地址，操作数可以为 VB、MB、SMB、*VD、*LD 或*AC 等，数据类型为字节；PORT 是操作端口，0 用于 CPU 221/222/224，0 或 1 用于 CPU 226/226XM，数据类型为字节。

（1）发送（XMT）指令

发送（XMT）指令在梯形图中以功能框形式表示，当允许输入 EN 有效时，初始化通信操作，通过通信端口 PORT 将数据表首地址 TBL 中的数据发送到远程设备，数据表的第一字节指定传输的字节数目，从第二个字节以后的数据为需要发送的数据。在语句表 STL 中，XMT 指令的指令格式为 XMT TBL，PORT。

发送指令编程步骤如下。

1）建立发送表（TBL）。

2）发送初始化（SMB30/130）。

3）编写发送指令（XMT）程序。

【例 7-5】 在自由口通信模式下，发送（XMT）指令示例如图 7-37 所示。

发送表（TBL）	
VB200	发送的字节数
VB201	数据
⋮	数据

图 7-37　发送指令示例

（2）接收（RCV）指令

接收（RCV）指令在梯形图中以指令盒形式表示，当允许输入 EN 有效时，初始化通信操作，通过通信端口 PORT 接收远程设备的数据，并将其存放在首地址为 TBL 的数据接收缓冲区。数据缓冲器的第一字节为接收到字节数目，第二个字节以后的数据为需要接收的数据。在语句表 STL 中，RCV 指令的指令格式为 RCV TBL，PORT。

【例 7-6】 在自由口通信模式下，接收（RCV）指令示例如图 7-38 所示。

图 7-38　接收指令示例

（3）发送和接收完成中断

XMT 指令可以传送 1～255 个字节的缓冲区数据。XMT 指令发送数据的缓冲区格式，如图 7-39 所示。如果需要一个中断处理程序连接到发送数据结束事件上，在发送完缓冲区的最后一个字符时，端口 0 会产生中断事件 9，端口 1 会产生中断事件 26。通过监视 SM4.5 或 SM4.6 信号，也可以判断发送是否完成。当端口 0 和端口 1 发送空闲时，SM4.5 或 SM4.6 置 1。

RCV 指令可以接收 1～255 个字符的缓冲区数据。RCV 指令接收数据的缓冲区格式如图 7-40 所示。如果需要一个中断处理程序连接到接收数据完成事件上，在接收完缓冲区的最后一个字符时，S7-200 的端口 0 会产生中断事件 23，端口 1 会产生中断事件 24。也可以不使用中断，通过监视 SMB86 或 SMB186（端口 0 或端口 1）来接收信息。当接收指令未被激活或已经被中止时，SMB86 或 SMB186 为 1；当接收正在进行时，SMB86 或 SMB186 为 0。

图 7-39　发送缓冲区格式

图 7-40　接收缓冲区格式

（4）接收缓冲区字节

在使用 RCV 指令时，用户必须指定一个起始条件和一个结束条件。设置起始和结束条件，是为了在自由口通信模式下实现接收同步，保证信息接收的安全可靠。RCV 指令允许用户选择接收信息的起始和结束条件，见表 7-7。使用 SMB86～SMB94 对端口 0 进行设置，SMB186～SMB194 对端口 1 进行设置。如果出现超限或有校验错误时，接收信息功能会自动终止。

表 7-7　接收缓冲区字节（SMB86～SMB94 和 SMB186～SMB194）

端口 0	端口 1	中断描述
SMB86	SMB186	接收信息状态字节 MSB　　　　　　　　　　　　　　　LSB | N | R | E | 0 | 0 | T | C | P | N 为 1 表示用户通过发送禁止命令终止接收信息功能 R 为 1 表示因输入参数错误或无起始和结束条件终止接收信息功能 E 为 1 表示收到结束字符 T 为 1 表示因超时终止接收信息功能 C 为 1 表示因超出最大字符数终止接收信息功能 P 为 1 表示因奇偶校验错误终止接收信息功能
SMB87	SMB187	接收信息控制字节 MSB　　　　　　　　　　　　　　　　LSB | EN | SC | EC | IL | C/M | TMR | BK | 0 | EN：每次执行 RCV 指令时检查禁止/允许接收信息位。0 表示禁止接收信息，1 表示允许接收信息 SC：是否用 SMB88 或 SMB188 的值检测起始信息。0 表示忽略，1 表示使用 EC：是否用 SMB89 或 SMB189 的值检测结束信息。0 表示忽略，1 表示使用 IL：是否用 SMW90 或 SMW190 的值检测空闲状态。0 表示忽略，1 表示使用 C/M：0 表示定时器是内部字符定时器，1 表示定时器是信息定时器 TMR：是否用 SMW92 或 SMW192 的值终止接收。0 表示忽略，1 表示终止接收 BK：是否用中断条件作为信息检测的开始。0 表示忽略，1 表示使用
SMB88	SMB188	信息字符的开始
SMB89	SMB189	信息字符的结束
SMW90	SMW190	空闲线时间段按毫秒设定。空闲线时间溢出后接收的第一个字符是新的信息的开始字符。 SMB90/SMB190 是最高有效字节，SMB91/SMB191 是最低有效字节
SMW92	SMW192	中间字符/信息定时器溢出值按毫秒设定。如果超过这个时间段，则终止接收信息。 SMB92/SMB192 是最高有效字节，SMB93/SMB193 是最低有效字节
SMB94	SMB194	要接收的最大字符数（1～255B）。必须设置为所希望接收的最大字节数（缓冲区）

2. 自由口通信模式

S7-200 PLC 支持自由口通信模式，在这种通信模式下，用户程序通过使用接收中断、发送中断、发送指令和接收指令来控制通信口的操作。当处于自由口通信模式时，通信协议（对所传数据的定义）完全由用户程序（自定义协议）控制，各站点无主/从之分，任何时刻只能有一个站向总线发送数据。

只有当 S7-200 PLC 处于 RUN 模式时（此时特殊继电器 SM0.7 为 1），才能进行自由口通信。如果选用自由口通信模式，PPI 通信协议被禁止，此时 S7-200 PLC 不能与编程设备通信。当 S7-200 PLC 处于 STOP 模式时，自由口模式被禁止，通信口自动切换为 PPI 协议通信模式，重新建立与编程设备的正常通信。

要将 PPI 通信转变为自由口通信模式，必须使 SMB30/SMB130 的低 2 位设置为 2#01。SMB30 和 SMB130 分别用于配置端口 0 和端口 1，分别为自由口操作提供波特率、校验和数据位数的选择，每一个配置都产生一个停止位。用于自由口模式的 SM 控制字节功能描述如图 7-41 所示。

【例 7-7】 运用自由口通信方式，实现 PLC-A 站的输入信号 IB0 状态控制 PLC-B 站输出继电器状态。梯形图程序如图 7-42 所示。

PP（校验选择）：　　　　　　　　BBB（波特率选择）：

00 表示不校验　　　　　　　　000 表示 38400bit/s

01 表示偶校验　　　　　　　　001 表示 19200bit/s

10 表示不校验　　　　　　　　010 表示 9600bit/s

11 表示奇校验　　　　　　　　011 表示 4800bit/s

　　　　　　　　　　　　　　010 表示 2400bit/s

D（每个字符的有效数据位）：　　　011 表示 1200bit/s

0 表示每个字符 8 位　　　　　010 表示 115.2kbit/s

1 表示每个字符 7 位　　　　　011 表示 57.6kbit/s

MM（协议类型选择）：

00 表示 PPI 从站模式　　　01 表示自由口模式

10 表示 PPI 主站模式　　　11 表示保留（默认为 PPI 从站模式）

图 7-41　用于自由口模式的 SM 控制字节

图 7-42　用于自由口模式通信梯形图程序

a) A 站发送梯形图程序　b) B 站接收梯形图程序

【例 7-8】 运用自由口通信方式，远程控制实现三相笼型异步电动机带延时正反转运行。

由 PLC A 站自由口通信方式输入信息（I0.0~I0.2），控制 PLC B 站实现电动机带延时正反转运行。

梯形图程序如图 7-43 所示。

图 7-43　自由口模式电动机带延时正反转梯形图控制程序

a) A 站发送控制程序　b) B 站接收控制程序

3. 发送/接收指令应用实例

下面以一个 PC 和 PLC 之间的通信为例，PLC 接收 PC 发送的一串字符，直到接收到换行字符为止，PLC 又将接收到的信息发送回 PC。要求：波特率为 9600bit/s，8 位字符，无校验，接收和发送使用同一个数据缓冲区，首地址为 VB100。

该程序主要由一个主程序和三个中断程序组成，如图 7-44 所示。主程序用于自由口初始化、RCV 信息控制字节初始化及调用中断程序等；中断程序 0 为接收完成中断，如果接收状态显示接收到结束字符，则连接一个 10ms 的定时器，触发发送后返回；中断程序 1 为 10ms 定时器中断；中断程序 2 为发送完成中断。

Network 1
LD   SM0.1   //首次扫描时
MOVB   16#09，SMB30   //初始化自由端口
                          //选择9600bit/s，8位数据位，无校验
MOVB   16#B0，SMB87   //初始化RCV信息控制字节
                          //RCV使能，检测到信息字符结束
                          //检测空闲线信息条件
MOVB   16#0A，SMB89   //设定信息结束字符为16#0A（换行符）
MOVW   +5，SMW90   //设置空闲线超时为5ms
MOVB   100，SMB94   //设置最大字符数为100
ATCH   INT_0，23   //将中断0连接到接收结束事件上
ATCH   INT_2，9   //将中断2连接到发送结束事件上
ENI   //启用用户中断
RCV   VB100，0   //端口0指向接收缓冲区VB100

a)

Network 1   //中断程序0，接收完成中断
LDB=   SMB86，16#20   //如果接收状态显示接收到结束字符
MOVB   10，SMB34   //连接一个10ms定时器
ATCH   INT_1，10   //触发传送
CRETI   //返回
NOT
RCV   VB100，0   //如果因任何其他原因接收完成
                          //启动一个新的接收

b)

Network 1   //中断程序1，10ms定时器中断
LD   SM0.0
DTCH   10   //断开定时器中断
XMT   VB100，0   //在端口0向用户回送信息

c)

Network 1   //发送完成中断，允许另一个接收
LD   SM0.0
RCV   VB100，0   //发送完成，允许另一个接收

d)

图7-44　发送/接收指令应用实例

a) 主程序　b) 中断程序0　c) 中断程序1　d) 中断程序2

PC 和 PLC 之间通信程序的工作过程如下。

1）主程序完成通信初始化设置，如图 7-44a 所示。在第一个扫描周期，初始化自由口（设置 9600bit/s，8 位数据位，无校验位）和 RCV 信息控制字节（RCV 使能，检测信息结束字符，检测空闲线信息条件），设置程序结束字符（换行字符 16#0A），设置空闲线超时时间（5ms）以及设置最大字符数（100）。在主程序中还设置了中断服务，用于调用中断程序 0 和中断程序 2。接收和发送使用同一个数据缓冲区，首地址为 VB100。

2）中断程序 0 为接收完成中断，如图 7-44b 所示。如果接收状态显示接收到结束字符，则连接一个 10ms 的定时器，触发发送后返回。如果由于任何其他原因接收完成，则启动一个新的接收。

3）中断程序 1 为 10ms 定时器中断，如图 7-44c 所示。断开定时器，在端口 0 向用户回送信息。

4）中断程序 2 为发送完成中断，如图 7-44d 所示。发送完成，允许另一个接收。

7.3.3 获取/设置口地址指令

获取与设置通信口地址指令如图 7-45 所示。

图 7-45　获取与设置口地址指令

其中，ADDR 是通信口地址，操作数可以为 VB、MB、SB、SMB、LB、AC、常数、*VD、*LD 或*AC 等，数据类型为字节；PORT 是操作端口，0 用于 CPU 221/222/224 的 PLC，0 或 1 用于 CPU 226 / 226XM 的 PLC，数据类型为字节。

获取口地址（GPA）指令，在梯形图中以指令盒形式表示，当允许输入 EN 有效时，用来读取 PORT 指定的 CPU 口的站地址，并将数值放入 ADDR 指定的地址中。在语句表 STL 中，GPA 指令的指令格式为 GPA　ADDR，PORT。

设定口地址（SPA）指令，在梯形图中以功能框形式表示，当允许输入 EN 有效时，用来将通信口站地址 PORT 设置为 ADDR 指定的数值。新地址不能永远保存，重新上电后，口地址仍恢复为上次的地址值。在语句表 STL 中，SPA 指令的指令格式为 SPA　ADDR，PORT。

7.4　实验 7　S7-200 PLC 网络通信实验

7.4.1　S7-200 PLC 之间的 PPI 通信

1. 实验目的

1）熟悉 S7-200 PLC 通信协议类型。

2）学会利用 STEP 7-Micro/WIN 建立 S7-200 与 PC 的通信。

3）掌握 S7-200 PLC 通信指令编程方法。

2. 实验内容

1）配置 STEP 7-Micro/WIN 和 S7-200 CPU 的通信参数。

2）本地 PLC 与远程 PLC 之间的 PPI 通信。

要求在 PPI 单主站模式下，主站地址为 3，从站 PLC 地址为 5。实现从站 IB0 输入单元状态控制主站 QB0 输出单元；主站 IB0 输入单元状态控制从站 QB0 输出单元。参考本章例 7-3 程序。

3. 实验设备及元器件

1）本地 S7-200 PLC 装置和远程 S7-200 PLC 装置。

2）安装有 STEP 7-Micro/WIN 编程软件的 PC。

3）PC/PPI+通信电缆线。

4. 实验操作步骤

1）用 PC/PPI+通信电缆线将 PC、本地 S7-200 PLC 和远程 S7-200 PLC 连接，电源及硬件端口连接正确。

2）启动 PC，打开 STEP 7-Micro/WIN，配置 STEP 7-Micro/WIN 和本地 S7-200 PLC 的通信端口和通信波特率等通信参数（在操作栏中单击"通信"图标，在弹出的设置 PG/PC 接口对话框中，选择 PC/PPI 协议，单击"Properties"按钮，配置 STEP 7-Micro/WIN 和本地 S7-200 CPU 的通信参数）。

3）在操作栏中单击"系统块"图标，在弹出的通信端口对话框中设置 PLC 地址。

4）在 STEP 7-Micro/WIN 编程软件中，输入本地 PLC 和远程 PLC 之间 PPI 通信相关图程序。

5）分别编译、保存并下载梯形图程序到 S7-200 PLC 中。

6）启动运行 PLC，观察运行结果，发现运行错误或需要修改程序则重复上面过程。

5. 实验操作报告

1）整理出运行调试后的梯形图程序。

2）写出该程序的调试步骤和观察结果。

7.4.2　S7-200 PLC 之间的自由口通信

1. 实验目的

1）熟悉 S7-200 PLC 通信协议类型。

2）学会利用 STEP 7-Micro/WIN 建立 S7-200 PLC 与 PC 的通信。

3）掌握 S7-200 PLC 通信指令及中断的编程方法。

2. 实验内容

1）配置 STEP 7-Micro/WIN 和 S7-200 CPU 的通信参数。

2）本地 PLC 与远程 PLC 之间的自由口通信。

要求：本地 S7-200 PLC 接收来自远程 PLC 的 10 个字符，接收完成后，又将信息发送回远程 PLC；本地 PLC 是通过一个外部信号（I0.1）的脉冲控制接收任务的开始；当发送完成后用本地指示灯（Q0.1）显示；通信参数为 9600bit/s，偶校验，8 位字符；不设立超时时间，接收和发送使用同一个数据缓冲区，首地址为 VB200。

3．实验设备及元器件

1）本地 S7-200 PLC 装置和远程 S7-200 PLC 装置。

2）安装有 STEP 7-Micro/WIN 编程软件的 PC。

3）PC/PPI+通信电缆线。

4．实验操作步骤

1）用 PC/PPI+通信电缆线将 PC、本地 S7-200 PLC 和远程 S7-200 PLC 连接，电源及硬件端口连接正确。

2）启动 PC，打开 STEP 7-Micro/WIN，配置 STEP 7-Micro/WIN 和本地 S7-200 PLC 的通信端口和通信波特率等通信参数（在操作栏中单击"通信"图标，在弹出的设置 PG/PC 接口对话框中，选择 PC/PPI 协议，单击"Properties"按钮，配置 STEP 7-Micro/WIN 和本地 S7-200 CPU 的通信参数）。

3）将本地 S7-200 PLC 设置为 RUN 工作方式（此时特殊继电器 SM0.7 为 1，运行自由口通信）。

4）在 STEP 7-Micro/WIN 编程软件，输入本地 PLC 和远程 PLC 之间自由口通信的相关梯形图程序。

提示：本地 PLC 的通信控制程序如图 7-46 所示。

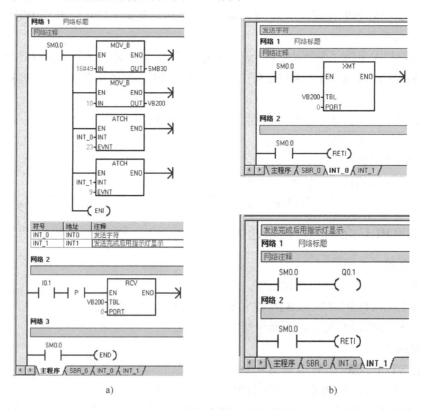

a)   b)

图 7-46　本地 PLC 通信控制程序

在图 7-46a 中，主程序的网络 1 实现本地 PLC 设置如下。

① 通信参数设置：9600bit/s，偶校验，8 位字符。

② 送 10 个字符到首地址为 VB200 的数据缓冲区。

③ 多个字符接收结束后，产生中断事件 23。

④ 发送字符完成后，产生中断事件 9。

主程序的网络 2：在触点 I0.1 有效时控制本地 PLC 开始接收远程 PLC 发送来的字符。

在图 7-46b 中，中断程序 INT_0：控制本地 PLC 通过通信端口 0 将数据表首地址为 VB200 中的 10 个字符数据发送回远程 PLC。

中断程序 INT_1：用指示灯（Q0.1）显示，本地 PLC 将 10 个字符数据发送完成。

5）编译、保存并下载梯形图程序到 S7-200 PLC 中。

6）启动运行 PLC，观察运行结果，发现运行错误或需要修改程序则重复上面过程。

5. 实验操作报告

1）整理出运行调试后的梯形图程序。

2）写出该程序的调试步骤和观察结果。

7.5 思考与练习

1．S7-200 PLC 网络通信类型有哪些，各有什么特点？

2．S7-200 PLC 使用的哪一种串行通信标准端口，在和 PC 通信时，是如何进行端口匹配的？

3．S7-200 CPU 支持哪些通信协议？

4．在 STEP 7-Micro/WIN 中进行通信参数设置，要求：PPI 主站站地址为 0，PPI 从站站地址为 2，用 PC/PPI 电缆连接到主站 PC 的串行通信口 COM1，传送速率为 9600bit/s，传送字符为默认值。

5．网络读/网络写指令（NETR/NETW）与发送与接收指令（XMT/RCV）各应用在什么场合？

6．实现 PLC 两站进行 PPI 通信，用主站的输入按钮（I0.0）控制从站的电动机（Q0.0）运转；用从站的输入按钮（I0.0）控制主站的电动机（Q0.0）运转。

7．运用自由口通信方式，实现 PLC-A 站的输入信号 IB1 状态控制 PLC-B 站输出继电器状态。

8．编程实现两台 S7-200PLC 的单向主从式自由口通信，要求：主机只有发送功能，将 IB0 送到由指针&VB100 指定的发送数据缓冲区，且不断执行自由口数据发送指令 XMT；从机只有接收功能，通过单字符接收中断事件 8 连接到一个中断服务程序，将接收到的 IB0 通过 SMB2 传送到 QB0，使 QB0 随 IB0 同步变化；通信参数为 9600bit/s，8 位字符，无校验。

第8章 PLC控制系统及工程实例

PLC 是控制系统的决策核心部件。但控制系统的结构组成、配置优化、外部信号输入和输出电路、软件设计原则、工作环境以及执行机构和控制对象的特性等因素都会对控制系统的效率和控制质量产生较大影响，在设计 PLC 控制系统时必须统筹考虑这些方面。

本章以 PLC 作为主控部件为出发，首先介绍 PLC 控制系统的一般组成、硬件配置、外围电路、软件设计及工程中常见问题，然后通过由简入深的 PLC 控制系统应用实例说明设计步骤和方法，使读者加深对 PLC 控制系统设计过程的认识、理解和实践。

8.1 PLC 控制系统结构类型

PLC 构成的控制系统主要有单机控制系统、集中控制系统、远程 I/O 控制系统和分布式控制系统四种类型。

8.1.1 单机控制系统

单机控制系统是由一台 PLC 控制一台设备或一条简易生产线，如电梯控制、机床、无塔供水、原料皮带运输机以及灌装流水线等，如图 8-1 所示。

图 8-1 单机控制系统

单机控制系统结构简单，控制对象确定，因此对 I/O 点要求相对较少，存储器容量小，而且对 PLC 型号的选择要求不高，常应用在单台固定设备控制系统中。

8.1.2 集中控制系统

集中控制系统是由一台 PLC 控制多台设备或几条简易生产线，如图 8-2 所示。这种控制系统的特点是多个被控对象的地理位置上比较接近，相互之间的动作有一定的联系。由于多个被控对象由同一台 PLC 控制，因此各个被控对象之间的数据、状态的变化不需要另设专门的通信线路。

图 8-2 集中控制系统

集中控制系统比单机控制系统要经济，因此，在中、小型控制系统中得到广泛应用。集中控制系统一旦 PLC 出现故障，整个系统就会瘫痪，因此对 PLC 的可靠性要求较高。一般对于大型的集中控制系统，往往增加投资采取热备用和冗余设计（PLC 的 I/O 点数和存储器容量都要有较大余量）等措施。

8.1.3　远程 I/O 控制系统

远程 I/O 控制系统是集中控制系统的特殊情况，是由一台 PLC 控制多个被控对象，适用于具有部分被控对象远离集中控制室的场合，如图 8-3 所示。

图 8-3　远程 I/O 控制系统

远程 I/O 模块与 PLC 主机通过同轴电缆传递信息，但是需要注意的是，不同型号 PLC能够驱动的同轴电缆长度不尽相同，所能驱动的远程 I/O 通道的数量也不同，选择 PLC 型号时，要重点考察驱动同轴电缆的长度和远程 I/O 通道的数量。

8.1.4　分布式控制系统

分布式控制系统有多个被控对象，每个被控对象由一台具有通信功能的 PLC 控制，上位机通过数据总线与多台 PLC 进行通信，各个 PLC 之间也可进行数据交换，如图 8-4 所示。

图 8-4　分布式控制系统

分布式控制系统适用于多个被控对象分布的区域较大，相互之间的距离较远，同时相互之间又经常交换信息的场合。分布式控制系统的优点是某个被控对象或 PLC 出现故障时，不会影响其他的 PLC 正常运行。相比集中控制系统来说，分布式控制系统成本较高，但灵活性好、可靠性更高。

8.2　PLC 控制系统设计步骤

PLC 控制系统的应用开发主要分为总体规划、PLC 选型、硬件设计、软件设计和联机调试等步骤。

1. 总体规划

总体规划主要包括了解工艺过程、明确设计任务、确定系统控制结构和选择用户 I/O 设备等。同时，拟定出设计任务书，包括各项设计要求、约束条件及控制方式。

2. PLC 选型

目前，PLC 种类繁多，特性各异，价格悬殊。在设计 PLC 控制系统时，需根据系统功能和所选 I/O 设备的输入/输出点数、性能、特殊通道选择 PLC 机型。其选型原则是，一方面在功能上要满足设计需要，另一方面不浪费存储器容量和 I/O 点等系统资源。例如，若输出控制负载为电动机，则可选 PLC 输出端为继电器输出。

3. 硬件设计

硬件设计是指对 PLC 与外部设备的电路连接设计。要结合 PLC 选型，确定 I/O 点的分配，建立 I/O 点分配明细表。对于输入、输出设备的选择（如操作按钮、开关、接触器的线圈、电磁阀的线圈及指示灯等），要考虑到其供电电源、控制方式、控制线路连接及安全保护等措施。

4. 软件设计

软件设计主要包括绘制控制系统模块图、各模块算法流程图、编写梯形图或语句表程序等。软件设计必须经过反复调试、修改、优化，以提高编程效率，直到满足控制系统要求为止。

5. 软件测试

为了避免软件设计中的疏漏，必须进行软件测试。在测试过程中，只有建立合适的测试数据，才能发现程序中的漏洞。

6. 系统联机调试

系统联机调试是最关键的一步，可以先进行局部调试，然后再进行整体调试，直至系统运行满足功能要求。需要修改程序时结合软件设计、测试方法反复进行。为了判断系统各部件工作的情况，可以编制一些短小而针对性强的临时调试程序（待调试结束后再删除）。在系统联调中，要注意使用技巧，以便加快系统调试过程。

7. 编制技术文档

在设计任务完成后，要编制系统的技术文件。技术文件一般应包括总体说明书、硬件技术文档（电气原理图及电气元件明细表、I/O 连接图、I/O 地址分配表）、软件编程文档以及系统使用说明等。

8.3 PLC 硬件配置选择与外围电路

8.3.1 PLC 硬件配置

PLC 硬件选择主要包括机型选择、容量选择、I/O 模块选择和供电系统选择几个方面。

1. PLC 机型选择

PLC 是工业自动控制系统的核心部件，PLC 的选择应在满足系统控制要求的前提下，选用其性价比高、使用维护方便及抗干扰能力强的产品。

例如，单台机械的自动控制、泵的顺序控制以及少量模拟信号 PID 控制等大多数中、小型系统，这些系统对控制速度要求不高，可以分别选择西门子 S7-200 PLC、S7-200 SMART PLC、S7-1200 PLC 或增加扩展模块即可满足控制任务的要求；对附有模拟量控制的集中应用系统，可以选用带 A/D 和 D/A 转换的西门子 S7-300 系列 PLC 机型，再配接相应的传感器、变送器和驱动装置；对 PID 调节、闭环控制及网络通信等比较复杂的大中型控制系统，可选用西门子 S7-400 系列 PLC 等。

目前，一般 PLC 还应具有处理速度满足实时要求、离线/在线编程选择以及系统可扩展等功能。

2. PLC 容量选择

PLC 容量选择主要是指存储器容量和 I/O 点数多少的选择。在控制系统设计时，存储器容量的大小和 I/O 点数的多少是由控制要求决定的。在工程实践中，可以根据经验按以下方法粗略估算所需要的存储容量。

1）开关量输入：存储容量（字节为单位）=总点数×10。

2）开关量输出：存储容量（字节为单位）=总点数×8。

3）模拟量输入/输出：存储容量（字节为单位）=通道数×100。

4）定时器/计数器：存储容量（字节为单位）=定时器/计数器个数×2。

5）通信接口：存储容量（字节为单位）=接口数×300。

在满足控制要求的提前下，还应留有适当的备用量，一般情况可取 20%左右的备用量，以便系统调试和升级时使用。

3. I/O 模块扩展选择

在 PLC 的 CPU 资源不能满足系统控制要求时，可扩展 I/O 模块。

PLC 与被控制对象的联系是通过 I/O 模块实现的。通过 I/O 模块可以检测被控制对象的各种参数，并以这些参数作为控制器对被控制对象进行控制的依据。同时，控制器又通过 I/O 模块将控制器的处理结果送给被控制的设备，驱动各种执行机构来实现控制。不同的 I/O 模块，其电路和性能各不相同，要根据实际需要进行选择。

在选用时应注意以下事项。

1）在选型时尽可能用一个基本单元完成系统配置。

2）开关量输入模块输入电压通常为 DC 24V，可以直接与接入开关和光电等传感器开关等连接，S7-200 系列 PLC 输入公共端是需要外接电源的。

3）开关量输出模块有继电器输出、晶体管输出及晶闸管输出。通常控制系统输出信号变化不是很频繁时，首先选用继电器型。晶体管与双向晶闸管输出模块分别用于直流负载与交流负载，它们的可靠性高，反应速度快，寿命长，但是过载能力差。选择时应考虑负载的电压大小和种类、系统对延迟时间的要求和负载状态变化是否频繁等。还应注意同一输出模块对电阻性负载、电感性负载和白炽灯的驱动能力的差异。

4）模块的输出电压、额定输出电流（单点和总电流）均应满足负载的要求。

5）对于模拟量控制，可以根据输入/输出通道选用相关模块（参看本书第 2 章相关内容）。

6）模块的工作方式（如输出模块有继电器输出、双向晶闸管输出和晶闸管输出）及输出电压、额定输出电流（单点和总电流）均应满足负载的要求。

4. PLC 供电系统选择

在 PLC 控制系统中，供电系统占有极其重要的地位，PLC 一般由 220V、50Hz 交流电供电。电网的冲击和频率的波动将直接影响到实时控制系统的精度和可靠性。由于电网干扰可以通过 PLC 系统的供电电源（如 CPU 电源、I/O 电源等）耦合进入，在干扰较强或对可靠性要求很高的场合，可选择采取交流稳压器、隔离变压器及 UPS 电源等供电系统。隔离变压器和典型的 PLC 控制系统供电（AC 220V）电路分别如图 8-5 和图 8-6 所示。

图 8-5　隔离变压器　　　　　　　　　　图 8-6　PLC 控制系统供电

8.3.2　PLC 外围电路

　　PLC 外围电路是用于实现外部 I/O 设备与 PLC 连接的电路，根据功能的不同可分为输入外围电路和输出外围电路两类。由于 I/O 设备的多少直接决定了 PLC 控制系统的价格，因此，进行 PLC 外围电路设计时，要适当简化并合理配置电路。

1．输入外围电路

　　根据功能的不同，输入外围电路可分为操作指令电路、参数设置电路、反馈电路及手动电路等。在实现同样控制功能的情况下，对不同的输入外围电路，可以采取如下方式进行简化。

　　1）对实现相同操控功能的输入点进行合并。如果外部输入信号总是以某种串/并联组合方式整体出现在梯形图中，可以将它们对应的触点串/并联后，再作为一个输入点接到 PLC 中。

　　例如，某工业控制系统，有两个设置在不同位置的起动开关，用于控制同一设备运行。根据逻辑化简原理，可以将两处的起动开关并联后再输入给 PLC，此时仅需要一个输入点就能实现控制要求。

　　2）分时分组处理输入点。如自动程序和手动程序不会在同一时间执行指令，则可以将自动和手动两种工作方式分别使用的输入信号分成两组，两种工作方式分时使用相同的输入点。另外，为了操作的便利，最好增加一个自动/手动指令信号，用于两种工作方式的切换。

3）减少多余信号的输入。如果通过 PLC 软件能断定输入信号的状态，则可以减少多余信号的输入。例如，某系统设有全自动、半自动和手动三种工作方式，通过转换开关进行切换，常用的方式是将转换开关的三路信号全部输入 PLC。如果转换开关既没有选择全自动方式也没有选择半自动方式，根据系统约束条件可知，转换开关只能选择手动方式，因此，可以用全自动与半自动的"非"来表示手动，从而节省一个输入点。

4）PLC 处理速度的要求。由于 PLC 的工作过程为扫描工作方式，因此，从采样输入信号到输出控制普遍存在着滞后现象。输入量的变化通常要在 1～2 个扫描周期之后才能使输出端响应，响应时间包括输入滤波时间、输出滤波时间和执行程序的扫描周期，为此，输入信号持续时间要大于 PLC 一个扫描周期。

2. 输出外围电路

根据功能的不同，输出外围电路可分为显示电路、负载电路、主电路及安全保护电路等。在进行 PLC 输出外围电路设计时，要注意以下方面。

1）负载并联处理。在负载电压一致，且总负荷容量不超过输出模块允许的负载容量时，可以将这些负载并联在一起，用一个输出点来驱动。

2）使用接触器辅助触点。当 PLC 输出驱动大功率负载时，常要通过接触器进行电压或功率的转换。一般接触器除完成主控功能外，还提供了多对辅助触点，用来对有关设备进行联锁控制。设计 PLC 输出外围电路时，可充分利用这类辅助触点，使 PLC 的一个输出点可以同时控制两个或多个有不同要求的负载。通过外部转换开关的转换，一个输出点就能控制两个或多个不同时工作的负载，节省了 PLC 的输出点数。

3）用数字显示器替代指示灯。如果系统的状态指示灯或程序工步很多，用数字显示器的状态来替代指示灯，也可以节省输出点数。

4）多位数字显示器的动态扫描驱动。对于多位数字显示器，如果直接用数字量输出点来控制，所需要的输出点会很多，若使用动态扫描技术，则可以大幅度地减少输出点数。

5）在输出回路中设计安全保护措施。例如增加熔断器以实现限流保护。

6）使用者必须注意到 PLC 输出点所允许的工作电压和电流额定值。对于继电器输出回路，工作电压额定为 AC 250V 以下，每个输出点可以驱动纯电阻负载电流最大为 1A，在此范围内选择和设计输出接口电路。如果负载的工作电压或电流超过额定值，可以通过驱动电路或中间继电器驱动负载。

7）如果 PLC 输出点连接的是直流感性负载，为了消除感性负载断路时产生的反电动势对输出回路的影响，应对感性负载施加二极管续流或 RC 泄放电路。

对于直流感性负载，需要在负载两端并联续流二极管，如图 8-7 所示。续流二极管应选择反向工作电压参数为负载工作电压的 5～10 倍以上，正向电流参数大于负载的工作电流。对于交流感性负载，一般应与负载并联 RC 浪涌吸收电路，如图 8-8 所示。

图 8-7　直流感性负载加续流二极管　　　图 8-8　交流感性负载加 RC 浪涌吸收电路

8）由于 PLC 内部输出电路没有设置保护措施，因此应在外电路中设置过载保护电路，如串接熔断器或空气开关。

8.4 PLC 软件设计

PLC 软件设计和任何软件设计的过程一样，要经历需求分析、软件设计、编码实现、现场调试和运行维护等环节。

8.4.1 PLC 软件设计基本原则

PLC 软件设计类似于微型计算机中的接口程序设计，是以系统要实现的工艺要求、硬件组成和操作方式等条件为依据来进行的。但由于 PLC 本身的特点，其程序设计相对于一般计算机程序也有其特殊性。在进行 PLC 程序设计时应注意以下几个方面。

1）对 I/O 信号进行统一操作，确定各个信号在 PLC 一个扫描周期内的唯一状态，以避免因同一信号不同状态而引起的逻辑混乱。

2）由于 CPU 在每个周期内都固定进行某些窗口服务，占用一定的机器时间。因此，要确保周期时间不能无限制缩短。

3）定时器的时间设定值不能小于 PLC 扫描周期时间；在对定时时间的精度要求较高时，要保证定时器时间设定值是平均周期扫描时间的整倍数，否则可能带来定时误差。

4）用户程序中如果多次对同一参数赋值，则只有最后一次赋值操作结果有效，前几次赋值操作结果不影响实际输出状态。

5）指令盒类指令在使能端有效执行后，其传送结果保留（即便在使能端无效时）；线圈输出在控制端有效时为 ON，在控制端无效时恢复 OFF。

6）同一程序中一个线圈只能使用一次"="输出指令。

8.4.2 PLC 软件设计内容和步骤

1. PLC 软件设计的内容

PLC 程序设计的基本内容一般包括参数表的定义（需要时）、程序框图绘制、程序编制、程序测试和程序说明书编写五项内容。

2. PLC 软件设计的步骤

编写 PLC 程序和编写其他计算机程序一样，其基本步骤如下。

1）对系统任务模块化。模块化就是把一个复杂的工程，分解成多个比较简单的小任务（模块），并建立其逻辑关系（程序框图）。用户可以对各个模块编程，然后通过控制程序将其组合在一起。

2）根据外围设备与 PLC 输入/输出端口连接表建立程序流程图。

3）根据流程图编程（需要时进行参数表定义）。

PLC 的程序设计以指令为基础，结合被控对象工艺过程的控制要求和现场信号，对照 PLC 软继电器编号，用梯形图或指令句等编程语言进行编程。

应用程序设计方法可以采用继电器线路转化法、经验设计法、逻辑设计法、时序图设计法及顺序功能图设计法等，对于不同的控制任务可以采用不同的设计方法。

4）现场联机程序调试。如果控制程序由几个部分组成，应先进行局部调试，然后再进行整体调试，直至满足控制系统要求。

5）编写程序说明等技术文件。

8.5 PLC 控制系统可靠性设计

PLC 是专门为工业环境设计的控制装置，在生产制造 PLC 时，从设计到元器件选择都严格按照标准进行，因此，PLC 的 CPU 和 I/O 等硬件模块都具有很高的可靠性，可以直接在工业环境中使用。但是，如果环境过于恶劣、电磁干扰过于强烈或安装使用不当，都可能使系统无法正常运行。在实际应用 PLC 时，要尽可能从工程设计、安装施工和使用维护等方面采取措施，进一步提高 PLC 的可靠性。

8.5.1 工作环境的可靠性

尽管 PLC 可以在比较恶劣的环境中工作，但是良好的工作环境对提高系统可靠性、保障系统稳定性、增强控制精度和延长使用寿命等都是有益的。

1. 温度

不合适的温度会导致 PLC 精度下降，故障率上升，使用寿命缩短。例如，使用 S7-200 PLC 时，要保证工作的环境温度在 0～55℃（最适合温度应在 18℃以下）。不能把发热量大的元件放在 PLC 下面，PLC 四周通风散热的空间应足够大。

2. 湿度

若 PLC 的工作环境过于潮湿，会导致其内部线路短路或元器件击穿。潮湿的环境还会降低 PLC 的绝缘性能，导致静电集结，而损坏元器件。解决的方法可以使用空调控制室，采用密封机柜和防潮剂等。为了保证 PLC 良好的绝缘性能，空气的相对湿度一般应小于85%。

3. 振动和冲击

振动和冲击会导致 PLC 内部继电器等元器件的错误运行，会导致 PLC 控制系统机械结构的松动。解决的方法可以将 PLC 控制系统远离强烈的振动源，还可以使用减振橡胶来减轻柜内和柜外产生的振动。

4. 周围空气

如果周围空气中有较浓的粉尘、烟雾、腐蚀性气体或可燃性气体，会导致电路短路、电路板腐蚀、元器件损坏、线路接触不良、系统火灾或爆炸等。解决的方法是将 PLC 封闭，或者把 PLC 安装在密闭性较好的控制室内，并安装空气净化装置。

8.5.2 完善的抗干扰设计

PLC 具有很强的抗干扰能力，但是由于实际应用场合（尤其工业现场）易受到各种不同干扰信号的影响，因此，在设计 PLC 控制系统时必须考虑增加相应的抗干扰措施，以保证系统能工作在更稳定、更可靠的状态。

1. 对空间电磁场的抗干扰措施

若将 PLC 系统置于由电力网络、无线电广播、高频感应设备等产生的空间电磁场内，就会受到空间电磁场干扰。PLC 的各类信号传输线最容易受到空间电磁场的干扰。由信号线引入的干扰会导致 I/O 信号工作异常，严重时将引起元器件损伤。而且，对于隔离性能差的系统，还将导致信号间互相干扰，造成逻辑数据变化、误动和死机。欲抵抗这种干扰，用户可使用抗干扰性能强的 I/O 模块，或者对信号屏蔽接地，或者对感性输入增加保护措施。

2．对供电系统的抗干扰措施

电源是干扰进入 PLC 的主要途径，对于 PLC 的供电系统，电磁干扰产生的感应电压/感应电流、交直流传动装置引起的谐波、开关操作浪涌、大型电力设备起停以及电网短路暂态冲击等，都会直接影响控制系统的可靠性。

常见的 PLC 内部电源都采用开关式稳压电源或一次侧带低通滤波器的稳压电源。一般通过串接滤波电路或使用浪涌吸收器进行保护，还可使用带屏蔽的隔离变压器、不间断 UPS 电源或开关电源。

3．合理布线

PLC 的输入与输出回路最好分开走线，输入回路接线通常不要超过 30m，输出回路应采用熔丝保护；开关量与模拟量也要分开敷设；I/O 线、动力线及控制线应分开走线，尽量不要在同一线槽中；传送模拟量信号的 I/O 线最好用屏蔽线，且屏蔽线的屏蔽层应一端接地；接地电阻应小于屏蔽层电阻的 1/10；PLC 的基本单元与扩展单元及功能模块很容易受干扰，不能与其他连线敷埋在同一线槽内。

4．良好的接地

良好的接地可以避免冲击电压的危害，是保证 PLC 可靠工作的重要条件。PLC 一般最好单独接地，也可以采用公共接地，但禁止使用串联接地方式。PLC 的接地线应尽量短，使接地点尽量靠近 PLC，且接地电阻要小于 100Ω，接地线的截面应大于 $2mm^2$。PLC 的 CPU 单元必须接地，若使用了 I/O 扩展单元等，则 CPU 单元应与它们具有共同的接地体，而且从任一单元的保护接地端到地的电阻都不能大于 100Ω。

8.5.3　PLC 的安全保护

PLC 应用系统的安全保护一般应具有以下几个方面。

1．短路保护

应该在 PLC 外部输出回路中装上熔断器进行短路保护，且最好在每个负载的回路中都装上熔断器。

2．互锁与联锁措施

在一些需要互锁的关键电路中，不仅在程序中设计电路的互锁关系，同时在 PLC 外部接线中还应该设计硬件的互锁电路，以确保系统安全可靠地运行。

3．失电压保护与紧急停车措施

PLC 外部负载的供电线路应具有失电压保护措施，当临时停电再恢复供电时，不按下"起动"按钮 PLC 的外部负载就不能自行起动。这种接线方法的另一个作用是，当特殊情况下需要紧急停机时，按下"停止"按钮就可以切断负载电源，而与 PLC 毫无关系。

4．用电保护

为防止触电，PLC 工作电源及负载电源在需要时应使用漏电保护器，PLC 接地端按要求接地，设备金属外壳要可靠接地。

5. 安全的软件设计

PLC 的可靠性不仅与硬件有关，和软件也有密切的关系，特别是用户应用程序的可靠性。在软件设计时，要采用标准化和模块化的设计方法，要充分考虑控制上和操作上可能出现的因果关系和转换条件。在对程序进行测试时，要完善测试数据参数，减少程序漏洞，以最大程度保证应用程序的可靠性。

8.6 PLC 控制系统安装、运行及调试

8.6.1 PLC 控制系统的安装

一般来说，工业现场的环境都比较恶劣，为了确保 PLC 控制系统安全可靠地运行，在进行 PLC 控制系统安装时，要严格按照设计的要求和符合产品的设计要求进行。

PLC 控制系统安装时要根据设计布局和系统硬件配置图，严格按照产品的安装规范进行安装。在安装时要注意以下方面。

1）PLC 应远离强干扰源，如大功率晶闸管装置、变频器、高频焊机和大型动力设备等。

2）PLC 不能与高压电器安装在同一个开关柜内，在柜内 PLC 应远离动力线（两者之间的距离应大于 2m）。

3）与 PLC 装在同一个开关柜内的电感性元件（如继电器、接触器的线圈），应并联 RC 电路。

4）插拔模块时不得用手或工具直接触摸电子线路板，严禁用容易产生静电的刷子或化纤等来清洗各类模块和设备，操作者应采取防静电措施，如佩戴防静电手套或手链等。

5）要对模块做好保护措施，避免小杂物进入模块内。保管好体积小的配件和材料，并保持安装环境的整洁卫生。

8.6.2 PLC 控制系统运行方式

PLC 系统运行方式主要是指系统工作方式和停止方式，正确合理设计系统的运行方式，不但方便用户使用，而且便于工程技术人员的调试和维护。

1. PLC 工作方式

基于 PLC 的控制系统，其工作方式有全自动、半自动和手动三种。

（1）全自动工作方式

全自动工作方式是 PLC 控制系统的主要运行方式。只要运行条件具备，控制器起动或者人工起动后，就能自动运行整个控制过程。

（2）半自动工作方式

半自动工作方式是指 PLC 控制系统的起动或运行中的某些步骤，需要人工干预才可继续运行的一种工作方式。半自动工作方式多用于检测手段不完善，需要人工判断，或某些设备不具备自动控制条件，需要人工干涉的场合。

（3）手动工作方式

手动工作方式是指完全需要人工干预的一种工作方式。多用于设备调试、系统调整或紧急情况下的控制方式，由于手动工作方式缺少系统联锁信号，不符合系统安全运行规程，只

能作为自动工作方式的辅助或后备方式。

2．PLC停止方式

PLC控制系统主要有正常停止、暂时停止和紧急停止三种。

（1）正常停止方式

正常停止方式是指由系统程序控制执行的停止方式。当运行步骤执行完毕，或系统接收到操作人员发出的停止指令后，按系统程序设计的停止步骤停止工作。

（2）暂时停止方式

暂时停止方式是指暂时停止执行当前程序的一种操作方式。暂时停止时系统所有的输出被置为停止状态，待暂停解除时继续执行被暂停的程序。

（3）紧急停止方式

紧急停止方式是指在系统出现异常情况或故障时强制停止系统运行的一种操作方式。当控制系统中的设备出现异常或故障时，必须立即停止所有的设备运行，否将导致重大事故或损坏设备。PLC控制系统紧急停止时，所有设备停止运行，所有程序的执行被解除，系统复位到初始状态。为了安全可靠，在设计紧急停止方式时，要既没有联锁条件，也没有延时时间，并且不受PLC运行状态的限制。

8.6.3 PLC控制系统调试

联机调试是PLC控制系统最后一个设计步骤。PLC控制系统的调试可以分为模拟调试和现场调试两个阶段。

1．模拟调试

用户程序在联机调试前需进行模拟调试。在实验室进行模拟调试时，实际的输入信号可以用开关和按钮来模拟，各输出量的通断状态用PLC上的发光二极管来显示。在模拟调试时，一般不接电磁阀、接触器等实际的负载。

在模拟调试时应充分考虑各种可能的情况，对系统各种不同的工作方式，应逐一检查。发现问题后及时修改用户程序，直到在各种可能的情况下输入量与输出量之间的关系完全符合设计要求。

如果程序中某些定时器或计数器的设定值过大，为了缩短调试时间，可以在调试时将它们减小，模拟调试结束后再写入其实际设定值。

检查程序无误后，才可以把PLC接到控制系统中，进行现场调试。

2．现场调试

完成模拟调试工作后，将PLC安装在控制现场进行现场联机调试。具体过程如下。

1）查接线并核对地址，要逐点进行，确保正确无误。

2）检查I/O模块是否正确，工作是否正常。必要时，还可用标准仪器检查I/O的精度。

3）检查并测试指示灯。控制面板上如有指示灯，应首先通过检测指示灯，来查看系统逻辑关系是否正确。

4）检查手动动作及手动控制逻辑关系。查看各个手动控制的输出点，验证是否有相应的输出及与输出对应的动作，之后再看各个手动控制是否能够实现，如有问题立即解决。

5）系统试运行检查。如果系统可以自动运行，要先进行半自动调试，调试时一步步推进，直至完成整个控制周期。在完成半自动调试后，可进行全自动调试，要多观察几个工作周期，以确保系统能正确无误地连续工作。

6）异常条件检查。完成上述调试后，最好再进行一些异常条件检查。如果系统出现异常情况或一些难以避免的非法操作时，检查是否会停机保护或提示报警。

在联机调试时，对可能出现的传感器、执行器和硬件接线等方面的问题，或 PLC 梯形图程序设计中的问题，要及时进行解决。如果调试达不到相关指标要求，则应对相应硬件和软件部分做适当调整（通常修改程序可达到调整的目的）。全部调试通过后，还要经过一段时间的试运行，系统方可投入到实际运营中。

8.7 PLC 控制系统设计实例

8.7.1 三相异步电动机带延时的正、反转控制系统

本节以三相异步电动机的控制为例，介绍电动机起动、停止、正转、反转和互锁保护控制功能的设计过程和编程。

1．工作原理

在自动控制系统中，根据生产过程和工艺要求，经常要对电动机进行起动、停止、正转、反转、顺序起动、减压起动、自锁保护和互锁保护等方面的控制。

控制系统中的设备或部件的上下、左右、前后的运动，正是利用电动机的正转和反转功能实现的。三相异步电动机的正、反转可借助正、反向接触器改变定子绕组的相序来实现，控制的方法很多，但都必须保证正、反向接触器不会同时被接通，以防造成电动机短路故障（常用"互锁"电路来避免此类故障）。

三相异步电动机正、反转主电路如图 8-9 所示。其中 M 为电动机，有三绕组，每绕组均有首尾接头。继电器 KM1 和 KM2 分别控制电动机的正转运行和反转运行，继电器 KM3 用于控制电动机的星形联结。

图 8-9 电动机正、反转主电路工作原理图

2．系统控制要求

对三相异步电动机正反转控制系统的要求如下。

1）实现三相异步电动机的起动、停止控制。

2）实现三相异步电动机的正转、反转控制。

3）实现三相异步电动机在正向运转时，延时 1～2s 后能进入反向运转模式。

4）实现三相异步电动机在反向运转时，延时 1～2s 后能进入正向运转模式。

5）实现三相异步电动机的互锁保护控制。

3．控制系统 I/O 资源分配

PLC 系统设计时，I/O 资源分配非常重要。资源规划的好坏，将直接影响到系统软件的设计质量。根据系统控制要求，设计使用 3 个继电器分别控制电动机（星形联结）的正转、反转，资源分配见表 8-1。

表 8-1　系统 I/O 资源分配表

名　　称	代　　码	地　　址	说　　明
正转起动按钮	SB1	I0.0	电动机正向转动
反转起动按钮	SB2	I0.1	电动机反向转动
停止按钮	SB3	I0.2	电动机停止
控制继电器 1	KM1	Q0.0	控制电动机的正向转动
控制继电器 2	KM2	Q0.1	控制电动机的反向转动
控制继电器 3	KM3	Q0.3	控制电动机星形联结

4．选定 PLC 型号

根据 I/O 资源的配置可知，系统共有 3 个开关量输入点、3 个开关量输出点。考虑到 I/O 点的利用率和 PLC 的价格，可选用西门子公司的 S7-200 PLC CPU 221。

5．控制系统接线图

如图 8-10 所示为三相异步电动机正、反转 PLC 控制接线图，PLC 的输入开关量 I0.0、I0.1 和 I0.2 能检测来自按钮 SB1、SB2 和 SB3 输入信号，PLC 的输出开关量 Q0.0、Q0.1 和 Q0.3 的输出值用于驱动外部控制继电器，以实现相应的控制动作。

图 8-10　电动机正、反转 PLC 控制接线图

6．控制系统软件设计

在 STEP 7-Micro/WIN V4.0 编程环境中，通过软件设计实现对电动机的起动、停止、正转、反转和互锁保护等功能，具体操作步骤如下。

（1）建立新工程

在 STEP 7-Micro/WIN V4.0 主操作界面下，选择主菜单中的"文件"→"新建"选项或单击工具栏中的"新建项目"图标，在主操作窗口中将显示新建的程序文件区，新建的程序文件以"项目 1"命名，如图 8-11a 所示。

用户可以根据实际情况选择 PLC 型号。右击"CPU 224XP CN REL 02.01"图标，在弹出的按钮中单击"类型"，如图 8-11b 所示。在 PLC 类型选择对话框中，选择需要的 CPU 221 类型，单击"确认"按钮，如图 8-11c 所示。

a)   b)   c)

图 8-11 建立新工程对话框

a) 新建工程　b) 更改类型　c) 选择类型

（2）编写控制程序

在 STEP 7-Micro/WIN V4.0 中编写控制程序，具体操作步骤如图 8-12 所示。

1）在程序编辑窗口中将光标定位到所要编辑的位置。

2）从指令树中选择需要的常开触点，双击或者按住鼠标左键拖放元件到指定位置。

3）在"??.?"处输入常开触点元件的地址 I0.0（不区分大小写，如输入"i0.0"，回车确认后自动生成"I0.0"，且光标自动右移一格）。

4）选择并添加内部线圈 M0.0，实现自锁。

5）选择并添加内部常开触点 M0.0。

6）选择需要添加向上分支的位置，单击工具栏中的"向上连线"按钮。

7）选择需要添加向下分支的位置，单击工具栏中的"向下连线"按钮。

8）选择接通延时定时器 TON。

9）在定时器上方的"????"输入定时器号 T37，按回车键确认后，光标自动移动到预置时间值参数处，输入"80"（实现电动机正转 8s 的时间长度），再按回车键确认。

10）按上述方法，完成该控制系统的其余程序段。

为了增加程序的可读性和调试维修的方便，可单击"程序注释""网络标题"或"网络注释"，输入必要的说明信息。

图 8-12 编写控制程序示意图

a) 选择网络 b) 选择要添加的触点 c) 输入触点编号 d) 选择要添加的线圈 e) 准备添加触点

f) 准备添加向上分支 g) 准备添加向下分支 h) 选择添加定时器 i) 设置定时器参数

（3）控制程序

三相异步电动机带延时的正、反转控制系统程序如图 8-13 所示。

7. 控制系统调试

三相异步电机带延时的正、反转控制程序的工作过程如下。

（1）电动机正转→延时（8s）→停止（1s）→反转

1）如果首先按下正向起动按钮 SB1，常开触点 I0.0 闭合，线圈 Q0.0 得电，线圈 Q0.3 也同时得电，即继电器 KM1 和 KM3 的线圈得电，此时电动机正转。

Network 1	//电动机正转起动
LD	I0.0
AN	I0.1
O	M0.0 //内部线圈得电，实现自锁
O	T40
AN	I0.2
AN	Q0.1
=	M0.0
TON	T37, +80 //定时器 T37 定时 8s
Network 2	//延时 1s
LD	T37
TON	T39, +10
Network 3	//1s 延时到，正转停止
LD	M0.0
AN	T37
=	Q0.0
Network 4	//电动机反转起动
LDN	I0.0
A	I0.1
O	M1.0
O	T39
AN	I0.2
AN	Q0.0
=	M1.0
TON	T38, +100 //定时器 T38 定时 10s
Network 5	//延时 1s
LD	T38
TON	T40, +10
Network 6	//1s 延时到，反转停止
LD	M1.0
AN	T38
=	Q0.1
Network 7	//电动机停止工作
LD	Q0.0
O	Q0.1
AN	I0.2
=	Q0.3

图 8-13　电动机带延时的正、反转控制程序

2）电动机正转工作 8s 后，Q0.0 的线圈失电，延时 1s 后 Q0.1 的线圈得电，即继电器 KM1 的线圈失电，继电器 KM2 的线圈得电，此时电动机反转。

（2）电动机反转→延时（10s）→停止（1s）→正转

1）如果首先按下反向起动按钮 SB2，常开触点 I0.1 闭合，线圈 Q0.1 得电，线圈 Q0.3 也同时得电，即继电器 KM2 和 KM3 的线圈得电，此时电动机反转。

2）电动机反转工作 10s 后，Q0.1 的线圈失电，延时 1s 后 Q0.0 的线圈得电，即继电器 KM2 的线圈失电，继电器 KM1 的线圈得电，此时电动机正转。

（3）自锁保护

内部线圈 M0.0 和 M1.0 得电时，对 I0.0 和 I0.1 实现自锁保护。

（4）停止运行

在电动机正转或反转时，按下停止按钮 SB3，电动机停止运转。

8.7.2 水塔水位实时检测控制系统

本节以水塔供水系统为例，介绍 S7-200 PLC 实时检测控制系统的设计和编程。

1. 工作原理

水塔供水设施主要由水塔、水池、抽水泵和补水泵组成，如图 8-14 所示为一个简化的水塔供水系统示意图，其中，ST_H 和 SC_H 为水塔和水池的上限水位传感器，ST_L 和 SC_L 为水塔和水池的下限水位传感器；电动机 M 驱动抽水泵工作，从水池中抽水注入水塔中；水池注水控制电磁阀 YV 开启，补水泵工作，自动把水注满储水水池。

图 8-14 水塔供水系统示意图

图 8-14 所示的供水设施，为了实现连续正常地自动化供水，必须建立闭环控制系统，实时对水塔水位进行监控。水塔由电动机 M 带动抽水泵供水，通过安装在水池内的下限传感器 SC_L、上限传感器 SC_H，实现水位控制。

2. 系统控制要求

对水塔水位实时检测控制系统的要求如下。

1）当水塔水位低于设定下限时，自动开泵抽水，水位达到设定上限时，关泵停止抽水。

2）当水池水位低于设定下限时，自动开阀注水，水位达到设定上限时，关阀停止注水。

3）要有完善的报警功能，能在系统发生故障时发出声光报警。

4）要有必要的人机界面，如指示水位高低的指示灯、电动机工作指示灯等。

5）对抽水泵和补水泵要有手动控制功能，以便在应急或检修时临时使用。

水塔供水系统控制流程如图 8-15 所示。

3. 控制系统 I/O 资源分配

用 PLC 构成水塔水位实时检测控制系统的资源分配表见表 8-2。水塔和水池水位上下限信号分别为 I0.0、I0.1、I0.2 和 I0.3，当水淹没上下限传感器时，它们的值为低电平 0，否则为高电平 1。

图 8-15　水塔供水系统控制流程图

表 8-2　系统 I/O 资源分配表

名　称	代　码	地　址	说　明
水塔水位上限信号	ST_H	I0.0	水塔的最高水位指示
水塔水位下限信号	ST_L	I0.1	水塔的最低水位指示
水池水位上限信号	SC_H	I0.2	水池的最高水位指示
水池水位下限信号	SC_L	I0.3	水池的最低水位指示
电动机	M（中间继电器）	Q0.0	电动机工作，将水池的水抽入水塔中
电磁阀	YV（中间继电器）	Q0.1	控制是否向水池注水

4. 选定 PLC 型号

根据 I/O 资源的配置可知，系统共有 4 个开关量输入点、2 个开关量输出点，此处选用西门子公司的 S7-200 PLC CPU 224XP DC /DC/ DC（注意该 PLC 工作电源是 DC 24V）。

5. 控制系统接线图

如图 8-16 所示为水塔水位实时检测 PLC 控制接线图，PLC 的输入开关量 I0.0、I0.1、I0.2 和 I0.3 检测来自高低水位传感器 ST_H、ST_L、SC_H 和 SC_L 的输入信号，PLC 的输出开关量 Q0.0 和 Q0.1 的输出值分别控制中间继电器→接触器驱动外部负载，以实现相应的控制动作。

图 8-16 水塔水位实时检测 PLC 控制接线图

6. 控制系统软件设计

水塔水位实时检测控制系统的梯形图程序和语句表程序如图 8-17 所示。

图 8-17　水塔水位实时检测控制程序

水塔水位实时检测控制程序工作过程如下。

1）当水池水位低于水位下限 SC$_L$ 时，常开触点 I0.3 闭合，线圈 Q0.1 得电，打开电磁阀 YV 开始向水池注水。同时定时器 T39 开始计时，计时时长为 4s。

2）如果计时 4s 后，水池水位还是低于水位下限 SC$_L$，表示电磁阀 YV 没有向水池注水，系统故障，光电报警。在本系统中，利用定时器 T37 和定时器 T38，组成了一个 0.5s

280

通、1s 断的闪烁电路，用于指示系统故障。

3）当水池水位高于水位上限 SC_H 时，常闭触点 I0.2 打开，线圈 Q0.1 失电，关闭电磁阀 YV 停止向水池注水。

4）当水塔水位低于水位下限 ST_L 时，常开触点 I0.1 闭合，线圈 Q0.0 得电，电动机 M 工作，抽水泵向水塔注水。

5）当水塔水位高于水位上限 ST_H 时，常闭触点 I0.0 打开，线圈 Q0.0 失电，电动机 M 停止工作。

8.7.3 带有数显及倒计时功能的 4 人抢答器系统

1. 工作原理

PLC 抢答器外部控制由四个选手抢答开关、一个数码管、一个开始按钮和一个复位按钮组成。在按下开始按钮之后数码管显示倒计时，当倒计时为 0 时开始抢答，四个抢答开关分别对应数字 1、2、3、4，数码管将显示最先按下的按钮所对应的数字。按下清零按钮之后数码管恢复为 0。

2. 系统控制要求

对 4 人抢答器的控制要求如下。

1）能对抢答器进行开和清零控制。

2）要求 4 个抢答按钮之间互锁。

3）要求在筛选出抢答者之后数码管要显示其对应的数字。

3. 控制系统 I/O 资源分配

用 PLC 构成的 4 人抢答器控制系统的资源分配表见表 8-3。

表 8-3　系统 I/O 资源分配表

名　　称	代　　码	地　　址	说　　明
开始按钮	SB1	I1.0	开始倒计时
复位按钮	SB2	I1.1	抢答器复位
抢答按钮 1	SB3	I0.1	抢答人 1
抢答按钮 2	SB4	I0.2	抢答人 2
抢答按钮 3	SB5	I0.3	抢答人 3
抢答按钮 4	SB6	I0.4	抢答人 4
数码管	XS	QB0	倒计时显示/抢答人显示

4. 选定 PLC 型号

根据 I/O 资源的配置可知，系统共有 6 个开关输入量、8 个开关输出量，因此选用西门子公司的 S7-200 PLC CPU 224。

5. 控制系统接线图

图 8-18 所示为 4 人抢答器外围接线图，PLC 的输入开关量 I1.0、I1.1 为系统开始和复位控制按钮，I0.1～I0.4 为抢答按钮，7 段数码管共阴极连接由 QB0 驱动。

6. 控制系统软件设计

4 人抢答器系统的梯形图程序如图 8-19 所示。

图 8-18　4 人抢答器接线图

图 8-19　4 人抢答器梯形图程序

8.7.4 自动搬运车控制系统

1. 工作原理

自动搬运车是现代自动化物流系统中的关键设备之一，能够自动完成不同地点货物的装载和卸载，实现自动、高效且低故障的无人化作业。

如图 8-20 所示为一个自动搬运车操作示意图，自动搬运车的控制过程属于双向控制，可由一台三相异步电动机拖动，电动机正转，搬运车向右行，电动机反转，搬运车向左行。在自动搬运车行程线上有 6 个编码为 R1、R2、R3、L1、L2 和 L3 的站点供搬运车停靠，在每一个停靠点安装一个行程开关以监视搬运车是否到达该站点。

图 8-20　自动搬运车操作示意图

自动搬运车的工艺流程属于顺序功能控制，如图 8-21 所示。

图 8-21　自动搬运车控制流程图

自动搬运车控制流程共有 7 步动作，每次循环动作均从 A 地开始。

自动搬运车的操作方式分为手动操作、全自动操作、单周期操作和单步操作四种类型。手动操作是指用按钮操作对自动搬运车的每一步动作单独进行控制，如控制车右行/左行、装货/卸货等；全自动操作是指按下起动按钮后，自动搬运车的动作将自动地、连续不断地周期性循环，直到按下停止按钮后结束；单周期操作是指自动搬运车的动作自动完成一个周期后就停止；单步操作是指每按一次起动按钮，自动搬运车完成一步操作，然后自动停止。

2. 系统控制要求

对自动搬运车控制系统的要求如下。

1）实现搬运车自动运行，且要有一定的方向性。

2）设有货物位置检测和货物形态检测装置，以便精确无误地进行货物的自动装载和卸载。

3）设有车辆位置定位和限位装置，以便搬运车能准确停靠到 R1、L1 等站点。

4）具有灵活的运行方式，如全自动操作、单周期操作等操作方式。

5）必要的人机界面，如系统起/停按钮、运行方式选择开关、右行/左行显示灯及装货/卸货指示灯等。

6）可以手动控制，以便突发异常紧急停止系统运行，或在系统维护检修时使用。

3. 控制系统 I/O 资源分配

用 PLC 控制自动搬运车的资源分配表见表 8-4。

表 8-4　系统 I/O 资源分配表

名　　称	代　码	地　址	说　　明
系统起/停按钮	QT	I0.0	系统起动/停止运行
装载货物按钮	ZH	I0.1	系统装载货物
卸载货物按钮	XH	I0.2	系统卸载货物
搬运车右行开关	YX	I0.3	搬运车向右行驶
搬运车左行开关	ZX	I0.4	搬运车向左行驶
单步操作方式按钮	DB	I0.5	系统单步完成动作
单次周期操作方式开关	DC	I0.6	系统自动完成一个周期
全自动操作方式开关	ZD	I0.7	系统自动、连续不断地周期性运行
手动操作方式开关	SD	I1.0	系统由用户手动操作完成各步动作
搬运车装货指示灯	S1	Q0.0	搬运车装货，该指示灯点亮
搬运车卸货指示灯	S2	Q0.1	搬运车卸货，该指示灯点亮
右行线站点 1	R1	Q0.2	右行线上，可供搬运车停靠的站点 1
右行线站点 2	R2	Q0.3	右行线上，可供搬运车停靠的站点 2
右行线站点 3	R3	Q0.4	右行线上，可供搬运车停靠的站点 3
左行线站点 1	L1	Q0.5	左行线上，可供搬运车停靠的站点 1
左行线站点 2	L2	Q0.6	左行线上，可供搬运车停靠的站点 2
左行线站点 3	L3	Q0.7	左行线上，可供搬运车停靠的站点 3

4. 选定 PLC 型号

根据 I/O 资源的配置可知，系统共有 9 个开关量输入点、8 个开关量输出点，此处选用西门子公司的 S7-200 PLC CPU 224。

5. 控制系统接线图

如图 8-22 所示为自动搬运车控制系统外围接线图，PLC 的输入开关量 I0.0～I1.0 检测按钮和开关的输入信号；PLC 的输出开关量 Q0.0～Q0.7 的输出值用于驱动外部负载，以实现相应的控制动作。

6. 控制系统软件设计

自动搬运车控制程序工作过程如下。

1）按下起/停按钮 ST，系统起动，等待用户选择系统操作方式。

2）当手动操作方式开关 SD 为 ON，系统以手动操作方式工作。按下装货按钮 ZH，搬运车在 A 地装货，装货指示灯 S1 亮，15s 后搬运车装货完毕 S1 灭；右行开关 YX 为 ON，搬运车开始向右行驶，在右行线上，用依次（间隔时长为 2s）被点亮的指示灯表示经过 R1、R2、R3 站点；搬运车行驶到 B 地后，按下卸货按钮 XH，搬运车在 B 地装货，卸货指示灯 S2 亮，15s 后搬运车卸货完毕 S2 灭，同时，空的搬运车可以在 B 地装载新的货物；左行开关 ZX 为 ON，搬运车开始向左行驶，在左行线上，用依次（间隔时长为 2s）被点亮的指示灯表示搬运车经过 L1、L2、L3 站点；最后，搬运车返回 A 地卸货。

图 8-22   自动搬运车控制系统 PLC 控制接线图

3）当全自动操作方式开关 ZD 为 ON，系统以全自动操作方式工作。自动完成"A 地装货→车右行→B 地卸货→B 地装货→车左行→A 地卸货"，延时 5s 后，开始下一个周期，且连续不断地循环。如果在搬运车工作中按下起/停按钮 ST，系统不会立即停止工作，而是在搬运车完成一个周期的动作后，返回 A 地自动停止。

4）当单周期操作方式开关 DC 为 ON，系统以单周期操作方式工作。完成"A 地装货→车右行→B 地卸货→B 地装货→车左行→A 地卸货"，然后系统自动停止。

5）当按下单步操作方式按钮 DB 时，系统以单步操作方式工作，每按一次该按钮，搬运车运行一步。

自动搬运车控制系统梯形图源程序见本书电子资源。

8.7.5　三层电梯控制系统

1. 工作原理

电梯由安装在各楼层厅门口的上行和下行呼叫按钮进行呼叫操纵，从而确定电梯运行方向。三层电梯输入/输出控制功能及符号见表 8-5。

电梯轿厢内设有楼层内选按钮 S1～S3，用以选择需停靠的楼层。L1 为一层指示、L2 为二层指示、L3 为三层指示，SQ1～SQ3 分别为 1、2、3 楼层到位行程开关。其部分工作过程如下。

1）设电梯起始位置停在一层，SQ1 开关闭合。

2）内选上行过程。当电梯在一层时，按电梯内选按钮 S2，电梯内选指示 SL2 亮，电梯上行离开一层时，SQ1 断开，L2 灯亮，电梯到二层，L2 灯灭，SQ2 闭合，电梯停在二层。

3）外选上行过程。当电梯在二层时，如果三层按下外选按钮 D3，电梯离开二层 SQ2 断开，三层指示灯 L3 亮，电梯停在三层，SQ3 闭合，L3 灯灭。

三层电梯模拟示意图如图 8-23 所示。

图 8-23 三层电梯模拟示意图

2. 控制系统 I/O 资源分配

控制系统 I/O 资源分配见表 8-5。

表 8-5 I/O 资源分配表

输入/输出控制功能	输入/输出点	输入/输出控制功能	输入/输出点
三层内选按钮 S3	I0.0	复位 RST	I1.2
二层内选按钮 S2	I0.1	三层指示 L3	Q0.0
一层内选按钮 S1	I0.2	二层指示 L2	Q0.1
三层下呼按钮 D3	I0.3	一层指示 L1	Q0.2
二层下呼按钮 D2	I0.4	控制电动机使轿厢下降（指示 DOWN）	Q0.3
二层上呼按钮 U2	I0.5		
一层上呼按钮 U1	I0.6	控制电动机使轿厢上升（指示 UP）	Q0.4
三层行程开关 SQ3	I0.7	三层内选指示 SL3	Q0.5
二层行程开关 SQ2	I1.0	二层内选指示 SL2	Q0.6
一层行程开关 SQ1	I1.1	一层内选指示 SL1	Q0.7

3. 选定 PLC 型号

根据 I/O 资源的配置可知，系统共有 11 个开关量输入点、8 个开关量输出点，此处选用西门子公司的 S7-200 PLC CPU 224。

4．控制系统接线图

读者可参考本书介绍的应用实例，自行设计三层电梯控制系统接线图。

注意：1）控制电梯上行和行的电动机主电路读者可以参考相关专业资料。

2）电梯控制电路中的各路电源电压要分别符合 PLC 及外部接触器、指示灯等元器件对工作电压的要求。

5．控制系统梯形图程序

三层电梯控制梯形图源程序文件见本书电子资源。

8.7.6 双闭环比值 PID 控制系统

工业过程中，经常需要控制两种或两种以上的物料保持一定的比例关系。其中，主物料可测或可控，处于比值控制中的主导地位，从物料按主物料进行配比。

实现两个或两个以上参数符合一定比例关系的控制系统称为比值控制系统。

比值控制系统分为开环比值、单闭环比值及双闭环比值等类型，本节介绍以 PLC 为控制装置实现双闭环比值 PID 控制系统的设计过程。

1．控制要求

某生产工艺需要将刨花和胶按一定的比例进行混合搅拌，当刨花量和胶的重量达到配比要求时，送到搅拌机内进行搅拌，工艺流程如图 8-24 所示。

图 8-24　工艺流程图

1）刨花由执行器螺旋给料机供给，通过压力传感器检测刨花量。

2）胶由执行器胶泵供给，通过流量计检测胶流量。

3）刨花量为主物料，胶流量为从物料，即胶流量随着刨花量的变化按一定比例变化。主物料刨花量的测量值经过比值运算作为从物料胶流量的给定值。

4）为克服干扰对主物料和从物料比值的影响，采用双闭环比值控制。主物料为定值闭环控制，从物料为随动闭环控制，比值系数由编程实现。

双闭环比值控制系统的框图如图 8-25 所示。

2．控制系统 I/O 资源分配

根据系统控制要求，I/O 资源实现功能如下。

1）控制系统的输入信号有起动、停止开关 2 个开关量信号。

2）输入信号有刨花量设定值 U1、压力传感器信号 U2 及流量计信号共 3 个模拟量信号。

图 8-25 双闭环比值控制系统框图

3）各执行器工作时分别设置指示灯显示。

I/O 地址分配表见表 8-6。

表 8-6 I/O 地址分配表

类 别	电气元件	PLC 软元件	功 能
输入（I）	SB1	I0.0	起动按钮
	SB2	I0.1	停止按钮
	U1	CH1	刨花外模拟量设定
	U2	AIW4	压力传感器模拟量输出
	U3	AIW6	流量传感器计输出
输出（O）	指示灯 L1	Q0.0	模拟量输入正常指示灯
	指示灯 L2	Q0.1	模拟量输出正常指示灯
	（驱动）执行器 1	AQW0	给料机模拟量控制信号
	（驱动）执行器 2	AQW2	胶泵模拟量控制信号

3. 选定 PLC 型号

根据输入/输出信号的数量类型和控制要求，选择 PLC 模块如下。

1）主控选择 CPU 224CN。

2）模拟量输入模块 EM 231，4 输入。

3）模拟量输出模块 EM 232，2 输出。

4. 控制系统 I/O 电路

根据 I/O 分配关系，模拟量输入模块 EM 231 可以实现 4 路模拟量输入，设置为电流输入 0～20mA，其输出信号为 12 位（0～32000）数字量，由 CPU 读入。模拟量输出模块 EM 232 可以实现 2 路模拟量输出，设置输出模拟信号为 0～20mA。输入信号为 CPU 写入的 12 位（0～32000）数字量。如图 8-26 所示（开关量 I/O 略）。

CPU 224CN 通过扩展通信电缆连接模块 EM 231/EM 232。

5. 程序设计

根据控制原理图，主物料为比例（P）控制，从物料为比例积分（PI）控制器，以消除比值的偏差。控制系统程序设计思想和方法如下。

图 8-26 EM 231/EM 232 扩展模块接线图

a) EM 231 b) EM 232

1）首先选择 PID 回路 0 作为主物料 PID 控制回路，选择 PID 回路 1 作为从 PID 控制回路（可参考第 6 章单回路温度 PID 控制系统编程）。

2）分别选择 PID 回路表首地址（回路 0 取 VD100，回路 1 取 VD300）。

3）分别设置回路 0、回路 1 的过程变量（PV0 来自 AIW4、PV1 来自 PIW6）、设定值（SP_n）、增益（P）、采样时间（T_s）、积分时间（T_i）、微分时间（T_d）等参数。

注意：回路 1 的给定值是回路 0 的过程变量经比值系数处理后的值。

4）设置定时中断初始化程序，可以选择定时中断（中断事件号 9），定时时间为 200ms。

5）编写初始化程序，将回路参数和中断设置写入初始化程序表中。

6）编写中断处理程序。中断处理程序包括：回路 0 读取模拟输入通道 AIW4 模拟量数据及转换、PID 运算指令输出及数据转换，经模拟输出通道 AQW0 输出；回路 1 首先完成给定值（AIW4）比值系数的计算，然后读取模拟输入通道 AIW4 模拟量数据及转换、PID 运算指令输出及数据转换，经模拟输出通道 AQW2 输出。

双闭环比值控制系统的梯形图源程序文件见本书电子资源。

8.8 实验 8 项目技能实验

8.8.1 交流异步电动机星-三角（丫-△）减压起动控制系统

1. 实验目的

1）熟悉和掌握 PLC 控制系统的设计方法、步骤。

2）进一步掌握 S7-200 PLC 的程序设计方法。

2．实验内容

（1）工作原理

交流异步电动机星-三角减压起动的工作过程如下。

1）电动机在起动过程中，首先将三绕组的尾端连在一起，首端则接在三相电源上，此时形成星形联结。

2）经过一段时间，再将三相绕组的首尾依次相连，在三个连接点处，加上三相交流电源，实现三角形联结。

（2）PLC 控制系统

利用 S7-200 PLC 控制系统实现交流异步电动机星-三角减压起动。

利用 STEP 7-Micro/WIN V4.0 编写步进电动机运动控制的梯形图程序。

3．实验设备及元器件

1）S7-200 PLC 实验工作台或 PLC 装置。

2）安装有 STEP 7-Micro/WIN 编程软件的 PC。

3）PC/PPI+通信电缆线。

4）按钮式开关、继电器或接触器及导线等必备元器件。

4．系统控制要求

对交流异步电动机星-三角减压起动控制系统的要求如下。

1）实现交流异步电动机的起动、停止控制。

2）实现交流异步电动机起动 1～2s 后，进入星形运行控制。

3）实现交流异步电动机起动 5～7s 后，进入三角形运行控制。

5．控制系统 I/O 资源分配

PLC 系统设计时，资源分配非常重要。资源规划的好坏将直接影响到系统软件的设计质量。根据系统控制要求，设计使用 3 个继电器分别控制电动机的起停、星形与三角形运行，资源分配表见表 8-7。

表 8-7　系统 I/O 资源分配表

名　　称	代　　码	I/O 映像寄存器地址	功能说明
起动按钮	SB1	I0.0	电动机起动
停止按钮	SB2	I0.2	电动机停止
控制继电器 1	KM1	Q0.0	控制电动机的起停
控制继电器 2	KM2	Q0.2	控制电动机三角形运转
控制继电器 3	KM3	Q0.3	控制电动机星形运转

6．选定 PLC 型号

根据 I/O 资源的配置可知，系统共有 2 个开关量输入点、3 个开关量输出点，无模拟量输入/输出点，故可以选择 CPU 22X 系列 PLC。又考虑到 I/O 点的利用率和 PLC 的价格，选用西门子公司的 S7-200 PLC CPU 221。

7．控制系统原理图

如图 8-27a 所示为交流异步电动机星-三角减压起动主电路，M 为电动机，三绕组，每绕组均有首尾接头；继电器 KM1、KM2、KM3 分别控制电动机的起停、三角形运行和星形运行。

继电器 KM1 控制着电动机三绕组的首端与 ABC 三相电源相连，在电动机起动过程中，继电器 KM2 控制着电动机三绕组的首尾相连成为三角形，继电器 KM3 控制着电动机三绕组的尾端连接在一起成为星形。

如图 8-27b 所示为交流异步电动机星-三角减压起动控制外围接线图，PLC 的输入开关量 I0.0 和 I0.2 能检测来自按钮 SB1 和 SB2 输入信号，PLC 的输出开关量 Q0.0、Q0.2 和 Q0.3 的输出值用于驱动外部控制继电器，以实现相应的控制动作。

图 8-27　电动机星-三角减压起动控制原理图

a) 电动机主电路工作原理图　b) 电动机 PLC 控制接线图

8. 控制系统程序设计

交流异步电动机星-三角减压起动控制程序如图 8-28 所示。

交流异步电动机星-三角减压起动控制程序工作过程如下。

1）按下起动按钮 SB1，常开触点 I0.0 闭合，M0.0 线圈得电，常开触点 M0.0 闭合，同时 Q0.0 线圈得电，即继电器 KM1 的线圈得电，电动机三绕组首端与三相电源相连。

2）1s 后 Q0.3 线圈得电，即继电器 KM3 的线圈得电，电动机三绕组的尾端连在一起，电动机做星形联结起动。

3）6s 后 Q0.3 线圈失电，即继电器 KM3 的线圈失电。

4）0.5s 后 Q0.2 线圈得电，即继电器 KM2 的线圈得电，电动机三相绕组的头尾依次相连，在三个连接点处，加上三相交流电源，电动机做三角形联结运行。

5）按下停止按钮 SB2，电动机停止运行。

9. 实验操作步骤

1）按图 8-19 进行 PLC 外部硬件线路连接。

2）将 PC/PPI+通信电缆线与 PC 连接。

图 8-28　电动机星-三角减压起动控制程序

3）起动编程软件，编辑如图 8-20 的梯形图程序。

4）编译、保存并下载梯形图程序到 S7-200 PLC 中。

5）启动运行 PLC，通过操作按钮控制，观察运行结果，发现运行错误或需要修改程序则重复上面过程。

10. 注意事项

1）电动机主电路部分应在教师直接指导下按规范安全操作，防止电动机在缺相时工作，电动机外壳要可靠接地，注意用电安全。

2）在电动机主电路不方便实现时（或者为安全起见），可以观察接触器（或相应的指示灯）的状态来确定控制电路的工作情况。

3）注意电源极性、电压值是否符合所使用 PLC 输入/输出电路、接触器及指示灯的要求。

11. 实验操作报告

1）分析程序运行过程，以及外部连接开关、接触器与软继电器的关系及功能。

2）观察电路工作状态，写出该电路工作过程和状态。

8.8.2　全自动洗衣机控制系统设计

下面给出全自动洗衣机工作过程、系统控制要求及 I/O 资源分配，其 PLC 选型、外部接线、控制程序及系统调试由读者自行完成。

1. 工作原理

全自动洗衣机就是将洗衣的全过程（进水→洗涤→漂洗→脱水）预先设定好 N 个程序，洗衣时选择其中一个程序，打开水龙头和起动洗衣机开关后洗衣的全过程就会自动完成。

全自动洗衣机的工作顺序过程如下。

进水→洗涤→排水→脱水→进水→第一次漂洗→排水→脱水→进水→第二次漂洗→排水→脱水。可以根据每个环节要求的时间不同，在程序中设定不同数据。

本系统中，全自动洗衣机共有 6 个模式，分别为模式 1 快速洗涤、模式 2 标准、模式 3 大件洗涤、模式 4 洗涤、模式 5 漂洗及模式 6 脱水。其中快速洗涤、标准及大件洗涤模式均完成工作顺序所有过程，但在每个环节的时间不同；在洗涤模式中，用户可以通过手动调节洗涤时间；漂洗与脱水模式为自动模式，不允许用户调节时间。

2. 系统控制要求

对全自动洗衣机的基本要求如下。

1）按下总开关，数码管显示 0。

2）实现洗衣机的模式选择，选择模式由 7 段数码管显示模式对应的数字，7 段数码管采用共阴极连接方式，由扩展模块 EM 222 控制（地址 QB2）；选择洗涤模式 4 时，数码管闪烁，并通过时间加减开关设置洗涤时间。

3）再次按下第 2）步骤中选择的模式，表示确认该模式，并按其功能运行。

3. 控制系统 I/O 资源分配

全自动洗衣机 I/O 资源分配表见表 8-8。

表 8-8　系统 I/O 资源分配表

名　称	符　号	地　址	说　明
总开关	SB0	I0.0	系统起动
开关	SB1	I0.1	模式 1 快速洗涤
开关	SB2	I0.2	模式 2 标准
开关	SB3	I0.3	模式 3 大件洗涤
开关	SB4	I0.4	模式 4 洗涤
开关	SB5	I0.5	模式 5 漂洗
开关	SB6	I0.6	模式 6 脱水
开关	SB7	I1.0	增加时间（T_1）
开关	SB8	I1.1	减少时间（T_2）
	KM5	Q0.7	进水
	KM4	Q0.6	排水
	KM3	Q0.5	电动机正转开关
	KM2	Q0.4	电动机反转开关
	KM1	Q0.3	脱水开关
7 段数码管	XS	扩展 EM 222 (QB2)	模式 x 数字显示

4. PLC 选型及外部接线

PLC 选型及外部接线由读者自行完成（参考答案见本书电子资源）。

5．控制系统程序设计

全自动洗衣机控制程序由读者自行完成（参考答案见本书电子资源）。

8.9 思考与练习

1．PLC 控制系统的结构类型有哪些？各有什么特性？

2．简述 PLC 控制系统的一般设计步骤。

3．输入外围电路在什么情况下可以进行化简？输出外围电路在什么情况下可以进行化简？

4．在设计输入/输出外围电路时应注意哪些问题？

5．为了提高 PLC 控制系统的可靠性，应采取哪些措施？

6．如何进行 PLC 机型选择？

7．简述 PLC 软件设计内容和步骤。

8．试简述 PLC 联机调试的过程。

9．设计实现 3 台电动机的顺序起动/停止电路。要求如下。

1）按起动按钮后，3 台电动机按照 M1、M2、M3 的顺序起动。

2）按停止按钮后，3 台电动机按照 M3、M2、M1 的顺序停止。

3）动作之间要有一定的时间间隔。

10．设计一交通灯控制系统。

1）通过红、黄、绿三组颜色的灯组按设定好的时间进行规则性的转换。

2）通过对交通灯状态的数据编码，以数据传送方式控制交通灯输出显示。

3）实现交通灯启动、停止控制。

11．如图 8-29 所示是一个简单的邮件分拣系统工作示意图。起动后绿灯 L1 亮表示可以进邮件，S1 为 ON 表示模拟检测邮件的光信号检测到了邮件，拨码器模拟邮件的邮码，从拨码器读到的邮码的正常值为 1、2、3、4、5，若是此 5 个数中的任一个，则红灯 L2 亮，电动机 M5 运行，将邮件分拣至邮箱内，完后 L2 灭、L1 亮，表示可以继续分拣邮件。若读到的邮码不是该 5 个数，则红灯 L2 闪烁，表示出错，电动机 M5 停止，重新起动后，能重新运行。试用 PLC 对该邮件分拣系统进行控制，并写出梯形图程序。

图 8-29　简单邮件分拣系统工作示意图

12. 三水泵双恒压无塔供水系统能同时保证居民生活用水的需要和消防用水的要求。生活和消防用水共用三台水泵，平时消防管网关闭，三水泵根据生活用水量，按一定的控制逻辑运行，使生活供水在恒压状态下进行。当发生火灾时，消防管网打开，生活用水管网关闭，三水泵供消防用水使用，并根据用水量的大小，使消防供水也在恒压状态下进行。火灾结束后，三水泵继续为生活供水使用。试用 PLC 对双恒压无塔供水设备进行控制，控制要求如下。

1）三水泵在起动时要有软起动功能，且根据恒压的需要，采取"先开先停"的原则接入和退出。

2）在用水量小的情况下，如果一台水泵连续运行时间超过 3h，则要切换到下一台水泵，即系统具有"倒泵功能"，避免某一台水泵工作时间过长。

3）生活供水时，系统应低恒压值运行，消防供水时系统应高恒压值运行。

13. 试设计一个三层电梯的 PLC 控制系统，画出外部接线，编写梯形图程序。

控制要求如下。

1）设楼层有呼叫信号时，电梯自动运行到该层后停止。

2）如果同时有二层（上、下）或三层（下）楼呼叫时，以先后顺序排列，同方向就近楼层优先，电梯运行到就近楼层停止，门自动开，等待电梯门关严后，电梯自行起动，运行至下一楼层。

3）如果同时有一层（上）或二层（上、下）楼呼叫时，以先后顺序排列，同方向就近楼层优先，电梯运行到就近楼层停止，门自动开，等待电梯门关严后，电梯自行起动，运行至下一楼层。

4）如果同时有一层（上）、二层（上、下）、三层（下）楼呼叫时，以电梯所在层优先起动。

第9章　S7-200 系列 PLC 编程软件及应用

S7-200 PLC 和 S7-200 SMART PLC 的编程软件分别是 STEP 7-Micro/WIN 和 STEP 7-Micro/WIN SMART。

STEP 7-Micro/WIN 是西门子公司专门为 S7-200 PLC 设计的能在 Windows 操作系统下运行的编程软件。该软件可以在线（联机）或离线（脱机）方式下开发用户程序，并可以在线实时监控用户程序的执行状态。其功能强大、使用方便、简单易学，多种编程语言能满足不同用户要求。

STEP 7-Micro/WIN SMART 是专门为 S7-200 SMART 开发的编程软件，能在 Windows XP SP3/Windows 7 上运行，安装文件小于 100MB，支持 LAD、FBD、STL 语言。该软件在沿用 STEP 7-Micro/WIN 优秀编程理念的同时，更多的人性化设计使编程更加方便，项目开发更加高效。

本章主要从软件安装、功能简介、程序设计、编辑编译、调试监控及下载运行几个方面重点介绍 STEP 7-Micro/WIN 编程软件功能和使用方法，同时简要介绍 STEP 7-Micro/WIN SMART 软件的窗口界面和应用特点。

9.1　STEP 7-Micro/WIN V4.0 编程软件

STEP 7-Micro/WIN 是在 Windows 平台上运行的 S7-200 PLC 编程软件，该软件为用户开发、编辑和监控自己的应用程序提供了良好的编程环境，简单易学，由 STEP 7-Micro/WIN V4.0 设计的用户程序结构简单清晰，能很容易地解决复杂的自动控制任务。STEP 7-Micro/WIN 目前最新版本为 V4.0，可适用于所有 S7-200 PLC 机型，并能兼容老版本 V3.1 和 V3.2。

9.1.1　STEP 7-Micro/WIN V4.0 软件环境

1．PC 配置要求

STEP 7-Micro/WIN V4.0 既可以在 PC 上运行，也可以在西门子公司的编程器上运行。PC 或编程器的最小配置如下。

操作系统为 Windows 2000、Windows XP 等系统。

计算机硬件配置为 586 以上兼容机，内存 64MB 以上，VGA 显示器，至少 350MB 以上硬盘空间，Windows 支持的鼠标。

通信电缆为专用 PC/PPI 电缆（或使用一个通信处理器卡），用于 PC 与 PLC 连接。

2．硬件连接

目前，S7-200 CPU 大多采用 PC/PPI 电缆直接与 PC 相连。典型的单 S7-200 CPU 与 PC 连接如图 9-1 所示。该连接中，PC/PPI 电缆一端与 PC 的 RS-232 通信口（一般为 COM1

口）相连，另一端与 PLC 的 RS-485 通信口相连。

图 9-1　S7-200 CPU 与 PC 连接图

3. 软件安装

将 STEP 7-Micro/WIN V4.0 的安装光盘插入 PC 的 CD-ROM 中，安装向导程序将自动启动并引导用户完成整个安装过程。用户还可以在安装目录中双击 setup.exe 图标，进入安装向导，按照安装向导完成软件的安装。

1）选择安装程序界面的语言，STEP 7-Micro/WIN V4.0 提供有德语、法语、西班牙语、意大利语和英语五个选项，系统默认使用英语，如图 9-2 所示。

图 9-2　选择安装语言对话框

2）在图 9-2 中，单击"确定"按钮，安装向导进入 STEP 7-Micro/WIN V4.0 的安装界面，如图 9-3 所示。然后按照向导提示，接受 License 条款，单击"Next"按钮继续。

3）图 9-4 为 STEP 7-Micro/WIN V4.0 安装目录文件夹选择对话框，单击"Browse…"按钮可以更改安装目录文件夹，然后单击"Next"按钮继续。

图 9-3　程序安装向导窗口　　　　　　　　　　图 9-4　程序安装目录选择对话框

4）在 STEP 7-Micro/WIN V4.0 安装过程中，必须为 STEP 7-Micro/WIN V4.0 配置波特率和站地址，其波特率必须与网络上的其他设备的波特率一致，而且站地址必须唯一。由于之前已经用 PC/PPI 电缆将 S7-200 CPU 和 PC 连接在一起，在 STEP 7-Micro/WIN V4.0 SP3 安装过程中，系统会提示用户设置 PG/PC 接口参数（如果用户在安装软件时，没有连接 PC/PPI 电缆，可以在安装完成后再进行通信参数设置），如图 9-5 所示。在图 9-5 中单击"Properties…"按钮，弹出 PC/PPI 通信电缆参数设置对话框，在"Address"栏中为 STEP 7-Micro/WIN V4.0 选择站地址，在"Transmission Rate"栏中为 STEP 7-Micro/WIN V4.0 设置波特率，如图 9-6 所示。PC/PPI 电缆的通信地址默认值为 0（通常情况，不需要改变 STEP 7-Micro/WIN V4.0 的默认站地址），通信波特率默认值为 9.6kbit/s。如果需要修改某些参数，可以直接进行有关修改，再单击"OK"按钮，保存设置后退出接口设置对话框，继续程序安装。

图 9-5　PG/PC 接口设置对话框

图 9-6　接口属性对话框

5）STEP 7-Micro/WIN V4.0 SP3 安装完成窗口如图 9-7 所示，同时提示用户在使用该软件之前，必须重新启动 PC，单击"Finish"按钮完成软件的安装。需要注意的是，在 Windows 2000、Windows XP 或 Windows Vista 操作系统上安装 STEP 7-Micro/WIN 后，必须以管理员权限登录 PC。

6）重启计算机后，STEP 7-Micro/WIN V4.0 图标将会显示在 Windows 桌面上。此时运行的 STEP 7-Micro/WIN V4.0 为英文界面，如果用户想要使用中文界面，必须进行设置。如图 9-8 所示，在主菜单中，选择"Tools"中的"Options"选项。在弹出的 Options 选项对话框中，选择 "General"（常规），对话框右半部分会显示"Language"选项，选择"Chinese"，如图 9-9 所示。单击"OK"按钮，保存退出，重新启动 STEP 7-Micro/WIN V4.0 后即为中文操作界面，如图 9-10 所示。

4. 在线连接

在完成硬件连接和软件安装后，就可建立 PC 与 S7-200 CPU 的在线连接了，其步骤如下。

1）在 STEP 7-Micro/WIN V4.0 主操作界面下，单击操作栏中的"通信"图标或选择主菜单中的"查看"→"组件"→"通信"选项，如图 9-11 所示。则会出现一个通信建立结果对话框，显示是否连接了 CPU 主机，如图 9-12 所示。

图 9-7　程序安装完成对话框

图 9-8　Tool 菜单选项

图 9-9　Options 选项对话框

图 9-10　STEP 7-Micro/WIN V4.0 中文操作界面

图 9-11　通信选项窗口

图 9-12　通信建立结果对话框 1

2）在图 9-12 中双击"双击刷新"图标，STEP 7-Micro/WIN V4.0 将检查连接的所有 S7-200 CPU 站，并为每个站建立一个 CPU 图标，如图 9-13 所示。在图 9-13 中，显示出 PC 与 CPU 224XP 的通信，通信地址为 2。

3）双击要进行通信的站，在通信建立对话框中可以显示所选站的通信参数，如图 9-14 所示。此时，可以建立与 S7-200 CPU 的在线联系，如进行主机组态、上传和下载用户程序等操作。

图 9-13 通信建立结果对话框 2 　　　　　图 9-14 PLC 信息对话框

9.1.2 STEP 7-Micro/WIN V4.0 功能简介

1．编程软件基本功能

STEP 7-Micro/WIN V4.0 是在 Windows 平台上运行 S7-200 PLC 的编程工具，其主要功能如下。

1）在离线（脱机）方式下可以实现对程序的编辑、编译、调试和系统组态。

2）在线方式下可通过联机通信的方式上传和下载用户程序及组态数据，编辑和修改用户程序。

3）支持 STL、LAD 和 FBD 三种编程语言，并且可以在三者之间任意切换。

4）在编辑过程中具有简单的语法检查功能，能够在程序错误行处加上红色曲线进行标注。

5）具有文档管理和密码保护等功能。

6）提供软件工具，能帮助用户调试和监控程序。

7）提供设计复杂程序的向导功能，如指令向导功能、PID 自整定界面及配方向导等。

8）支持 TD 200 和 TD 200C 文本显示界面（TD 200 向导）。

2．窗口组件及功能

启动 STEP 7-Micro/WIN V4.0 编程软件，其主界面如图 9-15 所示。它采用了标准的 Windows 界面，熟悉 Windows 的用户可以轻松掌握。

（1）菜单条

与基于 Windows 的其他应用软件一样，位于窗口最上方的是 STEP 7-Micro/WIN V4.0 的菜单条。它包括文件、编辑、查看、PLC、调试、工具、窗口及帮助 8 个主菜单选项，这些菜单包含了通常情况下控制编程软件运行的命令，可以通过使用鼠标或热键执行操作。

（2）工具条

工具条是一种代替命令或下拉菜单的便利工具，通常是为最常用的 STEP 7-Micro/WIN V4.0 操作提供便利的鼠标访问。用户可以定制每个工具条的内容和外观，将最常用的操作以按钮的形式设定到工具条中。工具条可以用鼠标进行拖动，放到用户认为合适的位置。通用的工具条如图 9-16 所示，常用的指令工具条如图 9-17 所示。

菜单条　　　　　　　　　工具条　　　　　　　局部变量表

操作栏　　　　指令树　　　　输出窗口　　　状态栏　　　程序编辑器

图 9-15　STEP 7-Micro/WIN V4.0 窗口组件

图 9-16　通用工具条

图 9-17　指令工具条

（3）操作栏

操作栏为编程提供按钮控制的快速窗口切换功能，在操作栏中单击任何按钮，主窗口就切换成与此按钮对应的窗口。操作栏可用主菜单中的"查看"→"框架"→"导航条（Navigation Bar）"选项控制其是否打开。操作栏中提供了"查看"和"工具"两种编程按钮控制群组。

选择"查看"类别，显示程序块（Program Block）、符号表（Symbol Table）、状态表（Status Chart）、数据块（Data Block）、系统块（System Block）、交叉引用（Cross Reference）及通信（Communication）控制按钮等，如图 9-18 所示。选择"工具"类别，显示指令向导、文本显示向导、位置控制向导、EM 253 控制面板和调制解调器扩展向导的控制按钮等，如图 9-19 所示。

图 9-18 "查看"按钮控制群组

图 9-19 "工具"按钮控制群组

（4）指令树

指令树提供所有项目对象和为当前程序编辑器（LAD 或 STL）提供的所有指令的树型视图。指令树可用主菜单中的"查看"→"框架"→"指令树"选项控制其是否打开。

（5）输出窗口

输出窗口用来显示程序编译的结果信息。如各程序块（主程序、子程序数量及子程序号、中断程序数量及中断程序号等）及各块大小、编译结果有无错误以及错误编码及其位置。指令树可用主菜单中的"查看"→"框架"→"输出窗口"选项控制其是否打开。

（6）状态条

状态条提供在 STEP 7-Micro/WIN V4.0 中操作时的操作状态信息。如在编辑模式中工作时，它会显示简要的状态说明、当前网络号码光标位置等编辑信息。

（7）程序编译器

程序编辑器包含局部变量表和程序视图窗口，如图 9-20 所示。如有需要，用户可以拖动分割条，扩展程序视图，并覆盖局部变量表。当用户在主程序之外，建立子程序或中断程序时，标记出现在程序编辑器窗口的底部。可单击该标记，使之在子程序、中断和主程序之间移动。

（8）局部变量表

每个程序块都对应一个局部变量，在带有参数的子程序调用中，参数的传递就是通过局部变量表进行的。局部变量表包含对局部变量所做的赋值（即子程序和中断程序使用的变量）。

9.1.3 程序编辑

利用 STEP 7-Micro/WIN V4.0 编程软件进行程序编辑，是学习掌握 STEP 7-Micro/WIN V4.0 编程软件的重要目的。本节以如何实现一个具有自启动功能的定时器为例，重点介绍梯形图编辑器下的编辑过程和基本操作。

图 9-20　程序编辑器窗口

1．建立项目

（1）新建项目

双击 STEP 7-Micro/WIN V4.0 图标，或在命令菜单中选择"开始"→"SIMATIC"→"STEP 7-Micro/WIN V4.0"启动应用程序，同时会打开一个新项目。单击工具条中的"新建"按钮或者选择主菜单中"文件"→"新建"命令也能新建一个项目文件，如图 9-21 所示。一个新建项目程序的指令树包含程序块、符号表、数据块、系统块、通信以及工具等 9 个相关的块，其中程序块中有一个主程序 OB1、一个子程序 SBR_0 和一个中断程序 INT_0。

用户可以根据实际需要对新建项目进行修改。

1）选择 CPU 主机型号。右击"CPU 224XP CN REL 02.01"图标，在弹出的命令中选择"类型"，如图 9-22 所示。在弹出的 PLC 类型对话框中选择合适的 PLC 类型，如图 9-23 所示。

图 9-21　项目指令树

图 9-22　选择 CPU 型号

图 9-23　PLC 类型对话框

2）添加子程序或中断程序。右击程序块图标，选择"插入"→"子程序"或"插入"→"中断程序"即可添加一个新的子程序或中断程序，如图 9-24 所示。

图 9-24　插入子程序命令对话框

3）程序更名。在项目中所有的程序都可以修改名称，通过右击各个程序图标，在弹出的对话框中选择重命名，就可以修改程序名称。

4）项目更名。在主菜单中选择"文件"→"另存为…"命令，在弹出的对话框中，可以更改项目名称，还可以选择用户项目保存的位置，如图 9-25 所示。

（2）打开现有的项目

在 STEP 7-Micro/WIN V4.0 编程软件主界面中，单击工具栏中的"打开"按钮，允许用户浏览

图 9-25　项目保存对话框

至一个现有项目，并且打开该项目；如果用户最近在某项目中操作过，该项目在"文件"菜单下列出，可直接选择并打开。

2. 编辑程序

STEP 7-Micro/WIN V4.0 编程软件有很强的编辑功能，提供了 3 种编程器来创建用户的梯形图 LAD 程序、语句表 STL 程序与功能块图 FBD 程序，而且用任何一种编程器编写的程序都可以用另外一种编辑器来浏览和编辑。通常情况下，用 LAD 编辑器或 FBD 编辑器编写的程序可以在 STL 编辑器中查看或编辑，但是，只有严格按照网络块编程格式编写的 STL 程序才可以切换到 LAD 编程器中。

本节主要介绍 LAD 的编程方法和过程，如果在实际工作中需要使用 STL 和 FBD 编程，可以参考西门子公司的编程手册。

（1）在 LAD 中输入编程元件

1）指令树按钮。以设计一个具有自启动、自复位的 2s 定时器为例说明，利用指令树按钮输入编程元件的步骤如下。

① 在程序编辑窗口中将光标定位到所要编辑的位置。

② 从指令树选择需要的元件。

③ 双击或者按住鼠标左键拖放元件到指定位置。

④ 释放鼠标后，可以直接在 "??.?" 处输入常闭触点元件的地址 M0.0。

⑤ 按回车键确认后，光标自动右移一格。

⑥ 同理选择接通延时定时器 TON。

⑦ 在定时器上方的 "????" 输入定时器号 T37。

⑧ 按回车键确认后，光标自动移动到预置时间值参数处，输入 "20" 再按〈Enter〉键确认。

⑨ 单击 "网络注释"，输入注释信息 "启动定时器"，按〈Enter〉键确认，完成设计。

图 9-26 所示为定时器程序段 1，用于实现定时器的启动功能。

图 9-26　定时器程序段

a) 选择编辑位置　b) 选择常闭触点元件　c) 拖放到指定位置　d) 释放鼠标　e) 输入元件地址
f) 选择定时器元件　g) 输入预置时间值　h) 输入网络标注　i) 完成设计

2）工具条按钮。单击指令工具条上的触点、线圈或指令盒按钮，会出现一个下拉列表，如图 9-27 所示。滚动或键入开头的几个字母，浏览至所需的指令，双击所需的指令或使用〈Enter〉键插入该指令。也可以使用功能键（〈F4〉=触点、〈F6〉=线圈、〈F9〉=指令盒）插入一个类属指令。

图 9-27　类属指令列表

仍然以 2s 定时器为例，此处用指令工具条的按钮完成 2s 定时器的另外两个程序段。

① 在输入触点指令中，选择"＞=1"指令，拖放到网络 2 的合适位置。

② 单击触点上方"????"，输入定时器号 T37，按〈Enter〉键确认后，光标会自动移动到比较指令下方的比较值参数，在该处输入比较值"30"，再按〈Enter〉键确认。

③ 选择线圈指令，拖放输出线圈到程序段 2 中，并输入地址 Q0.0，按〈Enter〉键确认。

④ 在网络 3 中，输入常开触点 T33，输出线圈 M0.0，并按〈Enter〉键确认后，完成了具有自启动、自复位的 2s 定时器的程序，如图 9-28 所示。

图 9-28　定时器 LAD 程序

a) 输入比较指令　b) 输入比较　c) 输入输出线圈 Q0.0　d) 输入网络注释

306

在网络 1 中，100ms 定时器 T37 在 2s 后输出，但是在输入触点 M0.0 处通过的脉冲太狭窄，不利于状态图监视；在网络 2 中，利用比较指令，当定时器≥10 时，S7-200 的输出点 Q0.0 闭合，这样，就可以由状态试图监视程序的工作情况；网络 3 是使定时器具有复位功能，当定时器计时值到达预置时间值"20"时，定时器触点闭合，T37 闭合会使 M0.0 置位，由于定时器是利用 M0.0 的常闭触点启动的，M0.0 的状态由 0 变为 1 会使定时器复位。

需要注意，在 LAD 程序编辑器中，用户输入的操作数不合法时，系统能自动显示不同的错误信息提示。当用户输入非法的地址值或符号时，字体自动显示为红色。只有用有效数值替换后才自动更改为系统默认字体颜色（黑色），如图 9-29a 所示。如果用户输入的数值超过了范围或者不适用某个指令，就会在该数值下方显示一条红色波浪线，如图 9-29b 所示。而数值下方的一条绿色波浪线，则表示正在使用的变量或符号尚未定义，如图 9-29c 所示。

图 9-29 LAD 显示条目错误示例

a) 红色文字示例 b) 红色波浪线示例 c) 绿色波浪线示例

（2）在 LAD 中编辑程序元素

在 STEP 7-Micro/WIN V4.0 中程序元素可以是单元、指令、地址或网络，编辑方法与普通文字处理软件相似。当单击指令时，会在指令周围出现一个方框，显示用户选择的指令。用户可以使用鼠标右键单击弹出菜单，在该位置进行剪切、复制或粘贴，以及插入或删除行、列、垂直线或网络等操作，如图 9-30 所示。

用同样的方法可以对指令参数、单元格及网络标题等进行编辑。用户也可以使用工具条按钮、标准窗口控制键和"编辑"菜单对程序元素进行剪切、复制或粘贴等操作。如果需要删除某个元件时，最快捷的方法是使用〈Delete〉键直接删除。

3．创建逻辑网络的规则

在 LAD 编程中，必须遵循一定的规则，才能减少程序的错误。

（1）放置元件的规则

图 9-30 程序元件编辑

外部输入/输出继电器、内部继电器、定时器及计数器等器件的接点可多次重复使用，无须用复杂的程序结构来减少接点的使用次数。每个梯形图程序必须符合顺序执行的原则，即从左到右，从上到下地执行，如不符合顺序执行的电路就不能直接编程。

（2）放置触点的规则

每个网络必须以一个触点开始，但网络不能以触点终止。梯形图每一行都是从左母线开始，线圈接在右边，触点不能放在线圈的右边。另外，串联触点可无限次地使用。

（3）放置线圈的规则

线圈不能直接与左母线相连，线圈用于终止逻辑网络。一个网络可有若干个线圈，但要求线圈位于该特定网络的并行分支上，即两个或两个以上的线圈可以并联输出。此外，不能在网络上串联两个或两个以上线圈，即不能在一个网络的一条水平线上放置多个线圈。

（4）放置方框的规则

如果方框有使能输出端 ENO，使能位扩充至方框外，这意味着用户可以在方框后放置更多的指令。在网络的同级线路中，可以串联若干个带 ENO 的方框。如果方框没有 ENO，则不能在其后放置任何指令。

（5）网络尺寸限制

用户可以将程序编辑器窗口视作划分为单元格的网格（单元格是可放置指令、参数指定值或绘制线段的区域）。在网格中，一个单独的网络最多能垂直扩充 32 个单元格或水平扩充 32 个单元。可以在程序编辑器中鼠标右击选择"选项"菜单项，来改变网格大小（网格初始宽度为 100）。

9.1.4　编译下载

1．程序编译

程序编辑完成后，可以选择菜单"PLC"→"编译或全部编译"命令进行离线编译，或者单击工具条的"编译或全部编译"按钮，如图 9-31 所示。在编译时，"输出窗口"列出发生的所有错误，如图 9-32 所示。关于错误具体位置（网络、行和列）以及错误类型识别，用户可以双击错误线，调出程序编辑器中包含错误的代码网络。编译程序错误代码可以查看 STEP 7-Micro/WIN V4.0 的帮助与索引。

图 9-31　程序编译命令

图 9-32　编译结果显示

2．程序下载

如果编译无误，用户就可以将程序下载到 PLC 中。当下载程序到 PLC 中时，新的下载块内容将覆盖 PLC 块中的内容。因此，在开始下载之前，用户要按以下步骤操作。

1）下载程序之前，用户必须核实 PLC 是否位于"停止"模式。可以通过检查 PLC 上的模式指示灯，如果 PLC 未设为"停止"模式，单击工具条中的"停止"按钮，或选择菜单"PLC"→"停止"命令。

2）单击工具条中的"下载"按钮，或选择菜单"文件"→"下载"命令，如图 9-33 所示，出现"下载"对话框。

图 9-33　程序下载命令

3）用户在初次发出下载命令时，根据默认值，"程序块""数据块"和"系统块"复选框被选择，如果不需要下载某一特定的块，清除该复选框即可，如图 9-34 所示。出于安全考虑，用户在下载程序时，"程序块""数据块"和"系统块"将被存储在永久存储器中，而配方和数据记录配置将存储在存储卡中，并更新原有的配方和数据记录。单击"下载"按钮开始用户程序的下载。

图 9-34　程序下载对话框

4）如果下载成功，用户可以看到"输出窗口"中程序下载情况的信息，如图 9-35 所示。

5）如果 STEP 7-Micro/WIN V4.0 中用于用户的 PLC 类型的数值与用户实际使用的 PLC 不匹配，会显示警告信息："为项目所选的 PLC 类型与远程 PLC 类型不匹配。继续下载吗？"此时用户可终止程序下载，纠正 PLC 类型后，再单击"下载"按钮，重新开始程序下载。

6）一旦下载成功，在 PLC 中运行程序之前，必须将 PLC 从"停止"模式转换为"运行"模式。单击工具条中的"运行"按钮，或选择菜单"PLC"→"运行"命令。

图 9-35　程序下载成功信息显示

9.1.5　调试监控

STEP 7-Micro/WIN V4.0 编程软件提供了一系列工具，可使用户直接在软件环境下调试并监视用户程序的执行。当用户成功地在运行 STEP 7-Micro/WIN V4.0 的编程设备，同时建立了和 PLC 的通信，并向 PLC 下载程序后，就可以使用"调试"工具栏的诊断功能了。通过单击工具栏按钮或从"调试"菜单列表选择调试工具，打开调试工具条，如图 9-36 所示。

图 9-36　调试工具条

1. PLC 工作模式

PLC 工作模式决定了调试及运行监控操作的类型，S7-200 CPU 主要有 STOP 和 RUN 两种工作模式。STOP 模式下可以编辑编译程序，但是不能执行程序；RUN 模式下不仅可以执行程序，还可以编辑、编译及监控程序操作和数据。

PC 和 PLC 建立通信后，就可以使用 STEP 7-Micro/WIN V4.0 软件控制 STOP 或 RUN 模式的选择，此时，还必须保证 PLC 硬件模式开关处于 TERM（终端）或 RUN（运行）位置。

（1）停止（STOP）模式

虽然程序在 STOP 模式中不执行，但可利用状态表或程序状态查看操作数当前数值、强制写入数值、强制输出数值等。当 PLC 位于 STOP 模式时，可以执行以下操作。

1）利用状态表或程序状态监控查看操作数的当前值。

2）利用状态表或程序状态监控强制数据（此操作只能用在 LAD 和 FBD 程序状态中）。

3）利用状态表写入数值或强制输出。

4）执行有限次数的扫描，通过状态表或程序状态查看效果。

（2）运行（RUN）模式

当 PLC 位于 RUN 模式时，不能使用"首次扫描"或"多次扫描"功能。但可以在状态表中写入强制数据，或者使用 LAD 程序编辑器强制数据，方法与在 STOP 模式中强制数据相同。此外还可以执行以下操作。

1）使用状态表采集不断变化的 PLC 数据的连续更新信息。如果使用单次更新，状态表监控必须先关闭，才能使用"单次读取"命令。

2）使用程序状态监控采集不断变化的 PLC 数据的连续更新信息。

3）使用"运行模式中的程序编辑"功能编辑程序，并将改动下载至 PLC。

2．选择扫描次数

将 PLC 置于 STOP 模式，在联机通信时，选择单次或多次扫描来监视用户程序，可以有效地提高用户程序的调试效率。

（1）初次扫描

首先将 PLC 置于 STOP 模式，然后选择菜单"调试（Debug）"→"初次扫描（First Scans）"命令，如图 9-37 所示。第一次扫描时，SM0.1 数值为 1（打开）。

（2）多次扫描

首先将 PLC 置于 STOP 模式，然后选择菜单"调试（Debug）"→"多次扫描（Multiple Scans）"命令，弹出如图 9-38 所示的扫描次数设置对话框。扫描次数的范围是 1～65535，系统默认为 1 次。设置合适的扫描次数后，单击"确认"按钮进行监视。

图 9-37　选择扫描命令

图 9-38　设置扫描次数对话框

3．状态监控

所谓状态监控是指显示程序在 PLC 中执行时的有关 PLC 数据的当前值和能流状态的信息。可以使用状态表监控和程序状态监控窗口读取、写入和强制 PLC 数据值。在控制程序的执行过程中，PLC 数据的动态改变可用以下两种不同的方式查看。

（1）程序状态监控

程序状态监控是指在程序编辑器窗口中显示状态数据。当前 PLC 数据值会显示在引用该数据的 LAD 图形或 STL 语句旁边。LAD 图形也显示能流，由此可看出哪个图形分支在活动中。单击工具条中的"程序状态监控"按钮，或选择菜单"调试"→"开始程序状态监控"命令，即可打开程序状态监控功能。

以简单的门电路为例，如图 9-39 所示为门电路的 LAD 程序，该程序包含三个程序段。其中，I0.0、I0.1、I0.2 及 I0.3 为输入点，Q0.0、Q0.1 及 Q0.2 为输出点。网络 1 实现了与门功能，网络 2 实现了或门功能，网络 3 实现了或非门的功能。如图 9-40 所示为该程序的 LAD 状态监控结果。

图 9-39　简单门电路 LAD 程序示例

图 9-40　梯形图 LAD 状态监视图

在执行程序状态监控时，编辑器的程序段会有不同的颜色变换。

1）程序被扫描时，电源母线会变成蓝色显示；图形中的能流会变成蓝色表示；触点接通时，指令会变成蓝色显示；线圈输出接通时，指令会变成蓝色显示；指令有能流输入并准确无误地执行时，指令盒方框会变成蓝色显示。

2）绿色的定时器和计数器表示定时器和计数器包含有效数据。

3）红色表示指令执行时发生错误。

4）灰色（默认状态）表示无能流、指令未扫描（跳过或未调用）或 PLC 位于 STOP 模式。如跳转和标签指令激活时，以能流的颜色显示；如果为非激活状态，则显示为灰色。

（2）趋势图显示

趋势图显示是指用随时间而变的 PLC 数据绘图跟踪状态数据。用户可以将现有的状态表在表格视图和趋势视图之间切换，新的趋势数据亦可在趋势视图中直接生成。

仍以门电路为例说明，图 9-41 为该程序的趋势图监视图，其中，图 9-41a 是无强制值的情况，从趋势图中可以清晰地看到，当输入点 I0.0 和 I0.1 有一个为低电平时，输出点 Q0.0 就为低电平，只有它们同时为高电平时，Q0.0 点才为高电平，完全符合与门的功能。图 9-41b 对输入点 I0.1 做了强制处理，在趋势图中可以看到，该点始终保持强制值不变。

图 9-41　趋势图监视示例

a) 无强制数值的趋势　b) 有强制数值的趋势

9.2　STEP 7-Micro/WIN SMART 编程软件

STEP 7-Micro/WIN SMART 是专门为 S7-200 SMART PLC 开发的编程软件，可以在 Windows XP SP3/Windows 7 上运行。该软件在继承 STEP 7-Micro/WIN 优秀编程理念的基础上，扩充更多的人性化设计功能，使编程更加方便和高效。

9.2.1　STEP 7-Micro/WIN SMART 编程软件窗口

在 PC 上安装 STEP 7-Micro/WIN SMART 编程软件后，在桌面双击该软件执行文件图标，运行该软件，其主界面如图 9-42 所示。

1. 快速访问工具栏

快速访问工具栏设有新建、打开、保存和打印按钮，用户可以通过"自定义"对话框，增加和删除工具栏上的命令按钮。

图 9-42　STEP 7-Micro/WIN SMART 的主界面（窗口）

2. 菜单

STEP 7-Micro/WIN SMART 采用了新颖的带状式菜单设计，单击菜单项可以打开其功能区（菜单功能区可以全部显现），图标显示功能和操作更加方便快捷。

3. 项目树

项目树用于组织项目，包括程序块、符号表、通信、向导及编程指令块等。

单击项目树的空白区，可以选择"单击打开项目"命令，用于设置单击或双击打开项目树中的对象。

4. 导航栏

导航栏位于项目树上方，用于快速访问项目树上的对象。单击一个导航栏按钮相当于展开项目树并单击同一选择内容。

5. 程序编辑区

程序编辑区用于用户输入和编辑程序。

6. 状态栏

状态栏位于主窗口底部，执行操作的相关信息。在编辑模式下时，状态栏显示编辑器信息（简要状态说明；当前程序段编号；编辑器的光标位置；编辑模式：插入或覆盖），以方便用户编辑程序。

7. 工具栏

启用工具栏及工具栏上的按钮，可以执行相应的操作。

在 LAD 程序编辑状态时，LAD 工具栏处于活动状态。其触点、线圈、接线和指令的 LAD 按钮均处于活动状态。

9.2.2　STEP 7-Micro/WIN SMART 主要特点

STEP 7-Micro/WIN SMART 主要特点如下。

1．全新菜单设计

STEP 7-Micro/WIN SMART 采用了新颖的带状式菜单设计，每个菜单功能区（选项）全部显现，图标显示功能和操作更加方便快捷，编程窗口的可视空间灵活。

2．全移动式窗口设计

软件界面中的所有窗口移动方便，主窗口、程序编辑窗口、输出窗口、变量表及状态图等窗口均可按照用户的习惯进行组合，最大限度地提高编程效率。

3．变量定义与程序注释

用户可根据需求自定义变量名，并且直接通过变量名进行调用。可以在调用特殊功能寄存器后对其自动命名。

软件提供了完善的注释功能，能为程序块、编程网络及变量添加注释，大大地提高了程序的可读性。当鼠标移动到某指令块时，自动显示对应的各参数支持的数据类型。

4．强大的密码保护

软件可对计算机中的源程序、CPU 模块中的程序进行密码保护，通过强大的支持，满足用户对密码保护的不同需求。对源程序包括工程、POU（程序组织单元）及数据页设置密码实现三重保护。只有授权的用户才能查看并修改相应的内容。对 CPU 模块里的程序提供四级（全部、部分、最小权限及禁止上载）保护。

5．新颖的设置向导

软件集成了简易快捷的向导设置功能，只需按照向导提示设置每一步的参数即可完成复杂功能的设定。向导设置支持 HSC（高速计数）、运动控制、PID 回路、PWM（脉宽调制）及文本显示等功能。新的向导功能允许用户直接对功能中的某一步进行设置。

6．状态监控

状态监控更加方便。可以通过状态图监测 PLC 每一输入/输出通道的当前值，可对每路通道分别进行输入操作来检验程序的正确性。状态监测值可以以数值形式或波形图来显示。

对 PID 回路和运动控制等操作，设有专用的操作面板对设备运行状态进行监控。

7．便利的指令库

将一般子程序转化成指令块，提供指令库功能，便于调试和阅读。西门子公司提供了大量完成各种功能的指令库，可以方便地添加到软件中。可以像使用普通指令块一样使用指令库中的指令块（子程序）。指令库均可设置有密码保护功能。

8．通信功能强

S7-200 SMART CPU 支持以太网端口、RS-485 端口（端口 0）和 RS-485/RS-232 信号板（SB，如端口 1）三个通信接口。STEP 7-Micro/WIN SMART 只能通过以太网端口连接到 S7-200 SMART CPU。支持自由口通信、PPI 协议；支持和变频器通信的 Mosbus RTU、USS、Modbus 协议；支持扩展板功能（可以扩展一个 RS-485 或 RS-232 口）。S7-200 SMART 的两个 RS-485 接口都可以用作 Modbus RTU 通信的从站。S7-200 SMART 的编程软件自带 Modbus RTU 指令库和 USS 协议指令库。

9.2.3 STEP 7-Micro/WIN SMART 的使用帮助

单击菜单"帮助"（Help）命令或选择菜单功能区的"信息"区域"帮助（Help）"按钮，可打开 STEP 7-Micro/WIN SMART 的在线帮助，如图 9-43 所示。

STEP 7-Micro/WIN SMART 提供了介绍概念、指令和任务的全面帮助系统，方便用户学习。每一项"帮助"可以在单独的窗口中打开，窗口左侧为导航窗格，右侧为主题窗格（帮助内容）。

图 9-43　STEP 7-Micro/WIN SMART 的在线帮助窗口

9.3　实验 9　STEP 7-Micro/WIN 编程软件练习

1．实验目的

1）熟练掌握 STEP 7-Micro/WIN V4.0 编程软件的使用。

2）练习相对复杂梯形图程序的编写。

3）进一步掌握编程软件的编辑、编译、下载及调试程序的方法。

2．实验内容

1）熟悉 STEP 7-Micro/WIN V4.0 编程软件的菜单、工具条、操作栏及指令树的功能和使用方法。

2）利用 STEP 7-Micro/WIN V4.0 编写常用逻辑门电路的梯形图程序。

要求：实现与非门、或非门和异或门等常用门电路的功能，输出取 Q1.0 或 Q1.1。

3）利用 STEP 7-Micro/WIN V4.0 编写 LED 数码显示控制电路的梯形图程序。

要求：按下启动按钮后，LED 数码管开始分别显示 7 个段（显示次序是段 a、b、c、d、e、f、g），然后显示数字及字符，显示次序是 0、1、2、3、4、5、6、7、8、9、A、B、C、D、E、F，断开启动按钮程序停止运行，输出 QB0。

3．实验设备及元器件

1）S7-200 PLC 实验工作台或 PLC 装置。

2）安装有 STEP 7-Micro/WIN 编程软件的 PC。

3）PC/PPI+通信电缆线。

4）开关、指示灯、LED 数码管及导线等必备元器件。

4．实验操作步骤

1）将 PC/PPI+通信电缆线与 PC 连接，Q0.0～Q0.6 连接 LED 数码管。

2）运行 STEP 7-Micro/WIN 编程软件，编辑梯形图程序。

提示：LED 数码显示控制电路的梯形图程序，可以利用移位寄存器指令 SHRB，梯形图参考程序如图 9-44 所示。

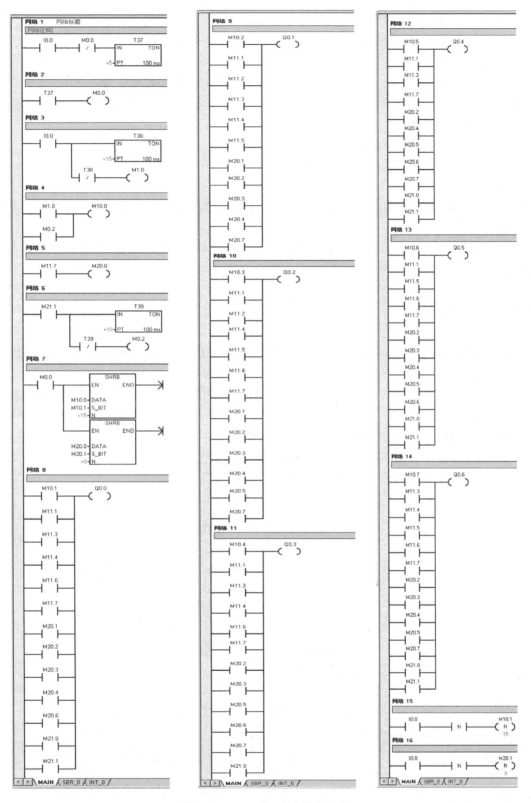

图 9-44 LED 数码显示控制程序

3）编译、保存并下载梯形图程序到 S7-200 PLC 中。

4）启动运行 PLC，观察运行结果，发现运行错误或需要修改程序则重复上面过程。

5. 注意事项

LED 数码管段 a、b、c、d、e、f、g 分别与 Q0.0～Q0.6 对应连接，这里未使用数码管 dp 段。

6. 实验操作报告

1）整理出运行调试后的梯形图程序。

2）写出该程序的调试步骤和观察结果。

思考题：

1）如果需要 LED 数码管显示 0、1、2、3、4、5、6、7、8、9，十个数字程序如何改变？

2）如果需要 LED 数码管显示 9、8、7、6、5、4、3、2、1、0，十个数字程序如何改变？

9.4 思考与练习

1. 简述 STEP 7-Micro/WIN V4.0 和 STEP 7-Micro/WIN SMART 编程软件的主要功能。

2. 简述 STEP 7- Micro/WIN SMART 编程软件的主要特点。

3. 在 STEP 7-Micro/WIN V4.0 编程软件中，如何建立主程序、子程序和中断程序？

4. 如何配置 PC 与 S7-200 CPU 的通信参数？

5. 在使用梯形图编辑程序时要注意哪些问题？

6. 指出图 9-45 所示梯形图程序的错误，并改正之。

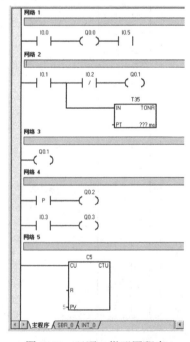

图 9-45　习题 6 梯形图程序

7. 写出图 9-46 所示梯形图的语句表。

图 9-46　习题 7 梯形图程序

8. 根据本题中的语句表程序，写出其对应的梯形图，并判断其功能。

Network 1
LD　　I0.0
EU
S　　Q0.0, 1
Network 2
LD　　M0.0
O　　M0.1
AN　　T37
=　　M0.0
TON　T37, +20
Network 3
LD　　T37
R　　Q0.0, 1

9. 对于不同项目，如何直接复制程序块、数据块？

10. 在 PLC 输出端 Q0.0~Q0.7 连接一 LED 数码管，编写程序实现该数码管显示输入信号 I0.0~I0.3 的状态，用十六进制数表示。

第10章 基于 MCGS 的 PLC 组态监控系统设计

MCGS（Monitor and Control Generated System）是一套基于 Windows 平台的，用于快速构造和生成上位机监控系统的组态软件系统。该软件可运行于 Microsoft Windows XP/NT/2000 等操作系统。它为用户提供了解决实际工程问题的完整方案和开发平台，能够完成现场数据采集、实时和历史数据处理、报警和安全机制、流程控制、动画显示、趋势曲线和报表输出以及企业监控网络等功能。

MCGS 具有操作简便、可视性好、可维护性强、高性能及高可靠性等突出特点，已成功应用于石油化工、钢铁行业、电力系统、水处理、环境监测、机械制造、交通运输、能源原材料、农业自动化及航空航天等领域，用户可以在短时间内完成一个运行稳定、功能全面、维护量小并且具备专业水准的计算机监控系统的开发工作。

10.1 PLC 组态监控系统的组成

PLC 控制装置可以组成工业现场及各种功能的控制系统。为了能够实现分散控制、集中管理，建立良好的人机界面，以实现 PLC 工作状态下的计算机图形监控功能，可以利用计算机组态软件环境，十分方便地在 PLC 控制系统的基础上设计计算机组态监控系统。

1. PLC 组态监控系统硬件结构

基于 MCGS 组态软件的 PLC 监控系统的典型硬件结构如图 10-1 所示。

图 10-1 PLC 监控系统的典型硬件结构

在图 10-1 中，PLC 与上位机（PC）之间通过 RS-232 或 RS-485 串行线路连接进行通信。PLC 作为可靠性极高的下位机主要承担对工业现场设备的直接控制功能；而上位机在 MCGS 环境下主要承担监控管理功能，同时兼备部分控制功能，以实现远程控制。

2. 组态监控系统运行

在上位机中利用 MCGS 提供的工具，按一定的步骤设计 PLC 工作状态下的计算机图形监控的组态编程，并对现场设备测试正常后，即可实现现场 PLC 及被控对象工作状态的计算机图形实时监控。

在上位机图形监控界面中的仿真工作流程与现场的实际生产动作同步，便于操作人员远程掌握现场情况和对部分设备进行远程控制。例如，当现场发生故障或出现异常情况时，上位机监控界面中对应的图形元件会同时以醒目颜色、闪烁效果等方式形象直观地显示出故障环节，并发出音响报警。这有助于工作人员及时排查故障处理或进行必要的远程控制干预，从而保证整个 PLC 控制系统安全可靠的运行。

10.2　MCGS 组态软件的系统构成

MCGS 6.2 软件系统包括组态环境和运行环境两个部分。组态环境相当于一套完整的工具软件，帮助用户设计和构造自己的应用系统。运行环境则按照组态环境中构造的组态工程，以用户指定的方式运行，并进行各种处理，完成用户组态设计的目标和功能。

1. MCGS 组态环境

MCGS 组态环境是生成用户应用系统的工作环境，由可执行程序 McgsSet.exe 支持，其存放于 MCGS 目录的 Program 子目录中。用户在 MCGS 组态环境中完成动画设计、设备连接、编写控制流程及编制工程打印报表等全部组态工作后，生成扩展名为.mcg 的工程文件，又称为组态结果数据库，其与 MCGS 运行环境一起，构成了用户应用系统，统称为"工程"。

MCGS 组态软件所建立的工程由主控窗口、设备窗口、用户窗口、实时数据库和运行策略五部分构成，如图 10-2 所示。在组态工程设计时，需要对每一部分分别进行组态操作，实现相应的功能。

图 10-2　MCGS 组态软件构成

1）主控窗口是工程的主窗口或主框架。在主控窗口中可以放置一个设备窗口和多个用户窗口，负责调度和管理这些窗口的打开或关闭。主要的组态操作包括定义工程的名称、编制工程菜单、设计封面图形、确定自动启动的窗口、设定动画刷新周期、指定数据库存盘文件名称及存盘时间等。

2）设备窗口是连接和驱动外部设备的工作环境。在本窗口内配置数据采集与控制输出设备，注册设备驱动程序，定义连接与驱动设备用的数据变量。

3）用户窗口主要用于设置工程中人机交互的界面，诸如生成各种动画显示画面、报警输出、数据与曲线图表等。

4）实时数据库是工程各个部分的数据交换与处理中心，它将 MCGS 工程的各个部分连接成有机的整体。在本窗口内定义不同类型和名称的变量，作为数据采集、处理、输出控制、动画连接及设备驱动的对象。

5）运行策略窗口主要完成工程运行流程的控制，包括编写控制程序（if...then 脚本程序），选用各种功能构件，如数据提取、定时器、配方操作及多媒体输出等。

2．MCGS 运行环境

MCGS 运行环境是用户应用系统的运行环境，由可执行程序 McgsRun.exe 支持，其存放于 MCGS 目录的 Program 子目录中，在运行环境中完成对工程的控制。

10.3 MCGS 组态软件的工作方式

MCGS 将用户关注的设备通信、动态画面、远程多机监控以及运行流程控制进行了有效、全面地开发，能够给用户提供一个简单的系统组态环境，可以大幅缩短设计周期，降低设计成本和提高效率。

1．MCGS 设备通信

MCGS 通过设备驱动程序与外部设备进行数据交换，包括数据采集和发送设备指令。设备驱动程序是由 VB、VC 程序设计语言编写的 DLL（动态链接库）文件，设备驱动程序中包含符合各种设备通信协议的处理程序，将设备运行状态的特征数据采集进来或发送出去。MCGS 负责在运行环境中调用相应的设备驱动程序，将数据传送到工程中的各个部分，完成整个系统的通信过程。每个驱动程序独占一个线程，能达到互不干扰的目的。

2．MCGS 动态画面

MCGS 为每一种基本图形元素定义了不同的动画属性。例如，一个长方形的动画属性有可见度、大小变化和水平移动等，每一种动画属性都会产生一定的动画效果。所谓动画属性，实际上是反映图形大小、颜色、位置、可见度及闪烁性等状态的特征参数。然而，在组态环境中生成的画面都是静止的，如何在工程运行中产生动画效果呢？方法是：图形的每一种动画属性中都有一个"表达式"设定栏，在该栏中设定一个与图形状态相联系的数据变量，连接到实时数据库中，以此建立相应的对应关系，MCGS 称之为动画连接。

3．远程多机监控

MCGS 提供了一套完善的网络机制，可通过 TCP/IP、MODEM 和串口将多台计算机连接在一起，构成分布式网络监控系统，实现网络间的实时数据同步、历史数据同步和网络事件的快速传递。同时，可利用 MCGS 提供的网络功能，在工作站上直接对服务器中的数据库进行读写操作。分布式网络监控系统的每一台计算机都要安装一套 MCGS 工控组态软件。MCGS 把各种网络形式，以父设备构件和子设备构件的形式，供用户调用，并进行工作状态、端口号以及工作站地址等属性参数的设置。

4．系统运行流程控制

MCGS 开辟了专用的"运行策略"窗口，建立用户运行策略。MCGS 提供了丰富的功能构件，供用户选用，通过构件配置和属性设置两项组态操作，生成各种功能模块（称为"用户策略"），使系统能够按照设定的顺序和条件，操作实时数据库，实现对动画窗口的任意切换，控制系统的运行流程和设备的工作状态。所有的操作均采用面向对象的直观方式，避免了烦琐的编程工作。

10.4　MCGS 组态过程

使用 MCGS 完成一个实际的应用系统，首先必须在 MCGS 的组态环境下进行系统的组态生成工作，然后将系统放在 MCGS 嵌入版的运行环境下运行。本章逐步介绍在 MCGS 组态环境下构造一个用户应用系统的过程，以便对 MCGS 系统的组态过程有一个全面的了解和认识。这些过程包括工程整体规划、工程建立、构造实时数据库、组态用户窗口、组态主控窗口、组态设备窗口、组态运行策略、组态结果检查及工程测试。

本节所描述的组态过程只是一般性的描述，其先后顺序并不是固定不变的，例如先生成图形界面、最后构造实时数据库也是可行的。在实际应用过程中，可以根据需要灵活运用。

10.4.1　工程整体规划

在实际工程项目中，使用 MCGS 嵌入版构造应用系统之前，应进行工程的整体规划，以保证项目的顺利实施。

对工程设计人员来说，首先要了解整个工程的系统构成和工艺流程，清楚监控对象的特征，明确主要的监控要求和技术要求等问题。在此基础上，拟定组建工程的总体规划和设想，主要包括系统应实现哪些功能、控制流程如何实现、需要什么样的用户窗口界面、实现何种动画效果以及如何在实时数据库中定义数据变量等环节，同时还要分析工程中设备的采集及输出通道与实时数据库中定义的变量的对应关系，分清哪些变量是要求与设备连接的，哪些变量是软件内部用来传递数据及用于实现动画显示的等。做好工程的整体规划，在项目的组态过程中能够尽量避免一些无谓的劳动，快速有效地完成工程项目。

10.4.2　工程建立

MCGS 嵌入版中用"工程"来表示组态生成的应用系统，创建一个新工程就是创建一个新的用户应用系统，打开工程就是打开一个已经存在的应用系统。工程文件的命名规则和 Windows 系统相同，MCGS 嵌入版自动给工程文件名加上后缀".MCE"。每个工程都对应一个组态结果数据库文件。

在 Windows 系统桌面上，通过以下三种方式中的任何一种，都可以进入 MCGS 嵌入版组态环境。

1）鼠标双击 Windows 桌面上的"MCGSE 组态环境"图标。

2）选择"开始"→"程序"→"MCGS 嵌入版组态软件"→"MCGSE 组态环境"命令。

3）按快捷键〈Ctrl〉+〈Alt〉+〈E〉。

进入 MCGS 嵌入版组态环境后，单击工具条上的"新建"按钮，或执行"文件"菜单中的"新建工程"命令，系统自动创建一个名为"新建工程 X.MCE"的新工程（X 为数字，表示建立新工程的顺序，如 1、2、3 等）。由于尚未进行组态操作，新工程只是一个"空壳"，即一个包含五个基本组成部分的结构框架，接下来要逐步在框架中配置不同的功能部件，构造完成特定任务的应用系统。

MCGS 嵌入版用"工作台"窗口来管理构成用户应用系统的五个部分，如图 10-3 所示。工作台上的五个选项卡分别为主控窗口、设备窗口、用户窗口、实时数据库和运行策略，对应于五个不同的窗口页面，每一个页面负责管理用户应用系统的一个部分，用鼠标单击不同的选项卡可选取不同窗口页面，对应用系统的相应部分进行组态操作。

图 10-3　MCGS 工作台窗口

在保存新工程时，可以随意更换工程文件的名称。默认情况下，所有的工程文件都存放在 MCGS 嵌入版安装目录下的 Work 子目录里，用户也可以根据自身需要指定存放工程文件的目录。

10.4.3　构造实时数据库

实时数据库是 MCGS 嵌入版系统的核心，也是应用系统的数据处理中心，系统各部分均以实时数据库为数据公用区，进行数据交换、数据处理和实现数据的可视化处理。

1. 定义数据对象

数据对象是实时数据库的基本单元。在 MCGS 嵌入版生成应用系统时，应对实际工程问题进行简化和抽象化处理，将代表工程特征的所有物理量作为系统参数加以定义，定义中不只包含了数值类型，还包括参数的属性及其操作方法，这种把数值、属性和方法定义成一体的数据就称为数据对象。构造实时数据库的过程就是定义数据对象的过程。在实际组态过程中，一般无法一次全部定义所需的数据对象，而是根据情况需要而逐步增加。

MCGS 嵌入版中定义的数据对象的作用域是全局的，像通常意义的全局变量一样，数据对象的各个属性在整个运行过程中都保持有效，系统中的其他部分都能对实时数据库中的数据对象进行操作处理。

2. 数据对象属性设置

MCGS 嵌入版把数据对象的属性封装在对象内部，作为一个整体由实时数据库统一管理。对象的属性包括基本属性、存盘属性和报警属性。基本属性包含对象的名称、类型、初值、界限（最大最小）值、工程单位和对象内容注释等项内容。

（1）基本属性设置

鼠标单击"对象属性"按钮或双击对象名，显示"数据对象属性设置"对话框的"基本属性"选项卡，用户按所列项目分别设置。数据对象有开关型、数值型、字符型、事件型及组对象五种类型，在实际应用中，数字量的输入/输出对应于开关型数据对象；模拟量的输入/输出对应于数值型数据对象；字符型数据对象是记录文字信息的字符串；事件型数据对象用来表示某种特定事件的产生及相应时刻，如报警事件、开关量状态跳变事件；组对象用来表示一组特定数据对象的集合，以便于系统对该组数据统一处理。

（2）存盘属性设置

MCGS 嵌入版把数据的存盘处理作为一种属性或者一种操作方法，封装在数据内部，作为整体处理。运行过程中，实时数据库自动完成数据存盘工作，用户不必考虑这些数据如何存储以及存储在什么地方。用户的存盘要求在"存盘属性"选项卡中设置，存盘方式只有一种：定时存盘。组对象以定时的方式来保存相关的一组数据，而非组对象存盘属性不可用。

（3）报警属性设置

在 MCGS 嵌入版中，报警被作为数据对象的属性，封装在数据对象内部，由实时数据库统一处理，用户只需按照"报警属性"选项卡中所列的项目正确设置，如数值量的报警界限值、开关量的报警状态等。运行时，由实时数据库自动判断有没有报警信息产生、什么时候产生、什么时候结束及什么时候应答，并通知系统的其他部分；也可根据用户的需要，实时存储和打印这些报警信息。

10.4.4　组态用户窗口

MCGS 嵌入版以窗口为单位来组建应用系统的图形界面，创建用户窗口后，通过放置各种类型的图形对象，定义相应的属性，为用户提供漂亮、生动、具有多种风格和类型的动画画面。

1．图形界面的生成

用户窗口本身是一个"容器"，用来放置各种图形对象（图元、图符和动画构件），不同的图形对象对应不同的功能。通过对用户窗口内多个图形对象的组态，生成漂亮的图形界面，为实现动画显示效果做准备。

生成图形界面的基本操作步骤如下。

1）创建用户窗口。

2）设置用户窗口属性。

3）创建图形对象。

4）编辑图形对象。

5）创建用户窗口。

选择组态环境工作台中的"用户窗口"选项卡，所有的用户窗口均位于该选项卡内，单击"新建窗口"按钮，或执行菜单中的"插入"→"用户窗口"命令，即可创建一个新的用户窗口，以图标形式显示，如"窗口 0"。开始时，新建的用户窗口只是一个空窗口，用户可以根据需要设置窗口的属性和在窗口内放置图形对象。

2．设置用户窗口属性

选择待定义的用户窗口图标，单击鼠标右键选择属性，也可以单击工作台窗口中的"窗口属性"按钮，或者单击工具条中的"显示属性"按钮，或者操作快捷键〈Alt〉+〈Enter〉，弹出"用户窗口属性设置"对话框，按所列款项设置有关属性。

用户窗口的属性包括基本属性、扩充属性和脚本控制（启动脚本、循环脚本、退出脚本），这些可由用户选择设置。

窗口的基本属性包括窗口名称、窗口标题、窗口背景、窗口位置和窗口边界等项内容，其中窗口位置、窗口边界不可用。

鼠标单击"扩充属性"选项卡，进入用户窗口的扩充属性页，完成对窗口的位置进行精确定位，显示滚动条设置无效。

在扩充属性中的"窗口视区"是指实际用户窗口可用的区域，在显示器屏幕上所见的区域称为可见区，一般情况下两者大小相同，但是可以把"窗口视区"设置成大于可见区，此时在用户窗口侧边附加滚动条，操作滚动条可以浏览用户窗口内所有图形。打印窗口时，按"窗口视区"的大小来打印窗口的内容，还可以选择打印方向是指按打印纸张的纵向打印还是按打印纸张的横向打印。

脚本控制包括启动脚本、循环脚本和退出脚本。启动脚本在用户窗口打开时执行脚本；循环脚本是在窗口打开期间以指定的间隔循环执行脚本；退出脚本则是在用户窗口关闭时执行。

3．创建图形对象

MCGS 嵌入版提供了三类图形对象供用户选用，即图元对象、图符对象和动画构件。这些图形对象位于常用符号工具箱和动画工具箱内，用户从工具箱中选择所需要的图形对象，配置在用户窗口内，可以创建各种复杂的图形。

4．编辑图形对象

图形对象创建完成后，要对图形对象进行各种编辑工作，如改变图形的颜色和大小、调整图形的位置和排列形式、图形的旋转及组合分解等项操作，MCGS 嵌入版提供了完善的编辑工具，使用户能快速制作各种复杂的图形界面，以图形方式精确表示外部物理对象。

5．定义动画连接

定义动画连接，实际上是将用户窗口内创建的图形对象与实时数据库中定义的数据对象建立对应连接关系，通过对图形对象在不同的数值区间内设置不同的状态属性（如颜色、大小、位置移动、可见度及闪烁效果等），用数据对象的值的变化来驱动图形对象的状态改变，使系统在运行过程中，产生形象逼真的动画效果。因此，动画连接过程就归结为对图形对象的状态属性设置的过程。

6．图元图符对象连接

在 MCGS 嵌入版中，每个图元、图符对象都可以实现 11 种动画连接方式。可以利用这些图元、图符对象来制作实际工程所需的图形对象，然后再建立起与数据对象的对应关系，定义图形对象的一种或多种动画连接方式，实现特定的动画功能。这 11 种动画连接方式如下。

1）填充颜色连接。

2）边线颜色连接。

3）字符颜色连接。

4）水平移动连接。

5）垂直移动连接。

6）大小变化连接。

7）显示输出连接。

8）按钮输入连接。

9）按钮动作连接。

10）可见度连接。

11）闪烁效果连接。

7. 动画构件连接

为了简化用户程序设计工作量，MCGS 嵌入版将工程控制与实时监测作业中常用的物理器件，如按钮、操作杆、显示仪表和曲线表盘等，制成独立的图形存储于图库中，供用户调用，这些能实现不同动画功能的图形称为动画构件。

在组态时，只需要建立动画构件与实时数据库中数据对象的对应关系，就能完成动画构件的连接。如对实时曲线构件，需要指明该构件运行时记录哪个数据对象的变化曲线；对报警显示构件，需要指明该构件运行时显示哪个数据对象的报警信息。

10.4.5 构造主控窗口

主控窗口是用户应用系统的主窗口，也是应用系统的主框架，展现了工程的总体外观。选中"主控窗口"图标，鼠标单击"工作台"窗口中的"系统属性"按钮，或者单击工具条中的"显示属性"按钮 ，或者选择"编辑"菜单中的"属性"菜单项，即显示"主控窗口属性设置"对话框。系统属性分为下列五种，按页设置。

1）基本属性：指明反映工程外观的显示要求，包括工程的名称（窗口标题），系统启动时首页显示的画面（称为软件封面）。

2）启动属性：指定系统启动时自动打开的用户窗口（称为启动窗口）。

3）内存属性：指定系统启动时自动装入内存的用户窗口。运行过程中，打开装入内存的用户窗口可提高画面的切换速度。

4）系统参数：设置系统运行时的相关参数，主要是周期性运作项目的时间要求。例如画面刷新的周期时间、图形闪烁的周期时间等。建议采用默认值，一般情况下不需要修改这些参数。

5）存盘参数：该属性页中可以进行工程文件配置和特大数据存储设置，通常情况下，不必对此部分进行设置，保留默认值即可。

10.4.6 组态设备窗口

设备窗口是 MCGS 嵌入版系统与作为测控对象的外部设备建立联系的后台作业环境，负责驱动外部设备，控制外部设备的工作状态。系统通过设备与数据之间的通道，把外部设备的运行数据采集进来，送入实时数据库，供系统其他部分调用，并且把实时数据库中的数据输出到外部设备，实现对外部设备的操作与控制。

MCGS 嵌入版为用户提供了多种类型的"设备构件"，作为系统与外部设备进行联系的媒介。进入设备窗口，从设备构件工具箱里选择相应的构件，配置到窗口内，建立接口与通道的连接关系，设置相关的属性，即完成了设备窗口的组态工作。

运行时，应用系统自动装载设备窗口及其含有的设备构件，并在后台独立运行。对用户来说，设备窗口是不可见的。

在设备窗口内用户组态的基本操作是选择构件、设置属性、连接通道及调试设备。

1. 选择设备构件

在工作台的"设备窗口"页中，鼠标双击设备窗口图标（或选中窗口图标，单击"设备组态"按钮），弹出设备组态窗口；选择工具条中的"工具箱"按钮，弹出设备工具箱；鼠标双击设备工具箱里的设备构件，或选中设备构件，鼠标移到设备窗口内并单击，便可将其选到窗口内。

设备工具箱内包含有 MCGS 嵌入版目前支持的所有硬件设备，对系统不支持的硬件设备，需要预先定制相应的设备构件，才能对其进行操作。MCGS 嵌入版将不断增加新的设备构件，以提供对更多硬件设备的支持。

2. 设置设备构件属性

选中设备构件，单击工具条中的"属性"按钮或选择"编辑"菜单中的"属性"命令，或者双击设备构件，弹出所选设备构件的"属性设置"对话框，选择"基本属性"选项卡，按所列项目设定。

不同的设备构件有不同的属性，一般都包括如下三项：设备名称、地址和数据采集周期。系统各个部分对设备构件的操作是以设备名为基准的，因此各个设备构件不能重名。与硬件相关的参数必须正确设置，否则系统不能正常工作。

3. 设备通道连接

把输入/输出装置读取数据和输出数据的通道称为设备通道，建立设备通道和实时数据库中数据对象的对应关系的过程称为通道连接。建立通道连接的目的是通过设备构件，确定采集进来的数据送入实时数据库的什么地方，或从实时数据库中什么地方取用数据。

在属性设置对话框内，选择"通道连接"选项卡，按表中所列款项设置。

4. 设备调试

将设备调试作为设备窗口组态项目之一，是便于用户及时检查组态操作的正确性，包括设备构件选用是否合理、通道连接及属性参数设置是否正确，这是保证整个系统正常工作的重要环节。

设备构件"属性设置"对话框内，专设"设备调试"选项卡，以数据列表的形式显示各个通道数据测试结果。对于输出设备，还可以用对话方式，操作鼠标或键盘，控制通道的输出状态。

10.4.7 组态运行策略

运行策略是指对监控系统运行流程进行控制的方法和条件，它能够对系统执行某项操作和实现某种功能进行有条件的约束。运行策略由多个复杂的功能模块组成，称为"策略块"，用来完成对系统运行流程的自由控制，使系统能按照设定的顺序和条件，进行操作实时数据库，控制用户窗口的打开、关闭以及控制设备构件的工作状态等一系列工作，从而实现对系统工作过程的精确控制及有序的调度管理。用户可以根据需要来创建和组态运行策略。

10.4.8 组态结果检查

在组态过程中，不可避免地会产生各种错误，错误的组态会导致各种无法预料的结果，要保证组态生成的应用系统能够正确运行，必须保证组态结果准确无误。MCGS 嵌入版提供了多种措施来检查组态结果的正确性，应密切注意系统提示的错误信息，养成及时发现问题和解决问题的习惯。

1. 随时检查

各种对象的属性设置是组态配置的重要环节，其正确与否直接关系到系统能否正常运行。为此，MCGS 嵌入版大多数"属性设置"窗口中都设有"检查(C)"按钮，用于对组态结果的正确性进行检查。每当用户完成一个对象的属性设置后，可使用该按钮及时进行检查，如有错误，系统会提示相关的信息。这种随时检查措施使用户能及时发现错误，并且容易查找出错误的原因，迅速纠正。

2．存盘检查

在完成用户窗口、设备窗口、运行策略和系统菜单的组态配置后，一般都要对组态结果进行存盘处理。存盘时，MCGS 嵌入版自动对组态的结果进行检查，若发现错误，系统会提示相关的信息。

3．统一检查

全部组态工作完成后，应对整个工程文件进行统一检查。关闭除工作台窗口以外的其他窗口，单击工具条右侧的"组态检查"按钮，或执行"文件"菜单中的"组态结果检查"命令，即开始对整个工程文件进行组态结果正确性检查。为了提高应用系统的可靠性，应尽量避免因组态错误而引起整个应用系统的失效，MCGS 嵌入版对所有组态出错的地方，在运行时跳过，不进行处理。但必须强调指出，如果对系统检查出来的错误不及时进行纠正处理，会使应用系统在运行中发生异常现象，很可能造成整个系统失效。

10.4.9　工程测试

新建工程在 MCGS 嵌入版组态环境中完成（或部分完成）组态配置后，应当转入 MCGS 嵌入版模拟运行环境，通过试运行，进行综合性测试检查。

单击工具条中的"进入运行环境"按钮，或操作快捷键〈F5〉，或执行"文件"菜单中的"进入运行环境"命令，即可进入下载配置窗口，下载当前正在组态的工程，在模拟环境中对要实现的功能进行测试。

在组态过程中，可随时进入运行环境，完成一部分测试一部分，发现错误及时修改。对新工程进行测试检查主要包括外部设备、系统属性、动画动作、按钮动作、用户窗口、图形界面及运行策略。

1．外部设备的测试

外部设备是应用系统操作的主要对象，是通过配置在设备窗口内的设备构件实施测量与控制的。因此，在系统联机运行之前，应首先对外部设备本身和组态配置结果进行测试检查。

首先确保外部设备能正常工作，对硬件设置、供电系统、信号传输及接线接地等各个环节，先进行正确性检查及功能测试，设备正常后再联机运行。

其次，在设备窗口组态配置中，要反复检查设备构件的选择及其属性设置是否正确，设备通道与实时数据库数据对象的连接是否正确，确认正确无误后方可转入联机运行。

联机运行时，首先利用设备构件提供的调试功能，给外部设备输入标准信号，观察采集进来的数据是否正确，外部设备在手动信号控制下，能否迅速响应，运行工况是否正常等。

2．动画动作的测试

图形对象的动画动作是实时数据库中数据对象驱动的结果，因此，该项测试是对整个系统进行的综合性检查。通过对图形对象动画动作的实际观测，检查与实时数据库建立的连接关系是否正确，动画效果是否符合实际情况，验证画面设计与组态配置的正确性及合理性。

动画动作的测试建议分两步进行：首先利用模拟设备产生的数据进行测试，定义若干个测试专用的数据对象，并设定一组典型数值或在运行策略中模拟对象值的变化，测试图形对象的动画动作是否符合设计意图；然后，进行运行过程中的实时数据测试，可设置一些辅助动画，显示关键数据的值，测试图形对象的动画动作是否符合实际情况。

3. 按钮动作的测试

首先检查按钮标签文字是否正确。对实际操作按钮，观察测试系统对按钮动作的响应是否符合设计意图，是否满足实际操作的需要。当设有快捷键时，应检查与系统其他部分的快捷键设置是否冲突。

4. 用户窗口的测试

首先测试用户窗口能否正常打开和关闭，测试窗口的外观是否符合要求。对于经常打开和关闭的窗口，通过对其执行速度的测试，检查是否将该类窗口设置为内存窗口（在主控窗口中设置）。

5. 图形界面的测试

图形界面由多个用户窗口构成，各个窗口的外观、大小及相互之间的位置关系需要仔细调整和精确定位，才能获得满意的显示效果。在系统综合测试阶段，建议先进行简单布局，重点检查图形界面的实用性及可操作性。待整个应用系统基本完成调试后，再对所有用户窗口的大小及位置关系进行精细地调整。

6. 运行策略的测试

应用系统的运行策略在后台执行，其主要的职责是对系统的运行流程实施有效控制和调度。运行策略本身的正确性难于直接测试，只能从系统运行的状态和反馈信息加以判断分析。建议用户一次只对一个策略块进行测试，测试的方法是创建辅助的用户窗口，用来显示策略块中所用到的数据对象的数值。测试过程中，可以人为地设置某些控制条件，观察系统运行流程的执行情况，对策略的正确性做出判断。同时，还要注意观察策略块运行中系统其他部分的工作状态，检查策略块的调度和操作职能是否正确实施。例如，策略中要求打开或关闭的窗口，是否及时打开或关闭，外部设备是否按照策略块中设定的控制条件正常工作。

10.5　S7-200 PLC 与 MCGS 组态实例

本节分别通过 S7-200 PLC 电动机控制系统和十字路口交通灯控制系统的组态过程，介绍如何应用 MCGS 组态软件进行组态设计。

10.5.1　实例一　电动机控制系统组态

1. 工程简介

由"起动"（I0.0）和"停止"（I0.1）按钮分别控制电动机的运行和停止。当按下"起动"按钮时，电动机运行；当按下"停止"按钮时，电动机停止运行。组态设计后的最终效果如图 10-4 所示。当用鼠标单击画面上的"起动按钮"时，该按钮在 S7-200 PLC 中对应的存储器被置 1，使得 PLC 的输出相应变化，右侧电动机下方的指示块由红色变为绿色，表示电动机正常运行；当单击"停止按钮"时，电动机下方的指示块由绿变红，表示电动机停止运行，起动和停止按钮上方的指示灯分别代表按钮的状态。

图 10-4　电动机控制系统工程效果图

2. 工程建立

双击 MCGS 组态系统快捷方式，在打开的系统窗口中单击菜单栏上的"新建"按钮，弹出默认的"新建工程 0"工作台窗口，此时需将新建的工程关闭，打开 MCGS 组态软件安装目录下的"WORK"文件夹，找到新建的工程并将其命名为"电动机控制组态方法"，双击重新打开该工程，如图 10-4 所示。

图 10-5 中所示的工作台中包含主控窗口、设备窗口、用户窗口、实时数据库以及运行策略五张选项卡，它们分别对应 MCGS 组态系统设计的一个步骤，用户可分别对每一部分进行组态设计。此外值得一提的是，以上组态步骤可顺序进行也可同时进行，用户只需选择相应选项卡进行对应的组态设计即可，十分灵活和方便。

图 10-5　新建工程

3. 制作工程画面

新建的工程工作台中默认选项卡为"用户窗口"，此时单击"新建窗口"按钮，则"用户窗口"中出现新建的窗口图标，默认名称为"主窗口"，右击"主窗口"图标，选择"设置为启动窗口"，使该画面在组态运行时能够自动启动，如图 10-6 所示。

单击"窗口属性"按钮，弹出"用户窗口属性设置"窗口，如图 10-7 所示。其中包含该画面的"基本属性""扩充属性""启动脚本""循环脚本"和"退出脚本"等选项卡，用户可以根据实际项目需求对其进行编辑。此时只需在"基本属性"选项卡中对窗口名称、背景及位置等参数进行编辑，单击"确定"即可。

图 10-6　启动窗口设置

图 10-7　用户窗口属性设置

双击新建的用户窗口，进入"动画组态主窗口"界面，单击菜单栏中的"工具箱"按钮，弹出"工具箱"悬浮框，单击"工具箱"中的按钮控件，待指针变为十字形之后即可在空白处放置相应的动画，放置好的功能按钮如图 10-8 所示，按照同样的方法，在窗口中放置第二个"按钮"即可。

图 10-8　动画组态

单击工具箱中的"插入元件"按钮，弹出"对象元件库管理"窗口，在其左侧窗口中单击"指示灯"文件夹，选择两个指示灯元件，然后单击"电动机"文件夹，选择一个电动机元件，将这些元件在窗口中调整大小和位置，直至满意。最后为画面窗口创建"电动机控制系统演示工程"作为标题。至此，画面的初步制作就完成了。

4. 定义数据对象

在该系统中，组态软件的变量有五个，分别为"起动""停止""电动机运行指示""起动按钮指示"和"停止按钮指示"，S7-200 PLC 中与之分别对应的变量见表 10-1。

表 10-1　MCGS 与 S7-200 PLC 变量对照表

MCGS 变量	S7-200 PLC 变量	功能说明
起动	M0.0	电动机起动按钮
停止	M0.1	电动机停止按钮
电动机运行指示	Q0.0	电动机继电器线圈
起动按钮指示	I0.0	按钮指示（绿灯）
停止按钮指示	I0.1	按钮指示（红灯）

在工作台窗口中单击"实时数据库"选项卡，进行数据库组态，如图 10-9 所示。此时单击右侧的"新增对象"按钮，依次添加 "电动机运行指示""起动""停止""起动按钮指示"和"停止按钮指示"五个开关型数据。在图 10-9 中，除了新建的数据类型之外，还包括系统默认的一些数据对象，这些对象在系统设计中可以直接使用。

图 10-9　实时数据库组态

此外，值得一提的是，虽然通常情况下数据库组态可以伴随组态系统设计的整个过程，但对一些复杂系统或数据对象较多时，在进行设备组态或者窗口组态时新建数据类型很容易出现问题，因此单独进行数据库组态才是明智之举。

5．数据连接

完成数据库组态之后，必须将数据库中的数据与用户画面中的控件和动画联系起来才能真正实现画面组态，这一过程被称为数据连接。数据连接是用户通过画面与 PLC 存储器进行联系的根本所在。

仍选择工作台中的"用户窗口"选项卡，双击用户窗口进入画面编辑窗口。首先完成按钮的数据连接，双击"按钮"控件，弹出"标准按钮构件属性设置"窗口，在"基本属性"选项卡中，将按钮标题修改为"起动按钮"，其余保持默认值，如图 10-10 所示。在"操作属性"选项卡中，勾选"数据对象值操作"，在其后的下拉菜单中选择"按 1 松 0"，并单击"？"按钮，在弹出的窗口中双击要连接的数据对象"起动"，如图 10-11 所示。单击"确定"，"起动按钮"的数据连接就完成了。同样的方法，分别对停止按钮、红指示灯、绿指示灯和电动机进行数据连接即可。

6．设备连接

设备组态主要是进行组态软件与下位机 PLC 的通信以及 I/O 变量的分配。

图 10-10　按钮控件基本属性　　　　　　　图 10-11　按钮控件操作属性

单击"设备窗口"选项卡，切换到设备窗口；单击"设备组态"按钮，弹出设备组态窗口，此时窗口内为空白，如图 10-12 所示。

图 10-12　设备窗口

为了实现上位机与下位机的通信连接，需要将通信接口、下位机以及相应的驱动程序添加至该窗口中。此时，单击菜单栏上的"设备工具箱"按钮，弹出"设备工具箱"窗口，单击"设备管理"，在弹出的"设备管理"窗口中，依次将左侧的通用设备文件夹下的"通用串口父设备"和"PLC→西门子→S7-200-PPI→西门子_S7200PPI"增加至右侧"选定设备"窗口中，单击"确定"按钮，如图 10-13 所示。

此时，设备工具箱中便包含了上述设备，分别将"通用串口父设备"和"西门子_S7PPI"从"设备工具箱"窗口拖放至"设备窗口"中即可，如图 10-14 所示。

在设备窗口中双击"通用串口父设备 0-[通用串口父设备]"，弹出其属性编辑窗口，修改"基本属性"选项卡中的各项参数，参数必须与下位机 PLC 对应，修改后的参数如图 10-15 所示。

图 10-13　向设备工具箱中添加设备

图 10-14　向设备窗口中添加设备

图 10-15　串口设备属性编辑

　　在设备窗口中双击"设备 0[西门子_S7200PPI]"，弹出其设备编辑窗口，如图 10-16 所示。首先修改"基本属性"选项卡中的参数，然后单击"[内部属性]"一行右侧的省略号按钮，进行通道属性设置，在弹出的窗口中单击"全部删除"按钮，将系统默认的通道删除，然后单击"增加通道"按钮，弹出增加通道窗口，如图 10-17 所示。

图 10-16　PLC 设备属性编辑

图 10-17　增加通道

在增加通道窗口中依次添加"只读 I0.0""只读 I0.1""读写 Q0.0""读写 M0.0"和"读写 M0.1"五个通道，目的是动态链接 PLC 存储器数据。添加完成的通道属性如图 10-18 所示，此时单击"确认"按钮退出通道属性设置。

图 10-18　PLC 通道属性设置

选择设备属性窗口的"通道连接"选项卡，在"对应数据对象"一列中，分别为 I0.0、I0.1、Q0.0、M0.0 和 M0.1 分配数据对象，如图 10-19 所示。

选择"设备调试"选项卡，确保 PLC 处于"ON"状态且 PC/PPI 通信线正常，此时若"通信状态"的通道值显示为 0，则表明 MCGS 组态软件与 S7-200 PLC 设备组态成功，如图 10-20 所示。

图 10-19　分配数据对象

图 10-20　设备调试

7. PLC 程序设计

打开 S7-200 PLC 编程软件 STEP 7-Micro/WIN V4.0，设计如图 10-21 所示的电动机控制

系统梯形图，编译后下载入 PLC 即可运行。

图 10-21　电动机控制系统梯形图

8. 组态系统联机运行调试

在 MCGS 系统菜单栏中单击"运行"按钮即进入组态动画，如图 10-22 所示。可以通过组态"起动按钮""停止按钮"及"指示灯"进行组态监控。

图 10-22　电动机运行组态画面

10.5.2　实例二　十字路口交通灯系统组态

1. 工程简介

十字路口交通信号灯工作流程为：先南北红灯亮 25s，东西绿灯亮 20s；东西绿灯到 20s 后时，东西绿灯闪烁 3s 后熄灭；在东西绿灯熄灭时，东西黄灯亮 2s，2s 后，东西黄灯熄灭，东西红灯亮，同时，南北红灯熄灭，绿灯亮，东西红灯亮 25s；南北绿灯亮 20s，然后闪烁 3s 熄灭；南北黄灯亮 2s 后熄灭，这时南北红灯亮，东西绿灯亮。依据以上规律，东西、南北方向红绿灯周而复始变化。

根据项目要求，该系统的输出量有六个，它们分别是东西方向上的红灯、绿灯、黄灯和南北方向上的红灯、绿灯、黄灯，工程组态设计后的效果如图 10-23 所示。

图 10-23　十字路口交通灯系统组态效果图

2．工程建立

首先新建一个名为"十字路口交通灯控制系统"的工程，如图 10-24 所示。该系统的工程建立方法与 10.5.1 节实例一相同，在此不做赘述。

图 10-24　新建工程

3．制作工程画面

单击工作台默认显示的"用户窗口"选项卡中的"新建窗口"按钮，新建一个主窗口，将其命名为"交通灯控制系统"，如图 10-25 所示。右击该主窗口图标，选择"设置为启动窗口"，使该画面在组态运行时能够自动启动。与实例一相同，此时单击"窗口属性"，可以对基本属性、起动脚本及循环脚本等进行修改，并单击"确认"按钮即可。

图 10-25　用户窗口组态工作台窗口

双击新建的用户窗口，进入"动画窗口组态"界面，单击菜单栏中的"工具箱"按钮，弹出"工具箱"悬浮框，此时单击工具箱中的"插入位图"按钮，待鼠标指针变为十字状之后，在用户窗口中拖动鼠标左键，即完成了位图控件的拖放，右键单击该控件，选择"从文件中装载"，此时会弹出"从文件中装载图像"窗口，如图 10-26 所示。单击"…"按钮，选择事先绘制好的背景图片，如图 10-27 所示。单击"确定"即可。利用"插入位图"功能，用户能够快捷方便地将所需要的任意图片放置于组态画面中，也能够实现合理分工和优势互补，设计出美观大方的用户界面。

图 10-26　装载位图窗口

图 10-27　待装载的位图

位图仅仅是为了美观而加入的元素，它与系统动画以及数据参数无直接联系，故为了实现动画效果，还需加入指示灯控件。单击工具箱悬浮框中的"插入元件"按钮，在弹出的"对象元件库管理"窗口中选择左侧的"指示灯"文件夹，选择四个红绿灯外形的"指示灯19"，如图 10-28 所示，分别作为四个方向的红绿灯放置于用户窗口中，并调整位置和大小，如图 10-29 所示。至此工程画面便设计完成。

图 10-28　选择指示灯元件

图 10-29　画面设计效果

4．定义数据对象

在该系统中，组态软件的变量有六个，分别为南北方向上的绿、黄、红灯以及东西方向上的绿、黄、红灯，其中总开关无须组态，S7-200 PLC 中与之分别对应的变量见表 10-2。

表 10-2　MCGS 与 S7-200 PLC 变量对照表

MCGS 变量	S7-200 PLC 变量	功能说明
南北绿灯	Q0.0	南北方向上的绿灯
南北黄灯	Q0.1	南北方向上的黄灯
南北红灯	Q0.2	南北方向上的红灯
东西绿灯	Q0.3	东西方向上的绿灯
东西黄灯	Q0.4	东西方向上的黄灯
东西红灯	Q0.6	东西方向上的红灯
总开关	I0.0	系统运行总开关

在工作台窗口中单击"实时数据库"选项卡，进行数据库组态，如图 10-30 所示。此时单击右侧的"新增对象"按钮，弹出数据对象属性设置窗口如图 10-31 所示。依次添加上述六个开关型数据。添加完成的数据如图 10-32 所示。其中除了新建的数据类型之外，还包括系统默认的一些数据对象，这些对象在系统设计中可以直接使用。

图 10-30　实时数据库组态

图 10-31　数据对象属性设置

显然，通过本实例可以体会到，系统变量较多时，采用集中定义数据对象的方法非常直观，且不容易出现错误，读者也需要养成对变量集中定义之后再使用的良好习惯。

图 10-32　添加完成的实时数据库

5．数据连接

完成数据库组态之后，必须完成数据连接。此时仍选择工作台中的"用户窗口"选项卡，双击用户窗口进入画面编辑窗口。双击画面中的北方向上的红绿灯控件，弹出"单元属性设置"窗口，在"数据对象连接"中，依次分别选择"南北红灯""南北黄灯"和"南北绿灯"，如图 10-33 所示。然后选择"动画连接"选项卡，如图 10-34 所示。分别单击"连接表达式"右侧的符号，修改各自的动画属性，如边线颜色、填充颜色以及可见条件等，如图 10-35 所示。

图 10-33　选择数据对象

图 10-34　设置动画连接

依次完成其他三个指示灯的数据连接即可。

6．设备连接

由于本系统仍采用了 S7-200 PLC，故通用串口设备与实例一相同，在此不做详述。西门子 S7-200 PPI 通道参数如图 10-36 所示。

图 10-35　动画属性设置

为了实现上位机与下位机的通信连接，需要将通信接口、下位机以及相应的驱动程序添加至该窗口中。此时，单击菜单栏上的"设备工具箱"按钮，弹出"设备工具箱"窗口，单击"设备管理"，在弹出"设备管理"窗口中，依次将左侧的通用设备文件夹下的"通用串口父设备"和"PLC→西门子→S7-200-PPI→西门子_S7200PPI"增加至右侧"选定设备"窗口中，单击"确定"按钮，如图 10-13 所示。

选择"设备调试"选项卡，确保 PLC 处于"ON"状态且 PC/PPI 通信线正常，此时"通信状态"的通道值显示为 0，表明 MCGS 组态软件与 S7-200 PLC 设备组态成功，如图 10-37 所示。

图 10-36　西门子 S7-200 PPI 通道参数设置

图 10-37　设备调试

7. PLC 程序设计

打开 S7-200 PLC 编程软件 STEP 7-Micro/WIN V4.0，电动机控制系统梯形图程序如图 10-38 所示，编译后下载入 PLC 即可运行。

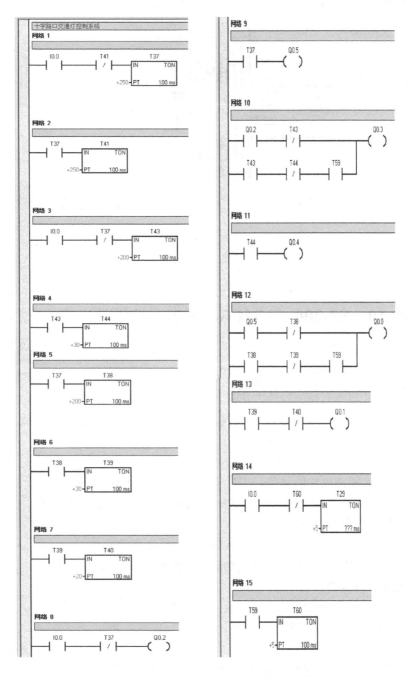

图 10-38　十字路口交通灯控制系统梯形图

8．组态系统联机运行调试

在 MCGS 系统菜单栏中单击"运行"按钮即进入组态动画，运行效果如图 10-39
所示。

图 10-39　交通灯组态系统运行效果

10.6　实验 10　S7-200 与 MCGS 组态系统设计

1. 实验目的

1）熟练掌握 MCGS 组态软件的使用。

2）练习 MCGS 组态系统的设计方法与步骤。

3）进一步掌握 STEP 7-Micro/WIN V4.0 编程软件的编辑、编译、下载及调试程序的方法。

2. 实验内容

1）熟悉 MCGS 组态软件的菜单、工具条及操作栏的功能和使用方法。

2）运用 STEP 7-Micro/WIN V4.0 编写本书中的任一 PLC 控制实例程序。

要求：完成系统设计与调试。

3）运用 MCGS 组态软件完成相应的组态系统设计。

要求：根据所选实例设计相应上位机动画，人机界面友好。

3. 实验设备及元器件

1）S7-200 PLC 实验工作台或 PLC 装置。

2）安装有 MCGS 软件和 STEP 7-Micro/WIN 编程软件的 PC。

3）PC/PPI+通信电缆线。

4）开关、指示灯、LED 数码管、导线及继电器等必备元器件。

4. 注意事项

在设备组态时，必须保证上位机与下位机能够稳定通信，否则将影响整个系统的运行。

5. 实验操作报告

1）写出详细的系统设计步骤。

2）整理出相应的程序以及系统运行效果图。

10.7　思考与练习

1．简述运用 MCGS 组态软件进行组态系统设计的一般步骤。
2．MCGS 组态软件的"工作台"窗口中都包括哪些选项卡，它们的作用都有哪些？
3．如何配置 MCGS 与 S7-200 PLC 的通信参数？
4．如何实现 PLC 控制系统的组态监控？指出基本操作步骤。

附录 S7-200 系列 PLC 基本指令集

布尔指令			
指 令 格 式	说 明	指 令 格 式	说 明
LD　　N LDI　　N LDN　　N LDNI　　N	装载 立即装载 取反后装载 取反后立即装载	A　　N AI　　N AN　　N ANI　　N	与 立即与 取反后与 取反后立即与
O　　N OI　　N ON　　N ONI　　N	或 立即或 取反后或 取反后立即或	S　　BIT,N R　　BIT,N SI　　IT,N RI　　BIT,N	置位一个区域 复位一个区域 立即置位一个区域 立即复位一个区域
LDBx N1, N2	装载字节比较的结果 N1(x:<,<=,=,>=,>,<>) N2	LDWx IN1, IN2	装载字比较的结果 N1(x:<,<=,=,>=,>,<>)N2
ABx N1, N2	与字节比较的结果 IN1 (x:<,<=,=,>=,>,<>) IN2	AWx IN1, IN2	与字比较的结果 IN1 (x:<,<=,=,>=,>,<>) IN2
OBx IN1, IN2	或字节比较的结果 IN1 (x:<,<=,=,>=,>,<>) IN2	OWx N1, N2	或字比较的结果 IN1 (x:<,<=,=,>=,>,<>) IN2
LDDx IN1, IN2	装载双字比较的结果 IN1 (x:<,<=,=,>=,>,<>) IN2	LDRx IN1, IN2	装载实数比较的结果 IN1 (x:<,<=,=,>=,>,<>) IN2
ADx IN1, IN2	与双字比较的结果 IN1 (x:<,<=,=,>=,>,<>) IN2	ARx IN1, IN2	与实数比较的结果 IN1 (x:<,<=,=,>=,>,<>) IN2
ODx IN1, IN2	或双字比较的结果 IN1 (x:<,<=,=,>=,>,<>) IN2	ORx IN1, IN2	或实数比较的结果 IN1 (x:<,<=,=,>=,>,<>) IN2
NOT	堆栈取反	AENO	与 ENO
EU ED	检测上升沿 检测下降沿	ALD OLD	与装载 或装载
=　　Bit =1　　Bit	赋值 立即赋值	LDSx IN1,IN2 ASx IN1,IN2 OSXI IN1,IN2	字符串比较的装载结果 IN1 (x: =, <>) IN2 字符串比较的与结果 IN1 (x: =, <>) IN2 字符串比较的或结果 IN1 (x: =, <>) IN2
LPS LRD LPP LDS　　N	逻辑进栈(堆栈控制) 逻辑读(堆栈控制) 逻辑出栈(堆栈控制) 装载堆栈(堆栈控制)		

传送、移位、循环和填充指令			
指 令 格 式	说 明	指 令 格 式	说 明

MOVB IN, OUT
MOVW IN, OUT
MOVD IN, OUT
MOVR IN, OUT
	字节、字、双字和实数
	传送
		SRB OUT, N
		SRW OUT, N
		SRD OUT, N
			字节、字和双字右移

BIR IN, OUT BIW IN, OUT	立即读取传送字节 立即写入传送字节	SLB OUT, N SLW OUT, N SLD OUT, N	字节、字和双字左移
BMB IN, OUT, N BMW IN, OUT, N BMD IN, OUT, N	字节、字和双字块传送	RRB OUT, N RRW OUT, N RRD OUT, N	字节、字和双字循环右移

传送、移位、循环和填充指令			
指 令 格 式	说 明	指 令 格 式	说 明
SWAP IN	交换字节	RLB OUT, N RLW OUT, N RLD OUT, N	字节、字和双字循环左移
SHRB DATA, SBIT, N	寄存器移位		

数学、增减指令			
指 令 格 式	说 明	指 令 格 式	说 明
+I IN1, OUT +D IN1, OUT +R IN1, OUT	整数、双整数或实数加法 IN1+OUT=OUT	*I IN1, OUT *D IN1, OUT *R IN1, IN2	整数、双整数或实数乘法 IN1 * OUT = OUT
-I IN1, OUT -D IN1, OUT -R IN1, OUT	整数、双整数或实数减法 OUT--IN1=OUT	/I IN1, OUT /D, IN1, OUT /R IN1, OUT	整数、双整数或实数除法 OUT / IN1 = OUT
MUL IN1, OUT	整数乘法(16*16-->32)	DIV IN1, OUT	整数除法(16/16-->32)
SQRT IN, OUT	平方根	SIN IN, OUT	正弦
LN IN, OUT	自然对数	COS IN, OUT	余弦
EXP IN, OUT	自然指数	TAN IN, OUT	正切
INCB OUT INCW OUT INCD OUT	字节、字和双字增 1	DECB OUT DECW OUT DECD OUT	字节、字和双字减 1
PID Table, Loop	PID 回路		

逻辑操作			
指 令 格 式	说 明	指 令 格 式	说 明
ANDB IN1, OUT ANDW IN1, OUT ANDD IN1, OUT	对字节、字和双字取逻辑与	XORB IN1, OUT XORW IN1, OUT XORD IN1, OUT	对字节、字和双字取逻辑异或
ORB IN1, OUT ORW IN1, OUT ORD IN1, OUT	对字节、字和双字取逻辑或	INVB OUT INVW OUT INVD OUT	对字节、字和双字取反 (1 的补码)

表、查找和转换指令			
指 令 格 式	说 明	指 令 格 式	说 明
ATT TABLE, DATA	把数据加到表中	FILL IN, OUT, N	用给定值占满存储器空间
LIFO TABLE, DATA FIFO TABLE, DATA	从表中取数据	BCDI OUT IBCD OUT	把 BCD 码转换成整数 把整数转换成 BCD 码
FND= TBL, PTN, INDX FND<> TBL, PTN, INDX FND< TBL, PTN, INDX FND> TBL, PTN, INDX	根据比较条件在表中查找数据	BTI IN, OUT ITB IN, OUT ITD IN, OUT DTI IN, OUT	把字节转换成整数 把整数转换成字节 把整数转换成双整数 把双整数转换成整数
DTR IN, OUT TRUNC IN, OUT ROUND IN, OUT	把双字转换成实数 把实数转换成双字 把实数转换成双字	ATH IN, OUT, LEN HTA IN, OUT, LEN ITA IN, OUT, FMT DTA IN, OUT, FM RTA IN, OUT, FM	把 ASCII 码转换成十六进制格式 把十六进制格式转换成 ASCII 码 把整数转换成 ASCII 码 把双整数转换成 ASCII 码 把实数转换成 ASCII 码
DECO IN, OUT ENCO IN, OUT	解码 编码		
SEG IN, OUT	产生 7 段格式		
ITS IN, FMT, OUT DTS IN, FMT, OUT RTS IN, FMT, OUT	把整数转为字符串 把双整数转换成字符串 把实数转换成字符串	STI STR, INDX, OUT STD STR, INDX, OUT STR STR, INDX, OUT	把子字符串转换成整数 把子字符串转换成双整数 把子字符串转换成实数

定时器和计数器指令			
指 令 格 式	说 明	指 令 格 式	说 明
TON Txxx, PT TOF Txxx, PT TONR Txxx, PT BITIM OUT CITIM IN, OUT	接通延时定时器 断开延时定时器 带记忆的接通延时定时器 启动间隔定时器 计算间隔定时器	CTU Cxxx, PV CTD Cxxx, PV CTUD Cxxx, PV	增计数 减计数 增/减计数

程序控制指令			
指 令 格 式	说 明	指 令 格 式	说 明
END	程序的条件结束	FOR INDX,INIT,FINAL NEXT	For/Next 循环
STOP	切换到 STOP 模式		
WDR	看门狗复位(300ms)	DLED IN	诊断 LED
JMP N	跳到定义的标号	LSCR N SCRT N CSCRE SCRE	顺控继电器段的启动、转换，条件结束和结束
IBL N	定义一个跳转的标号		
CALL N[N1,…]	调用子程序[N1，…可以有16 个可选参数]		
CRET	从 SBR 条件返回		

字符串指令		实时时钟指令	
指 令 格 式	说 明	指 令 格 式	说 明
SLEN IN, OUT SCAT IN, OUT SCPY IN, OUT SSCPY IN, INDX, N,OUT CFND IN1, IN2, OUT SFND IN1, IN2, OUT	字符串长度 连接字符串 复制字符串 复制子字符串 字符串中查找第一个字符 在字符串中查找字符串	TODR T TODW T TODRX T TODWX T	读实时时钟 写实时时钟 扩展读实时时钟 扩展写实时时钟

中 断 指令		通 信 指令	
指 令 格 式	说 明	指 令 格 式	说 明
CRETI	从中断条件返回	XMT TABLE, PORT RCV TABLE, PORT	自由端口传送 自由端口接收消息
ENI DISI	允许中断 禁止中断	TODR TABLE, PORT TODW TABLE, PORT	网络读 网络写
ATCH INT, EVENT DTCH EVENT	给事件分配中断程序 解除事件	GPA ADDR, PORT SPA ADDR, PORT	获取端口地址 设置端口地址

高速指令	
指 令 格 式	说 明
HDEF HSC, Mode	定义高速计数器模式
HSC N	激活高速计数器
PLS X	脉冲输出

参 考 文 献

[1] 赵全利. 西门子 S7-200 PLC 应用教程[M]. 北京：机械工业出版社，2014.

[2] 王永华. 现代电气控制及 PLC 应用技术[M]. 5 版. 北京：北京航空航天大学出版社,2018.

[3] 梅丽凤. 电气控制及 PLC 应用技术[M]. 北京：机械工业出版社，2012.

[4] 廖常初. S7-200 PLC 编程及应用[M]. 北京：机械工业出版社，2010.